四川省工程建设地方标准

四川省通风与空调工程施工工艺标准

Technical standard of construction for ventilation and
airconditioning engineering in Sichuan Province

DB51/T 5049－2018

主编部门： 四 川 省 住 房 和 城 乡 建 设 厅
批准部门： 四 川 省 住 房 和 城 乡 建 设 厅
施行日期： 2 0 1 8 年 8 月 1 日

西南交通大学出版社

2018 成 都

图书在版编目（CIP）数据

四川省通风与空调工程施工工艺标准 /四川建筑职
业技术学院，四川华西集团有限公司主编. —成都：西
南交通大学出版社，2018.7
（四川省工程建设地方标准）
ISBN 978-7-5643-6230-0

Ⅰ. ①四… Ⅱ. ①四… ②四… Ⅲ. ①通风设备－建
筑安装工程－工程施工－标准－四川②空气调节设备－建
筑安装工程－工程施工－标准－四川 Ⅳ. ①TU83-65

中国版本图书馆 CIP 数据核字（2018）第 126151 号

四川省工程建设地方标准

四川省通风与空调工程施工工艺标准

主编单位 四川建筑职业技术学院
四川华西集团有限公司

责 任 编 辑	姜锡伟
助 理 编 辑	王同晓
封 面 设 计	原谋书装
出 版 发 行	西南交通大学出版社 （四川省成都市二环路北一段 111 号 西南交通大学创新大厦 21 楼）
发 行 部 电 话	028-87600564　028-87600533
邮 政 编 码	610031
网　　　址	http://www.xnjdcbs.com
印　　　刷	成都蜀通印务有限责任公司
成 品 尺 寸	140 mm × 203 mm
印　　　张	13.75
字　　　数	356 千
版　　　次	2018 年 7 月第 1 版
印　　　次	2018 年 7 月第 1 次
书　　　号	ISBN 978-7-5643-6230-0
定　　　价	71.00 元

关于发布工程建设地方标准
《四川省通风与空调工程施工工艺标准》的通知

川建标发〔2018〕466 号

各市州及扩权试点县住房城乡建设行政主管部门，各有关单位：

由四川建筑职业技术学院和四川华西集团有限公司主编的《四川省通风与空调工程施工工艺标准》，已经我厅组织专家审查通过，现批准为四川省推荐性工程建设地方标准，编号为：DB51/T 5049－2018，自 2018 年 8 月 1 日起在全省实施。原《通风与空调工程施工工艺规程》DB51/T 5049－2007 于本标准实施之日起作废。

该标准由四川省住房和城乡建设厅负责管理，四川建筑职业技术学院负责技术内容解释。

四川省住房和城乡建设厅

2018 年 5 月 25 日

前　言

本标准是根据四川省住房和城乡建设厅《关于下达四川省工程建设地方标准〈通风与空调工程施工工艺规程〉》（川建标发〔2015〕683号文）编制计划的通知要求，在《通风与空调工程施工工艺规程》DB51/T 5049—2007的基础上，由四川建筑职业技术学院、四川华西集团有限公司会同有关单位共同修订完成的。

编制组在《通风与空调工程施工工艺规程》DB51/T 5049—2007的基础上，以现行国家标准《通风与空调工程施工质量验收规范》GB50243和行业标准《通风管道技术规程》JGJ/T 141等为依据，经广泛调查研究，认真总结实践经验，并在广泛征求意见的基础上，修订、编制本标准。

本标准共分13章和4个附录，主要技术内容是：总则、术语、基本规定、设备安装一般规定、风管与配件制作、风管部件制作、风管系统安装、风机与空气处理设备安装、空调用冷（热）源及辅助设备安装、空调水系统管道与设备安装、防腐与绝热、系统调试、竣工验收。

本标准修订的主要技术内是：

（1）增加了玻璃纤维增强氯氧镁水泥复合材料风管制作和安装工艺、防火风管的制作和安装工艺、夹芯彩钢板复合材料风管制作和安装工艺、辐射供冷末端安装工艺、地板送风单元安装工艺、风机盘管进场见证取样送检复验的要求、燃油吸收式制冷机组的安装工艺、分体式空调制冷管道安装工艺、蓄能系统设备的安装工艺和试运行调试工艺、空气源热泵安装工艺、地源热泵系统安装工艺、通风机试运行及检测的工艺；

（2）修改了制冷系统气密性试验的要求、减振器安装工艺、电除尘器安装工艺、空气净化设备安装工艺、装配式洁净室安装工艺、空调设备与环境噪声测定的方法、风管、风口风量测定工艺方法、空调制冷系统试运转与调试工艺；

（3）删除了综合能效测定与调整的章节和附录 E，取消了装配式洁净室地面施工工艺。

本标准由四川省住房和城乡建设厅负责管理，由四川建筑职业技术学院负责具体技术内容的解释。执行过程中如有意见或建议，请寄送四川建筑职业技术学院（地址：四川省德阳市嘉陵江西路 4 号；邮编：618000；电话：0838-26551998；E-mail：mmaohui@126.com）。

主 编 单 位：四川建筑职业技术学院

四川华西集团有限公司

参 编 单 位：四川省建设工程质量安全监督总站

四川省化工建设总公司

四川省工业设备安装公司

成都市工业设备安装公司

主要起草人：毛　辉　　陈贵林　　李　辉　　周　密

罗梽宾　　刘保伟　　李子水　　李洪川

吴　刚　　王荣萍　　黄平波　　曾宪友

刘　松　　黄　海　　王　超　　徐　帅

李宇舟　　刘成毅

主要审查人：冯　雅　　袁艳平　　逯特理　　叶守瑜

何亚达　　张　胜　　蒋仕平

目　次

Contents

1 总 则

1.0.1 为了贯彻执行现行国家标准《建筑工程施工质量验收统一标准》GB 50300、《通风与空调工程施工质量验收规范》GB 50243 和《通风与空调工程施工规范》GB 50738，加强建筑工程质量管理，提高我省通风与空调工程的施工技术水平，特制定本施工工艺标准。

1.0.2 本标准适用于四川省范围内的通风与空调工程施工过程与质量的控制，并与现行国家标准《建筑工程施工质量验收统一标准》GB 50300、《通风与空调工程施工质量验收规范》GB 50243 和行业标准《通风管道技术规程》JGJ/T 141 等配套使用。

1.0.3 通风与空调工程的施工与质量验收，除应考虑设备、部件类型，施工工艺特点及节能与环保要求外，还应符合国家现行有关标准和法规的规定。

2 术 语

2.0.1 基础验收 checking foundation

设备就位前，安装施工人员会同土建和监理人员对设备基础质量进行检查复验的一道交接检验工序。其内容有：基础及预埋件的外观、几何尺寸、坐标位置，混凝土质量及强度等。

2.0.2 基础准备 foundation preparing

设备安装之前对基础和地脚螺栓及垫铁的检查验收和安装准备工作的总称。

2.0.3 设备找正 adjusting equipment correct in position

设备安装过程中，按照设计和规范要求，通过一系列措施，调整设备及其相关零部件至正确位置或正确状态的工作总称。

2.0.4 设备找平 adjusting equipment level

设备安装过程中，按照设计和规范要求，通过一系列措施，把设备主要工作面或轴线调整为水平状态或垂直状态的工作总称。

2.0.5 初平 preparatory leveling

设备安装过程中找正找平的初步工作。地脚螺栓二次灌浆前的初平，其设备找正找平及标高的精度，应达到要求。

2.0.6 精平 accurate leveling

设备找正找平的最后工序。即对设备的安装位置精度进行最后调整，直至达到要求。设备精平一般在地脚螺栓二次灌浆后进行。

2.0.7 设备灌浆（灌浆） pouring concrete

用混凝土或其他材料密实地填充地脚螺栓孔及设备底部与基础之间的空间，以固定地脚螺栓和垫铁。一般可分为：

1 地脚螺栓孔二次灌浆：将地脚螺栓固定在基础的预留孔内。

2 基础二次灌浆：设备底部与基础之间的二次灌浆，主要用以固定垫铁。

多数情况下灌浆层还有承受设备重量和传递设备运转时的动载荷至基础的作用。

2.0.8 坐浆法 pedestal slurry

在设备基础上凿坑，浇灌具有早强、快硬和微膨胀特性的混凝土，然后在其上安放垫铁的方法。特点是不必铲磨混凝土基础表面，垫铁安装质量好、强度高，与基础接触面大，粘合良好。

2.0.9 压浆法 the way of pressing slurry

用螺栓调整垫铁或垫铁安装设备时，采用适当措施压实垫铁下尚处于初凝后期灌浆层的安装方法。

2.0.10 进场检验 site inspection

对进入施工现场的材料、构配件、设备及器具等，按相关标准、合同的要求进行检验，并对其质量、规格及型号是否符合要求做出确认的活动。

2.0.11 设备开箱（检查）out-of-box equipment auditing

设备安装的先期工序之一，将设备的包装箱等包装物打开，对设备及其附件进行清点和外观检查，合格后办理移交手续的过程。

2.0.12 高处作业 work at heights

在坠落高度基准面 2 m 以上（含 2 m），有可能坠落的部位或工作面进行的作业。

2.0.13 施工用电（临时用电） electricity on construction site

由施工现场提供，工程施工完毕即进行拆除的专用供配电系统。

2.0.14 咬口 seam

金属薄板边缘弯曲成一定形状，用于相互固定连接的构造。

2.0.15 角件 corner pieces

用于金属薄钢板法兰风管四角连接的直角型专用构件。

2.0.16 漏光检测 air leak check with lighting

用强光源对风管的咬口、接缝、法兰及其他连接处进行透光检查，来确定孔洞、缝隙等渗漏部位及数量的方法。

2.0.17 A 声级 A-weighted sound pressure level

用 A 计权网络测得的声压级，也称分贝 A。

2.0.18 试运转 test running

设备安装的最后一道工序，将安装完毕的设备进行试验性运转和必要的调整，以综合检验安装过程中各工序的施工质量，并进一步发现设备在设计和制造上的缺陷。

2.0.19 无负荷试运转 unloaded test running

设备不带负荷的试验性运转，是试运转的第一个步骤，目的是检查设备各部分动作和相互间协调的正确性，同时使设备某些摩擦表面初步磨合。

2.0.20 负荷试运转 loaded test running

设备在无负荷试运转完成后，带上工作负荷的试验性运转，目的是检验设备是否达到正式投运的要求。

2.0.21 单机试运转 test running of single equipment

单台设备的试验性运转。对于单独运转的设备，应先进行无负荷试运转，再进行负荷试运转。成套机组或系统中的单台设备，单机无负荷试运转后的负荷试运转，应符合机组或系统试运转的工艺要求。

2.0.22 非设计满负荷 HVAC not performing to design

通风与空调工程系统工况的冷（热）、湿负荷，或除尘、净化负荷未达到设计最大负荷的状态。

2.0.23 工艺卡 Technic Instructions

工艺卡包括工序号、工序名称、工序内容、工艺参数、操作要求、质量控制、质检方法和工装设备等内容，是针对重要施工工序编制的强制性工艺文件。

2.0.24 建设工程档案 project archive

在工程建设活动中直接形成的具有归档保存价值的文字、图表、声像等各种形式的历史记录，也可简称工程档案。

2.0.25 立卷 filing

按照一定的原则和方法，将有保存价值的文件分门别类的整理成案卷，亦称组卷。

2.0.26 归档 filing-up

文件形成单位完成其工作任务后，将形成的文件整理立卷，按规定移交档案管理机构。

3 基本规定

3.1 技术准备

3.1.1 通风与空调工程施工前,必须完成技术准备工作,技术准备宜按下列要求进行。

1 资料准备应符合下列要求:

1)根据施工图和设计文件,准备有关标准图集和设备技术资料。

2)准备与工程有关的现行国家、地方、行业施工与验收标准,以及其他技术资料。

3)对使用太阳能等新能源的空调系统,还应准备与之相关的技术标准和设备技术文件。

2 图纸会审准备工作应符合下列要求:

1)认真熟悉施工图、设计文件及相关施工技术资料,尽可能发现图纸中存在的问题。

2)评估本企业的施工能力。对工程中出现的新技术、新工艺等,应提出明确的技术保证措施。

3)理解设计对施工材料的要求。对工程中使用的特殊材料,应掌握其使用目的和对施工工艺的特殊要求。

4)核对设备、部件、管线的安装尺寸、平面位置及标高,以及核查与其他管线和建筑有无位置冲突,预留孔口和预埋件是否符合安装要求,与之相关的专业是否匹配。

5)及时进入施工现场检查由土建单位施工的预留孔口、

预埋件和设备基础等部位，发现问题与土建单位协商解决方案。

6）施工单位提出的新工艺，或根据工程特点确定的特殊施工方法，应准备详细说明文件，以备图纸会审中论证确认。

3 图纸会审应符合下列要求：

1）在图纸会审过程中，除由设计单位技术交底和解决施工单位提出的问题外，如果与相关分部工程存在联系或发生矛盾时，应有该分部工程的设计、施工单位参与会审，协调施工工作。

2）图纸会审结束后，由建设单位将会审提出的问题和解决方法，以"图纸会审记录"的形式正式行文，作为与设计图纸同时使用的技术文件。

3）图纸会审发现的较大问题，在"记录内容"栏中不足以反映修改后的方案时，设计单位应另出修订或设计变更图纸。对较大问题的解决方案应另附详细说明。

4）对图纸会审所提出的所有技术问题均应制定解决方案与措施。不允许将未制定解决方案的问题带入安装实施过程。

4 施工组织设计应符合下列要求：

1）通风与空调分部工程应根据具体情况编制施工组织设计或施工方案。并在图纸会审准备工作中完成施工组织设计（或施工方案）预案编制。

2）施工方案应依据施工工艺规范、标准（或工艺规程）、合同文件等要求编制，确定施工方法应本着安全、可靠、经济、环保的原则，综合考虑工程特点、工期要求和施工条件等多方面因素。对常用的施工方法可按工序简述；对重要、难度大、技术新的设备和系统，应制定详细的工艺操作规程。

3）图纸会审后应根据会审结论修订施工组织设计（或施工方案）。施工组织设计（或施工方案）必须经施工单位技术负责人或经技术负责人授权的技术人员审批获准后方可实施。

4）施工单位应依照质量保证体系提出具体措施，加强施工过程的控制管理。

5）通风与空调工程施工应根据工程特点制定详细的职业健康安全及环境保护措施。

5 通风与空调工程施工宜应用 BIM 技术进行深化设计及施工管理，并应与设计单位和各相关专业进行有效衔接和数据共享，避免重复输入数据和造成数据混乱。通风与空调工程的设备、管线与建筑结构或暖卫、电气管线发生冲突的，应提出明确的解决方案，并通过图纸会审或设计变更确认。

3.1.2 承担通风与空调工程项目的施工企业，应具有相应工程施工承包的资质等级和相应的质量管理体系、安全管理体系及环境管理体系。施工过程的质量、安全、技术管理应符合下列要求：

1 施工人员应持有建设行政主管部门颁发或认可的执业资格证书或操作资格证书。

2 专业技术负责人和安全管理人员应向施工作业人员进行施工技术和安全交底，交底应形成书面记录，并签字确认。

3 通风与空调工程施工必须严格执行班组自检、交接检和专职人员检查验收的"三检"制度，做好施工过程中的质量控制和检验工作。

4 通风与空调工程施工的检验批项目验收，包括资料检查、主控项目检验、一般项目检验和观感质量检查验收。验收应由监理工程师组织，验收合格后形成相应的质量记录。

5 施工过程应根据工程特点和工艺流程确定班组自检的工序质量控制点和检验点，明确施工的质量要求、控制方法、检验项目、检验标准和检验方法，检验应形成记录。

6 班组自检项目必须包括设计、设备技术文件和国家现行相关标准规定的检验项目，必须满足现行国家标准《通风与空调工程施工质量验收规范》GB 50243 对检验批施工的质量评定要求，并符合设计和设备技术文件的要求。

7 检验批质量验收抽样应符合下列规定：

1）产品合格率大于或等于 95%的抽样评定方案，为第 I 抽样方案（以下简称 I 方案），主要适用于主控项目；

2）产品合格率大于或等于 85%的抽样评定方案，为第 II 抽样方案（以下简称 II 方案），主要适用于一般项目。

8 通风与空调工程施工过程中发现设计文件有差错的，应及时经建设单位向设计单位提出修改意见，形成书面文件并归档。

9 由施工人员提出了合理化建议等原因，施工图需要做局部修改时，应执行技术变更签证制度。技术变更由施工单位填写技术核定单，经建设、监理和设计单位同意后方可进行施工。

3.2 现场准备

3.2.1 通风与空调工程施工单位应根据土建施工进度及时派人配合，确保预留孔口、预埋件和设备基础的位置与质量符合施工图和规范的安装要求。

3.2.2 施工现场应按照现行行业标准《建筑施工安全检查标准》JGJ 59、《建设工程施工现场环境与卫生标准》JGJ 146，以及现行国家和地方有关标准和法规进行检查和管理。

3.2.3 施工现场准备应符合下列要求：

1 施工场地应清扫干净，无妨碍施工操作的障碍物，施工区域划分明确，施工临时用水用电应接至现场并能满足施工需要，排水系统应畅通。

2 现场临时供用电应符合现行国家标准《建设工程施工现场供用电安全规范》GB 50194 和行业标准《施工现场临时用电安全技术规范》JGJ 46 的规定。

3 加工、预制应有专用场地，场地应平整、清洁，机具排列有序，适应预制加工的要求。成品、半成品应分区堆放，满足保护要求。

4 现场易燃材料、易燃易爆化学物品等必须专库分类储存，其库房的设置、耐火等级和防火要求应符合有关消防的规定。现场消防设施应按规定备齐。

3.2.4 施工现场复测工作应符合下列要求：

1 根据施工图对设备、部件和管道的定位尺寸，实测相关建筑轴线尺寸、开间距离、层间高度和墙体厚度，并将实测数据和伸缩缝、沉降缝、抗震缝等标注在施工图上，以备绘制施工详图。

2 根据场地复测结果绘制施工详图，首先保证有设计定位尺寸的设备、部件和管道的安装位置。

3 复测预留孔口、管道竖井、地沟和预埋件的位置及尺寸，若发现安装空间不足，管道排列不合理或发生位置冲突等问题，应及时与有关单位协商解决。

3.3 材料的进场验收

3.3.1 安装过程中所使用的各类材料、半成品和成品，均应有出厂质量合格证明文件，进口材料还应具有商检证明文件。

3.3.2 安装中所使用的主要材料、半成品和成品的进场，必须按国家现行有关标准验收。验收应经监理工程师认可，并应形成相应的质量记录。

3.3.3 材料的使用应符合设计和设备技术文件的规定。

3.3.4 非标制品的使用，或材料的替代，均必须通过设计单位和监理工程师的书面同意。

3.3.5 未经检验或验收不合格的材料及设备，不得在工程中使用。严禁使用国家明文禁止或淘汰的材料与设备。

3.3.6 所有经检验不合格的产品均应记录和标识，并及时运出现场，防止误用。

3.4 施工机具及测量仪表要求

3.4.1 施工机具必须具有出厂合格证书等设备技术文件，严禁使用无出厂合格证的产品。

3.4.2 所有施工机具使用前必须经过检查和保养，并应执行保养维护和使用签证制度。对检修发现有影响使用功能，或可能危及施工安全的施工机具，应及时撤离施工现场，禁止使用。

3.4.3 带电作业施工机具和运转机具，使用前必须检测电气绝缘性能和试运转，检测和试运转应符合设备技术文件的规定。

3.4.4 所用测量仪器仪表必须具有出厂合格证书和检定文件，严禁使用无出厂合格证、检定不合格或超过检定期的仪器仪表。

3.4.5 测量仪器仪表的精度等级、量程及分度值应能满足测量的要求。

4 设备安装一般规定

4.1 设备基础

4.1.1 混凝土设备基础的质量应符合设计、设备技术文件和现行国家标准《混凝土结构工程施工质量验收规范》GB 50204 的规定。钢结构设备基础应符合设计和设备技术文件的要求。

4.1.2 设备基础应进行交接检验验收工作。对存在的问题应在"混凝土设备基础工程交接验收记录"中填写清楚。存在的问题由相关单位返工或协商解决。

4.1.3 对基础有预压要求时,应验收"预压与基础沉降观测记录"。

4.1.4 设备基础验收合格后,根据施工图标识出设备定位基准线和其他辅助基准线。当基础表面标高不一致时,用经纬仪在中心线上投若干点,分段划线。

4.1.5 基础的二次灌浆面应铲麻面。铲麻面不得破坏中心线基准点和垫铁支撑面。

4.1.6 基础上预埋地脚螺栓的螺纹部分应涂润滑脂并加以保护。预埋的中心标板和标高基准点也应妥善保护。

4.2 地脚螺栓与垫铁

4.2.1 地脚螺栓、螺母和垫圈一般为随机配件。若无随机配件,可根据设备底座螺栓孔径选择螺栓直径,根据设备技术文件的规定选用螺栓材料和长度。螺栓抗拔端头形式可参照图 4.2.1。设备底座螺栓孔径与螺栓直径的配合可参照表 4.2.1。

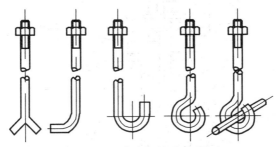

图 4.2.1　地脚螺栓端头类型

表 4.2.1　设备底座螺栓孔径与螺栓直径的配合关系　　单位：mm

设备底座螺栓孔径	11 ~ 13	13 ~ 15	18 ~ 20	22 ~ 26	27 ~ 30	34 ~ 38	40 ~ 46
设备地脚螺栓直径	10	12	16	20	24	30	36

4.2.2　螺母和地脚螺栓在配合长度范围的螺纹应完整。

4.2.3　对于预埋地脚螺栓，基础混凝土浇灌前，地脚螺栓的安放应采用定位架准确定位，螺栓顶部标高允许偏差为 0 mm ~ +20 mm，地脚螺栓露出基础部分应与设备底座垂直。

4.2.4　地脚螺栓孔二次灌浆应符合下列规定：

　1　地脚螺栓孔二次灌浆应在设备就位初平后进行。

　2　地脚螺栓孔二次灌浆必须先清除预留孔内的积水、砂灰和杂物。螺栓与混凝土接触的部分必须清除油污和锈皮。

　3　螺栓下端不得碰触预留孔底部，间距 d 宜大于 100 mm（图 4.2.4），螺栓的任一部分与四周孔壁的间距 c 应不小于 15 mm。

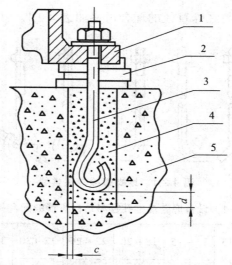

图 4.2.4　地脚螺栓在预留孔内二次灌浆示意图

1—设备底座；2—垫铁组；3—地脚螺栓；

4—预留孔二次灌浆；5—基础

4　灌浆采用细石混凝土,强度应比基础混凝土高 1 级～2 级,且不宜低于 C25,石子粒径选用 5 mm～15 mm。

5　细石混凝土应沿螺栓四周分层捣实,螺栓垂直度偏差不得大于 1/100。

6　每个孔洞灌浆必须一次完成。灌浆初凝后应洒水养护,灌浆混凝土达到设计强度的 75%以上之后才能对设备进行精平和拧紧地脚螺栓。

7　采用专用灌浆料时,其使用方法应符合产品说明书的规定。

8　拧紧地脚螺栓螺母应对称、分次和均匀。拧紧后螺栓应露出螺母,长度宜为螺栓直径的 1/3～2/3。

14

4.2.5 找正找平设备用的垫铁应符合设备技术文件和现行国家标准《机械设备安装工程施工及验收通用规范》GB 50231 的规定，材料宜使用 Q215 或 Q235 钢。

4.2.6 每组垫铁不应超过三块，斜垫铁必须成对使用，薄垫铁放在中间且厚度不宜小于 2 mm。垫铁组高度为 30 mm ~ 60 mm。

4.2.7 垫铁的使用与放置位置应符合设备技术文件的规定，或可参照图 4.2.7，根据设备底座形状合理选择垫铁垫法。

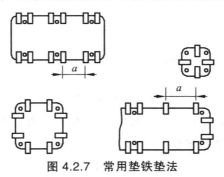

图 4.2.7 常用垫铁垫法

4.2.8 垫铁应垫放在地脚螺栓两侧，在不影响灌浆的情况下尽量靠近地脚螺栓。垫铁组伸入设备底座底面的长度应超过地脚螺栓。垫铁组之间的距离 a 应为 500 mm ~ 1 000 mm（图 4.2.7）。

4.2.9 垫铁与垫铁之间，垫铁与基础之间应接触紧密。有较大振动的设备，垫铁与垫铁之间、垫铁与基础之间宜对研磨平，也可以采用坐浆法或压浆法。垫铁采用坐浆法或压浆法施工可执行本标准附录 A 的规定。

4.2.10 设备调平后，垫铁端面应露出设备底座外缘。平垫铁宜露出 10 mm ~ 30 mm，斜垫铁宜露出 10 mm ~ 50 mm。

4.2.11 设备精平合格后拧紧地脚螺栓不得破坏精平精度。用手锤轻击垫铁听音检查，每组垫铁均应压紧，用 0.05 mm 塞尺检查垫铁之间及垫铁与设备底座面之间的间隙，在垫铁同一断面处从两侧塞入的长度总和不得超过垫铁长度或宽度的 1/3。

4.2.12 设备精平拧紧地脚螺栓后，应及时将同组垫铁相互用定位焊焊接牢固。安装在钢结构上的垫铁应与钢结构用定位焊焊牢。

4.2.13 设备底座与基础表面之间的二次灌浆层应将垫铁全部覆盖，垫铁不得外露。

4.3 减振器（垫）与抗震支吊架安装

4.3.1 减振器（垫）的使用应符合设计及设备技术文件的规定。

4.3.2 设备随机提供的型钢台座应焊接牢固，焊缝饱满，无影响安装的制作偏差与变形。

4.3.3 现场制作的型钢台座或钢筋混凝土台座，应严格按设备技术文件提供的图纸或标准图施工。

4.3.4 采用钢筋混凝土台座时，宜使用预埋钢板和焊接地脚螺栓的方式在台座上固定设备。设备试装找正找平后按机座孔定位焊接地脚螺栓，预埋地脚螺栓距台座边缘应不小于 150 mm。

4.3.5 设备在台座上的安装定位，应符合设备技术文件的规定，无明确规定时，使设备重心与台座重心位于同一条垂直线上。

4.3.6 橡胶减振垫应按设备技术文件的要求布置，或按设备的中轴线对称布置在台座的四周或四角，各支撑点荷载应均匀，减振垫不得超出台座的边线。基础、台座与减振垫接触表面的抹面应平整。

4.3.7 多层串联布置的橡胶减振垫安装应符合下列规定：

1 层叠层数不宜多于五层，各层减振垫型号、块数、面积及橡胶硬度应一致。

2 每层减振垫之间应使用厚度不小于 4 mm 的镀锌钢板隔开，钢板应平整，钢板的平面尺寸应比减振垫的每个边大 10 mm。

3 减振垫与钢板应使用对减震垫橡胶无害的粘结剂粘结，普通钢板粘结前应除锈，钢板上下减振垫的棱槽应交错设置。

4.3.8 减振器与地面及台座的固定应符合设计和产品技术文件的规定，型钢台座与减振器接触应不小于减振器顶部的支承面积。

4.3.9 各减振器承受载荷后压缩应均匀，其偏差应不大于 2 mm。如果安装后各减振器出现压缩不均匀的情况，可适当移动部分减振器的位置。安装后检查减振器的静态压缩变形量，不得超过产品允许值。

4.3.10 设备在台座上试装找正找平时，每次移动前应在减振器旁放置垫块使减振器卸载，移动后再撤去垫块检查各减振器的压缩情况。

4.3.11 减振台座应有防止位移的措施。

4.3.12 设备定位固定后，机座与台座之间的缝隙用水泥砂浆封填抹平。台座与基础之间除减振元件外，不得填充混凝土。减振垫与基础及台座的表面应不粘结。

4.3.13 由橡胶减振器（垫）支承的设备，应在安装减振器（垫）24 h 以后，经检验合格后设备才能与外接管道连接。对电气设备必须按设计要求可靠接地。

4.3.14 减振器（垫）安装后应及时采取保护措施，防止碰撞损坏或杂物进入。

4.3.15 空调系统设备及管道防振基础、限位器、抗震支吊架和柔性连接的设置，应符合设计技术文件的规定。

4.3.16 施工单位对空调系统设备及管道防振基础、限位器、抗震支吊架和柔性连接的深化设计，应执行现行国家标准《建筑机电工程抗震设计规范》GB 50981 的规定，并报经设计单位审查批准后方可实施。

4.4 设备开箱检查

4.4.1 设备开箱检查与验收的参与人员应由建设、监理、施工和设备供应商等单位人员组成。

4.4.2 设备开箱检查的场地应宽阔，应尽量靠近安装地点。设备现场运输应有宽敞无障碍的通道。

4.4.3 开箱前应根据施工图和设备明细表核实设备名称和型号。

4.4.4 设备开箱检查与验收可按下列程序进行，并作详细记录：

    1 检查发货箱数、箱号和包装情况。

    2 检查装箱清单，安装和使用说明书，产品质量合格证等随机文件。进口设备还应有商检证明文件。

    3 检查设备的名称、型号和规格，应符合施工图的技术要求。

    4 清点设备的零部件，随机附件、备件、材料和专用工具。

    5 检查设备外观质量，有无缺件、损坏和锈蚀等情况。

    6 其他需要记录的情况。

4.4.5 如果检查中需盘动或移动部件，应对其部位进行清洗和润滑，检查后应恢复防锈保护。

4.4.6 对设备上安装的仪表、阀门及小型附件，在搬运、开箱和检查中应采取有效保护措施，防止损坏。

4.4.7 检查验收完毕后应及时填写"通风与空调工程设备进场验收记录"，并经各方人员签认。对验收情况和存在的问题及解决方案应在"验收情况"和"验收结论"栏内填写清楚。

4.4.8 设备开箱后宜尽快安装，经检查验收后暂不安装的设备应重新包装保护。小件和专用工具应分类入库存放。

5 风管与配件制作

5.1 一般规定

5.1.1 通风与空调风管及配件制作应符合设计、合同和相关技术标准的规定。异形管段制作前应画大样图。

5.1.2 镀锌钢板及各类含有复合材料保护层的钢板，应采用咬口连接或铆接。

5.1.3 金属风管板材的拼接方法可按表5.1.3确定，咬口缝应错开，不应形成十字形交叉缝。净化空调系统风管不应采用横向拼缝。

表5.1.3　金属风管板材的拼接方法

板厚/mm	镀锌钢板（有保护层的钢板）	普通钢板	不锈钢板	铝板
$\delta \leqslant 1.0$	咬口连接	咬口连接	咬口连接	咬口连接
$1.0 < \delta \leqslant 1.2$				
$1.2 < \delta \leqslant 1.5$	咬口连接或铆接	电焊	氩弧焊或电焊	铆接
$\delta > 1.5$	焊接			气焊或氩弧焊

5.1.4 风管的密封，应以板材连接的密封为主，可采用密封胶嵌缝或其他方法密封。

5.1.5 对风管制作质量的验收，应按其材料、系统类别和使用场所的不同分别进行，主要包括风管的材质、规格、强度、严密性和外观质量等项内容。

5.1.6 金属风管应以外边长或外径为准，非金属与复合材料风管和风道应以内边长或内径为准。圆形风管的规格宜符合表5.1.6-1的规定，并应选用基本系列；矩形风管的规格宜符合表5.1.6-2的规定，矩形风管长边与短边之比不宜大于4:1。非规则椭圆形风管参照矩形风管，并应以平面边长径和短径尺寸为准。

表 5.1.6-1 圆形风管规格

风管直径 D/mm					
基本系列	辅助系列	基本系列	辅助系列	基本系列	辅助系列
100	80	280	260	800	750
	90	320	300	900	850
120	110	360	340	1 000	950
140	130	400	380	1 120	1 060
160	150	450	420	1 250	1 180
180	170	500	480	1 400	1 320
200	190	560	530	1 600	1 500
220	210	630	600	1 800	1 700
250	240	700	670	2 000	1 900

表 5.1.6-2 矩形风管规格

风管边长/mm					
120	250	500	1 000	2 000	3 500
160	320	630	1 250	2 500	4 000
200	400	800	1 600	3 000	—

注：椭圆形风管可按表 5.1.6-2 中矩形风管系列尺寸标注长短轴。

5.1.7 风管系统按其系统工作压力划分为四个类别,其类别划分和密封要求应符合表 5.1.7 的规定。

表 5.1.7 风管系统类别划分与密封要求

系统类别	系统工作压力 P/Pa		密封要求
	管内正压	管内负压	
微压系统	$P \leqslant 125$	$P \geqslant -125$	接缝和接管连接处应严密
低压系统	$125 < P \leqslant 500$	$-500 \leqslant P < -125$	接缝和接管连接处应严密,密封面宜设在风管的正压侧
中压系统	$500 < P \leqslant 1\,500$	$-1\,000 \leqslant P < -500$	接缝和接管连接处应增加密封措施
高压系统	$1\,500 < P \leqslant 2\,500$	$-2\,000 \leqslant P < -1\,000$	所有的拼接缝和接管连接处,均应采取密封措施

5.1.8 砖、混凝土风道施工应符合设计要求,并执行有关砌体工程或混凝土结构工程施工工艺标准(或规程),按国家现行有关施工验收规范进行验收。

5.1.9 风管、风道漏风量测试应符合现行国家标准《通风与空调工程施工质量验收规范》GB50243 的规定。

5.2 施工准备

5.2.1 技术准备应符合下列要求:

1 技术资料的准备执行本标准第 3.1.1 条第 1 款的规定。

2 技术人员应熟悉施工图和有关设计文件,以及国家、地方和行业现行有关施工及质量验收规范,详细了解风管的走向布局和制作技术要求。

3 图纸会审准备工作和现场实测执行本标准第 3.1.1 条第 2 款和第 3.2.4 条的规定。

4 风管轴侧图应正确体现系统风管空间坐标，以及与设备、部件的连接位置和方向。

5 依据 BIM 模型提取的风管数据或施工现场实测数据绘制风管制作详图，制作详图应详细标明各管段、配件的形状、长度和横截面尺寸，以及与风管连接的设备、部件的位置和安装尺寸。风管接口不得设置在预留孔洞及套管内。

6 风管制作应编制工艺卡。工艺卡对风管的尺寸、材料使用、咬口及连接方法、质量控制和成品保护等应提出明确要求，对形状复杂的弯头、三通、异径管、来回弯等部件应有具体的大样图并注明下料尺寸和制作步骤。

7 技术人员应根据批准的工艺卡向施工班组进行制作工艺、质量控制、安全环保和成品保护等方面的交底，并形成交底记录。

5.2.2 作业条件应符合下列要求：

1 土建主体工程基本完工，预埋件和预留孔洞符合设计要求，土建地面标高控制线和间壁墙位置明确。

2 施工图齐备，图纸会审已完成，施工方案已批准。

3 通风、空调各类设备的安装位置、安装尺寸，以及与风管连接口的坐标、标高和连接方式已经确定。风管制作详图测绘完毕并通过复核审查。

4 具有足够面积的独立作业场地和材料、半成品、成品堆放场地。场地的选择应考虑环境保护的要求。

5 操作平台和施工机具在作业场地应排列整齐有序，符合制作的工艺和安全要求。

6 制作场地应预留现场材料、成品及半成品的运输通道，制作场地和运输通道的选择不得阻碍消防通道。

7 施工场地应平整、清洁，具有良好的采光和照明。照明和动力电源应有可靠的安全防护装置。

8 当加工设备布置在建筑物内时，应考虑建筑物结构的承载能力。

9 净化空调系统的制作场地应整洁、无尘，加工区域内应铺设表面无腐蚀、不产尘、不积尘的柔性材料。净化空调系统制作的成品和半成品应储存在干净封闭的库房内。

10 现场非金属与复合材料风管的制作环境应满足作业条件。

11 现场已建立安全管理制度，已落实了质量安全健康管理的有关要求，安全、防护措施有效。

5.2.3 施工材料应满足下列规定：

1 风管制作所使用的板材、型材等主要材料及其他成品材料，应符合设计要求，具有出厂检验合格证明或质量证明文件，并应符合本标准第 3.3 节的要求。

2 材料进场验收应执行本标准第 3.3 节的规定，并应形成记录。

3 风管所使用的板材厚度应符合设计的要求，设计无明确要求时应满足下列规定：

1）金属风管板材：钢板矩形风管与配件的板材最小厚度应按风管断面长边尺寸和风管系统的工作压力选定，并应符合表 5.2.3-1 的规定；钢板圆形风管与配件的板材最小厚度应按风管断面直径和风管系统的工作压力选定，并应符合表 5.2.3-1 的规定。排烟系统风管采用镀锌钢板时，板材最小厚度可按高压系统选定。不锈钢板、铝板风管与配件的板材最小厚度应按矩形风管长边尺寸或圆形风管直径选定,不锈钢板厚度应符合表 5.2.3-2 的规定,铝板厚度应符合表 5.2.3-3 的规定。人防工程病毒区的风管与配件的板材最小厚度应符合设计要求,当设计无要求时,应大于或等于 3 mm。

表 5.2.3-1　钢板风管与配件板材的最小厚度　单位:mm

类别 风管直径 D 或长边尺寸 b	微压、低压系统风管	中压系统风管		高压系统风管	除尘系统风管
		圆形	矩形		
$D(b) \leqslant 320$	0.50	0.50	0.50	0.75	2.00
$320 < D(b) \leqslant 450$	0.50	0.60	0.60	0.75	2.00
$450 < D(b) \leqslant 630$	0.60	0.75	0.75	1.00	3.00
$630 < D(b) \leqslant 1\,000$	0.75	0.75	0.75	1.00	4.00
$1\,000 < D(b) \leqslant 1\,500$	1.00	1.00	1.00	1.20	5.00
$1\,500 < D(b) \leqslant 2\,000$	1.00	1.20	1.20	1.50	按设计要求
$2\,000 < D(b) \leqslant 4\,000$	1.20	按设计要求	1.20	按设计要求	按设计要求

注: 1　螺旋风管的钢板厚度可按圆形风管减少 10% ~ 15%;
　　2　排烟系统风管钢板厚度可按高压系统;
　　3　不适用于地下人防与防火隔墙的预埋管。

表 5.2.3-2　不锈钢板风管与配件的板材最小厚度　单位:mm

风管直径 D 或长边尺寸 b	微压、低压、中压	高压
$D(b) \leqslant 450$	0.50	0.75
$450 < D(b) \leqslant 1\,120$	0.75	1.00
$1\,120 < D(b) \leqslant 2\,000$	1.00	1.20
$2\,000 < D(b) \leqslant 4\,000$	1.20	按设计要求

表 5.2.3-3　铝板风管与配件的板材最小厚度　单位：mm

风管直径 D 或长边尺寸 b	微压、低压、中压
D（b）≤320	1.0
320<D（b）≤630	1.5
630<D（b）≤2 000	2.0
2 000<D（b）≤4 000	按设计要求

2）非金属风管板材：硬聚氯乙烯、聚丙烯（PP）圆形风管板材厚度不得小于表 5.2.3-4 的规定；硬聚氯乙烯、聚丙烯（PP）矩形风管板材厚度不得小于表 5.2.3-5 的规定；有机玻璃钢风管板材厚度不得小于表 5.2.3-6 的规定；无机玻璃钢风管板材厚度不得小于表 5.2.3-7 的规定。

表 5.2.3-4　硬聚氯乙烯、聚丙烯（PP）圆形风管板材厚度　单位：mm

风管直径 D	微压、低压	中压
D≤320	3.0	4.0
320<D≤800	4.0	6.0
800<D≤1 200	5.0	8.0
1 200<D≤2 000	6.0	10.0
D>2 000	按设计要求	

表 5.2.3-5　硬聚氯乙烯、聚丙烯（PP）矩形风管板材厚度　单位：mm

风管长边尺寸 b	微压、低压	中压
b≤320	3.0	4.0
320<b≤500	4.0	5.0
500<b≤800	5.0	6.0
800<b≤1 250	6.0	8.0
1 250<b≤2 000	8.0	10.0

表 5.2.3-6 微压、低压、中压系统有机玻璃钢风管板材厚度 单位：mm

风管直径 D 或长边尺寸 b	壁厚
$D(b) \leqslant 200$	2.5
$200 < D(b) \leqslant 400$	3.2
$400 < D(b) \leqslant 630$	4.0
$630 < D(b) \leqslant 1000$	4.8
$1000 < D(b) \leqslant 2000$	6.2

表 5.2.3-7 微压、低压、中压系统无机玻璃钢风管板材厚度 单位：mm

风管直径 D 或长边尺寸 b	壁厚
$D(b) \leqslant 300$	2.5 ~ 3.5
$300 < D(b) \leqslant 500$	3.5 ~ 4.5
$500 < D(b) \leqslant 1000$	4.5 ~ 5.5
$1000 < D(b) \leqslant 1500$	5.5 ~ 6.5
$1500 < D(b) \leqslant 2000$	6.5 ~ 7.5
$D(b) > 2000$	7.5 ~ 8.5

4 板材、型材的表面应平整光洁，厚度均匀，不得有裂纹、结疤、起皮等缺陷。

5 普通热轧钢板表面应有致密完整的氧化铁薄膜。冷轧钢板表面应平整光洁，不得有起皮和锈层等缺陷。

6 镀锌钢板的镀锌层厚度应符合设计或合同的规定，当无规定时，镀锌层的厚度不得小于 80 g/m^2，表面镀锌层应均匀和有结晶花纹，无明显氧化层、麻点、粉化、起泡、锈斑、锌层脱落等缺陷。

7 不锈钢板应采用奥氏体不锈钢材料，其表面不得有明显的划痕、刮伤、麻点、斑迹和凹穴等缺陷。加工和堆放不得与碳素钢材料接触。

8 铝板应采用纯铝板或防锈铝合金板，应有良好的塑性和导电、导热性能及耐酸腐蚀性能，其表面不得有明显的划痕、刮伤、麻点、斑迹和凹穴等缺陷。加工和堆放不得与铜、铁等重金属直接接触。

9 非金属风管、复合材料风管燃烧性能不应低于难燃 B1 级。复合材料风管的覆面材料必须采用不燃材料，内层的绝热材料应采用难燃或不燃且对人体无害的材料。

10 塑料复合钢板的表面喷涂层应色泽均匀，厚度一致，且表面无起皮、分层或塑料涂层脱落等缺陷。

11 硬聚氯乙烯、聚丙烯（PP）板材的表面应平整光滑，厚度均匀，且不得有伤痕、气泡、裂纹、分层和未塑化杂质等缺陷。板材的四角应成 90°，且不得有扭曲翘角现象。

12 净化空调系统风管材质的选用应符合设计要求，当设计无要求时，宜采用镀锌钢板，且镀锌层厚度不应小于 $100g/m^2$。工作环境有腐蚀性时宜采用不锈钢板。当生产工艺或环境条件要求采用非金属风管时，应采用不燃材料或难燃材料，且表面应光滑、平整、不产尘、不易霉变。

13 铝箔热敏、压敏胶带和胶粘剂的燃烧性能应符合难燃 B1 级要求，并应在使用期限内。胶粘剂应与风管材质相匹配，且应符合环保要求。铝箔热敏、压敏胶带的宽度不应小于 50 mm。铝箔厚度不应小于 0.045 mm。铝箔热敏胶带熨烫面应有加热到

150 ℃时变色的感温色点。铝箔压敏密封胶带180°剥离强度不应低于 0.52 N/mm。铝箔热敏密封胶带 180°的剥离强度不应低于 0.68 N/mm。

14 焊条、焊剂（药）、涂料等辅助材料必须在有效期内使用。

15 防火风管的本体、框架与固定材料、密封垫料等必须采用不燃材料，耐火等级和耐火极限时间应符合系统防火设计的规定。

16 玻璃钢风管不得采用高碱玻璃纤维布。

17 铝箔玻璃纤维复合材料风管应有防纤维脱落的保护层，且不得释放有害物质。

5.2.4 施工机具及检测工具应包括下列内容：

1 主要施工机具应包括剪板机、电剪、折方机、切角机、坡口机、合口机、三辊卷圆机、联合冲剪机、法兰卷圆机、厢式联合单平咬口机、圆弯头咬口机、压筋合缝两用机、插条成型机、型钢切割机、螺旋卷圆机、管式电加热器、电热烘箱、调压器、电动拉铆枪、电焊设备、气焊设备、台钻、砂轮切割机、手电钻、冲孔机、空压机及油漆喷枪、塑料焊机、电锯、手剪、手锯、锉刀、划刀、雌雄刀、圆孔凿、孔刀、月亮刀、电熨斗、复合板开槽工具、装订枪、铁锤、木槌、拍板、共板或插接式法兰风管成型机、电动圆盘锯等。

2 主要划线工具应包括木直尺、钢直尺、划针、划规、角尺、卡钳、墨斗、冲子等。

3 主要测量检验工具应包括游标卡尺、钢直尺、钢卷尺、游标万能角度尺、内卡钳、漏风量测试装置等。

4 现场施工机具及检测工具的使用应符合本标准第 3.4 节的规定。

5.3 施工工艺

I 金属风管制作工艺

5.3.1 金属风管制作工艺流程应符合下列要求：

1 法兰风管制作应按图 5.3.1-1 的工序进行。

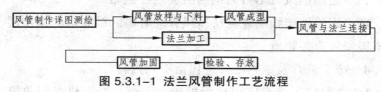

图 5.3.1-1 法兰风管制作工艺流程

2 无法兰风管制作应按图 5.3.1-2 的工序进行。

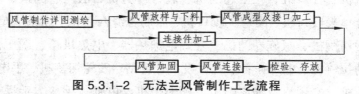

图 5.3.1-2 无法兰风管制作工艺流程

5.3.2 风管制作详图绘制应符合下列要求：

1 根据施工图绘制风管制作详图底图，底图应标注建筑及通风、空调设备和风管的设计安装尺寸。

2 现场复核建筑尺寸，同时核对预埋件及预留孔口，若位置和尺寸错误或施工遗漏，应在底图和实地同时标记，做好文字记录，并与设计、土建单位协商补救措施。

3 现场实测通风与空调系统设备及风管安装位置尺寸，若与建筑结构或暖卫、电气管线冲突时，执行本标准第 3.1.1 条第 5

款规定。

4 根据设计和实测结果或 BIM 模型提取的风管制作数据，确定风管系统实际安装定位尺寸，及弯头、三通、异径管、来回弯等配件的制作安装尺寸及直风管长度，绘制完成风管制作详图。

5 根据风管制作详图和板材规格、施工机具、运输与安装等具体情况，分解和绘制管段、配件大样图。分解时，风管接口不得处于预留孔洞及套管内。

5.3.3 风管放样与下料应符合下列规定：

1 依照管段、配件大样图，按表面形状和实际尺寸进行放样。放样展开可根据其构造形式选用平行线展开法、放射线展开法或三角线展开法。

2 板材剪切前必须严格校对划线形状和尺寸，复核无误后按划线形状进行剪切，下料时，应避免板面划伤和污染。严禁使用气割或砂轮切割机切割下料。

3 板材下料后在轧制咬口之前，必须用切角机或剪刀进行切角，切角应准确。

4 采用自动或半自动风管生产线加工时，应按相应设备技术文件的规定执行。

5 采用角钢法兰铆接连接的风管管端应预留 6 mm～9 mm 的翻边量，采用薄钢板法兰连接或 C 形、S 形插条连接的风管管端应留出机械加工成型量。

5.3.4 风管成型应符合下列规定：

1 普通薄钢板轧制咬口前应预涂防锈漆一遍。

2 彩色涂层钢板的涂塑面应设在风管内侧，加工时应避免损坏涂塑层，损坏部分应及时修补。

3 矩形、圆形风管板材咬口连接形式及适用范围应符合表

5.3.4-1 的规定。咬口宽度和留量根据板材厚度确定,并应符合表 5.3.4-2 的要求。

表 5.3.4-1　风管板材连接形式及适用范围

名称	连接形式		适用范围
单咬口	内平咬口		微压、低压、中压、高压系统
	外平咬口		微压、低压、中压、高压系统 圆形风管及板材拼接
联合角咬口			微压、低压、中压、高压系统 矩形风管或配件四角咬口连接
转角咬口			微压、低压、中压、高压系统 矩形风管或配件四角咬口连接
按扣式咬口			微压、低压、中压矩形风管或配件四角咬口连接 微压、低压圆形风管
立咬口、包边立咬口			圆形、矩形风管横向连接或纵向接缝 圆形弯头制作不加铆钉
焊接	图 5.3.9		微压、低压、中压、高压系统

注:空气洁净度等级为1级～5级的洁净风管不应采用按扣式咬口连接,铆接时不应采用抽芯铆钉。

32

表 5.3.4-2　咬口宽度

咬口形式	板厚/mm		
	$\delta \leqslant 0.70$	$0.70 < \delta \leqslant 0.85$	$0.85 < \delta \leqslant 1.20$
平咬口宽度	6 ~ 8	8 ~ 10	10 ~ 12
角咬口宽度	6 ~ 7	7 ~ 8	9 ~ 10

4 风管折方依画好的折方线在折方机上折方。制作圆形风管时，将咬口两端拍成圆弧状放在卷圆机上卷圆。操作时注意手不得直接推送钢板。

5 折方或卷圆后的钢板用合口机或手工进行合缝。咬口缝结合应紧密，宽度一致，折角应平直，圆弧应均匀，且端面应平行，不得有胀裂、过压、半咬口、翘角和明显的扭曲等现象。

6 风管单咬口纵向缝或板材拼接缝的缝长大于 500 mm 时，缝口两端和中部宜用铆钉或点焊加固，加固点间距不宜大于500 mm。

5.3.5 法兰加工应符合下列规定：

1 矩形风管法兰宜采用风管长边加长两倍角钢立面、短边不变的形式进行下料制作。下料前应先调直，使用模具卡紧在焊接平台上焊接成型。焊制的法兰内径不得小于风管外径，四角应方直。角钢规格，螺栓、铆钉规格及间距应符合表 5.3.5-1 的规定。

表 5.3.5-1　金属矩形风管角钢法兰及螺栓、铆钉规格

风管长边尺寸 b/mm	角钢规格/mm	螺栓规格	铆钉规格（孔）	螺栓及铆钉间距/mm	
				微压、低压、中压系统	高压系统
$b \leqslant 630$	L25×3	M6	$\phi 4$ 或 $\phi 5$		
$630 < b \leqslant 1\ 500$	L30×3	M8	$\phi 5$ 或 $\phi 5.5$	$\leqslant 150$	$\leqslant 100$
$1\ 500 < b \leqslant 2\ 500$	L40×4	M8			
$2\ 500 < b \leqslant 4\ 000$	L50×5	M10			

2　圆形风管法兰可选用扁钢或角钢，采用机械卷圆与手工调整的方式制作，采用机械卷圆加工圆形法兰时，先将整根角钢或扁钢在型钢卷圆机上卷成圆环形状，卷制后的型钢按计算圆周长度划线切割，找平找圆后焊接成型。法兰型材与螺栓规格及间距应符合表 5.3.5-2 的规定。

表 5.3.5-2　金属圆形风管法兰型材与螺栓规格及间距

风管直径 D/mm	法兰型材规格/mm		螺栓规格	螺栓间距/mm	
	扁钢	角钢		微压、低压、中压系统	高压系统
$D \leqslant 140$	—20×4	—			
$140 < D \leqslant 280$	—25×4	—	M6		
$280 < D \leqslant 630$	—	L25×3		$\leqslant 150$	$\leqslant 100$
$630 < D \leqslant 1\ 250$	—	L30×4	M8		
$1\ 250 < D \leqslant 2\ 000$	—	L40×4			

3 法兰的焊缝应熔合良好、饱满，无夹渣和孔洞等缺陷。

4 法兰制作可先焊接成型后，再钻与风管连接的铆钉孔，孔距应分布均匀。

5 风管法兰连接的螺栓孔，应在法兰制成后，用样板定位孔中心点，然后在台钻上钻孔，同一批量加工的相同规格法兰，其螺栓孔排列方式、间距应统一，且应具有互换性。矩形法兰的四角部位必须设有螺栓孔。

6 普通型钢法兰制作完毕后应按设计要求涂刷防腐涂料，无明确规定时涂刷防锈漆两遍。

5.3.6 风管的加固应符合下列规定：

1 金属风管加固应符合下列工艺要求：

1）风管的加固可采用角钢加固、立咬口加固、楞筋加固、扁钢内支撑、螺杆内支撑和钢管内支撑等多种形式（图 5.3.6）。矩形风管加固件宜采用角钢、轻钢型材或钢板折叠；圆形风管加固件宜采用角钢或扁钢。

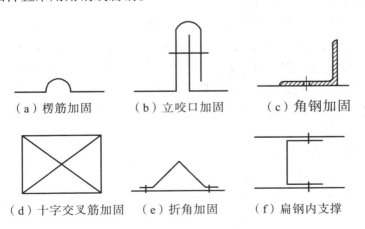

（a）楞筋加固　　（b）立咬口加固　　（c）角钢加固

（d）十字交叉筋加固　（e）折角加固　　（f）扁钢内支撑

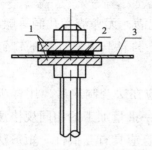 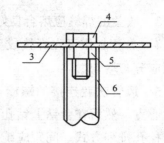

（g）镀锌螺杆内支撑　　　　　（h）钢管内支撑

图 5.3.6　风管加固形式

1—镀锌加固垫圈；2—密封圈；3—风管壁面；4—螺栓；
5—螺母；6—焊接或铆接（$\phi10 \times 1 \sim \phi16 \times 3$）

2）矩形风管边长大于 630 mm、保温风管边长大于 800 mm，管段长度大于 1250 mm 或低压风管单边平面积大于 1.2 m²，中、高压风管大于 1.0 m² 时，均应采取加固措施。

3）边长小于或等于 800 mm 的风管宜采用压筋加固。边长在 400 mm ~ 630 mm，长度小于 1000 mm 的风管也可采用压制十字交叉筋的方式加固。

4）直咬缝圆形风管直径大于或等于 800 mm，且其管段长度大于 1250 mm 或总表面积大于 4 m²，均应采取加固措施；用于高压系统的螺旋风管，直径大于 2000 mm 时应采取加固措施。

5）中、高压风管的管段长度大于 1250 mm 时，应采用加固框的形式加固。高压系统风管的单咬口缝应有防止咬口缝胀裂的加固措施。

6）薄钢板法兰风管宜采用轧制加强筋加固，加强筋的凸出部分应位于风管外表面，间距不应大于 300 mm，排列间距应均匀，靠近法兰的加强筋与法兰间距不应大于 200 mm。轧制加强筋后风管板面不应有明显的变形。

7）风管采用外加固框和管内支撑加固时，加固件距风管连接法兰一端的距离不应大于 250 mm。

8）风管采用镀锌螺杆内支撑时，镀锌加固垫圈应置于管壁内外两侧。正压时密封圈置于风管外侧，负压时密封圈置于风管内侧，风管四个壁面均加固时，两根支撑杆交叉成十字状。采用钢管内支撑时，可在钢管两端设置内螺母。

9）风管内支撑加固的排列应整齐、间距应均匀对称，应在支撑件两端的风管受力面处设置专用垫圈。采用套管内支撑时，长度应与风管边长相等。

10）外加固型材的高度应小于或等于风管法兰高度，且间隔应均匀对称，与风管的连接应牢固，螺栓或铆接点间距应不大于 220 mm。外加固框的四角处应连接为一体。

11）矩形风管刚度等级及加固间距宜按表 5.3.6-1、表 5.3.6-2、表 5.3.6-3、表 5.3.6-4 和表 5.3.6-5 的规定选择和确定。

12）非规则椭圆形风管的加固应按本标准本条第 1 款第 3 项的规定执行。

表 5.3.6-1 矩形风管连接刚度等级

连接形式		附件规格/mm	适用风管边长/mm			刚度等级
			微压、低压风管	中压风管	高压风管	
角钢法兰		M6 螺栓 L25×3	≤630	≤630	≤630	F3
		M8 螺栓 L30×3	≤1 500	≤1 500	≤1 250	F4
		M8 螺栓 L40×4	≤2 500	≤2 500	≤1 500	F5
		M10 螺栓 L50×5	≤4 000	≤4 000	≤2 500	F6

连接形式			附件规格/mm		适用风管边长/mm			刚度等级
					微压、低压风管	中压风管	高压风管	
薄钢板法兰	弹簧夹式		弹簧夹板厚度大于或等于 1.0 mm；顶丝卡厚度大于或等于 3 mm，顶丝螺丝 M8	$h=25$、$\delta_1=0.6$	≤1 500	≤1 500	—	Fb1
	插接式			$h=25$、$\delta_1=0.75$	≤1500	≤1 500	—	Fb2
	顶丝卡式			$h=30$、$\delta_1=1.0$	≤2000	≤2 000	—	Fb3
				$h=40$、$\delta_1=1.2$	≤2 000	≤2 000	—	Fb4
	组合式		$h=25$、$\delta_2=0.75$		≤2 000	≤2 000	—	Fb3
			$h=30$、$\delta_2=1.0$		≤2 500	≤2 000	—	Fb4
S形插条	平插条		大于风管壁厚且大于或等于 0.75		≤630	—	—	F1
	立插条		大于风管壁厚且大于或等于 0.75；$h≥25$		≤1000	—	—	F2
C形插条	平插条		大于风管壁厚且大于或等于 0.75		≤630	≤450	—	F1
	立插条		大于风管壁厚且大于或等于 0.75；$h≥25$		≤1 000	≤630	—	F2
	直角插条		等于风管壁厚且大于或等于 0.75		≤630	—	—	F1

38

连接形式		附件规格/mm	适用风管边长/mm			刚度等级
			微压、低压风管	中压风管	高压风管	
立联合角形插条		等于风管壁厚且大于或等于 0.75; $h \geqslant 25$	≤1250	—	—	F2
立咬口		等于风管壁厚; $h \geqslant 25$	≤1000	≤630	—	F2

注：h 为法兰高度，δ_1 为风管壁厚度，δ_2 为组合法兰板厚度。

表 5.3.6-2 矩形风管连接允许最大间距

刚度等级		风管长边尺寸 b/mm								
		≤500	630	800	1 000	1 250	1 600	2 000	2 500	3 000
		允许最大间距/mm								
微压、低压风管	F1	2 000	1 600	不使用						
	F2	2 000	2 000	1 600	1 250	不使用				
	F3	2 000	2 000	1 600	1 250	1000				
	F4	2 000	2 000	1 600	1 250	1000	800	800		
	F5	2 000	2 000	1 600	1 250	1000	800	800	800	
	F6	2 000	2 000	1 600	1 250	1000	800	800	800	800
中压风管	F2	2 000	1 250	不使用						
	F3	2 000	1 600	1 250	1 000	不使用				
	F4	2 000	1 600	1 250	1 000	800	800			
	F5	2 000	1 600	1 250	1 000	800	800		625	
	F6	2 000	1 600	1 600	1 000	800	800	800	800	625

刚度等级		风管长边尺寸 b/mm								
		≤500	630	800	1 000	1 250	1 600	2 000	2 500	3 000
		允许最大间距/mm								
高压风管	F3	2 000	1 250							
	F4		1 250	1 000	800	625	不使用			
	F5		1 250	1 000	800	625	625			
	F6		1 250	1 000	800	625	625	625	500	400

表 5.3.6-3 薄钢板法兰矩形风管连接允许最大间距

刚度等级		风管长边尺寸 b/mm							
		≤500	630	800	1 000	1 250	1 600	2 000	2 500
		允许最大间距							
微压、低压风管	Fb1	2 000	1 600	1 250	650	500			
	Fb2		2 000	1 600	1 250	650	500	400	不使用
	Fb3		2 000	1 600	1 250	1 000	800	600	
	Fb4		2 000	1 600	1 250	1 000	800	800	
中压风管	Fb1	2 000	1 250	650	500				
	Fb2		1 250	1 250	650	500	400	400	不使用
	Fb3		1 600	1 250	1 000	800	650	500	
	Fb4		1 600	1 250	1 000	800	800	650	

表 5.3.6-4　矩形风管加固刚度等级

加固形式			加固件规格/mm	加固件高度 h/mm				
				15	25	30	40	50
				刚度等级				
外框加固	角钢加固		L25×3	—	G2	—	—	—
			L30×3	—	—	G3	—	—
			L40×4	—	—	—	G4	—
			L50×5	—	—	—	—	G5
	直角形加固		δ=1.2	—	G2	G3	—	—
	Z形加固		δ=1.5	—	G2	G3	G3	—
			δ=2.0	—	—	—	—	G4
	槽形加固		δ=1.2	G1	G2	—	—	—
			δ=1.5	—	—	G3	G4	—
			δ=2.0	—	—	—	—	G5

加固形式			加固件规格（mm）	加固件高度 h/mm				
				15	25	30	40	50
				刚度等级				
加固	扁钢内支撑	h b b≥25 mm	25×3 扁钢			J1		
	螺杆内支撑		≥M8 螺杆			J1		
	套管内支撑		φ16×1 套管			J1		
纵向加固	立咬口	h h≥25 mm	—			Z2		
压筋加固	压筋间距≤300		槽深大于或等于 3 mm			J1		

注：外加固型材的高度 h 不宜大于风管法兰高度。

表 5.3.6-5 矩形风管横向加固允许最大间距

刚度等级		风管边长 b/mm								
		≤500	630	800	1 000	1 250	1 600	2 000	2 500	3 000
		允许最大间距/mm								
微压、低压风管	G1	2 000	1 600	1 250	625					
	G2		2 000	1 600	1 250	625	500	400	不使用	
	G3		2 000	1 600	1 250	1 000	800	600		
	G4		2 000	1 600	1 250	1 000	800	800		
	G5		2 000	1 600	1 250	1 000	800	800	800	625
中压风管	G1	2 000	1 250	625						
	G2		1 250	1 250	625	500	400	400	不使用	
	G3		1 600	1 250	1 000	800	625	500		
	G4		1 600	1 250	1 000	800	625			
	G5		1 600	1 250	1 000	800	800	800	625	
高压风管	G1		625							
	G2		1 250	625				不使用		
	G3	2 000	1 250	1 000	625					
	G4		1 250	1 000	800	625				
	G5		1 250	1 000	800	625	625			

2 圆形风管可使用与风管板厚相同的薄钢板条折制成"⊥"形断面外加固圈,或用扁钢、角钢外加固圈与风管铆接加固,加固圈间距不宜大于 1 500 mm。

3 加固件与风管铆接的铆钉处应按要求涂抹密封胶。

5.3.7 风管与法兰连接应符合下列规定:

1 风管与法兰铆接可执行下列工艺方法：

1）板厚小于或等于 1.2 mm 的风管与角钢法兰连接时，应采用翻边铆接，根据风管板材的材质选择铆钉。

2）法兰套入风管铆接前，应使用角尺找正法兰与风管轴线的垂直度，用拉对角线方法检测调整风管两端法兰平行度。

3）用划针由法兰向风管投划定位铆钉孔。矩形风管在长边投划两个，圆形风管在直径两端各投划一个，钻孔后与法兰铆接。

4）矩形风管翻转 180°，再次找正法兰与风管轴线的垂直度和两端法兰平行度。在长边投划并钻出两个铆钉孔，法兰与风管定位铆接。圆形风管找正后应在另一条正交直径的两端钻孔铆接。再次检查连接质量，合格后钻孔铆完剩余铆钉，不得有漏钻和漏铆。铆接应牢固，铆钉间距宜为 100 mm ~ 120 mm，且数量不宜少于 4 个。

5）风管的翻边应平整并紧贴法兰，翻边量均匀、宽度应一致，不得遮盖螺栓孔，不应小于 6 mm，且不应大于 9 mm。翻边应剪去风管咬口部位多余的咬口层，并保留一层余量，不得出现豁口。翻边四角不得撕裂，翻拐角边应拍打成圆弧形。

6）中、高压风管与净化空调系统风管，在清除风管内侧铆钉处表面油污后，应涂以密封胶。涂胶时应适量、均匀，不得有堆积现象。

2 风管与法兰焊接可执行下列工艺方法：

1）壁厚大于 1.2 mm 的风管与角钢法兰的连接可采用连续焊或翻边间断焊。管壁与法兰内口应紧贴，风管端面不应凸出法兰端面，间断焊的焊缝长度宜为 30 mm ~ 50 mm，间距不应大于 50 mm。

2）风管与法兰连接的连续焊或间断焊，宜采用找正、点焊、校核、满焊的焊接工艺流程。点焊和满焊应采用对称法。点焊时，法兰与管壁外表面贴合，不应有穿透的缝隙与孔洞，焊点应融合良好，间距不应大于 100 mm；满焊时，法兰伸出风管管口不应小于 5 mm。焊缝应低于法兰的端面。除尘系统风管宜采用内侧满焊，外侧间断焊形式。焊接完成后，应对施焊处进行相应的防腐处理。

　　3）正式焊接前应选择合适的焊接工艺。焊接时风管管壁应与法兰贴紧，保证焊接使管壁和法兰均匀熔合，防止烧穿。

　　3　圆形风管与扁钢法兰连接时，应采用直接翻边，预留翻边量不应小于 6 mm，且不应影响螺栓紧固。

5.3.8　风管无法兰连接应符合下列规定：

　　1　风管的无法兰连接应符合设计要求，设计无明确要求时，圆形风管可根据实际情况按表 5.3.8-1 中的规定确定，矩形风管可根据实际情况按表 5.3.8-2 中的规定确定。

表 5.3.8-1　圆形风管无法兰连接形式

无法兰连接形式		附件板厚/mm	接口要求	使用范围
承插连接		—	插入深度大于或等于 30 mm，有密封要求	直径 < 700 mm 微压、低压风管，
带加强筋承插		—	插入深度大于或等于 20 mm，有密封要求	微压、低压、中压风管
角钢加固承插		L25×3 L30×4	插入深度大于或等于 20 mm，有密封要求	微压、低压、中压风管

无法兰连接形式		附件板厚 /mm	接口要求	使用范围
芯管 连接		大于或等 于管板厚	插入深度大于或等于 20 mm，有密封要求	微压、低压、中压 风管
立筋 抱箍 连接		大于或等 于管板厚	翻边与楞筋匹配一 致，紧固严密	微压、低压、中压 风管
抱箍 连接		大于或等 于管板 厚，	管口对正，抱箍应居 中，宽度大于或等于 100 mm	直径小于 700 mm 微压、低压风管
内胀 芯管 连接		大于或等 于管板厚	橡胶密封垫 固定应牢固	大口径 螺旋风管

表 5.3.8-2　矩形风管无法兰连接形式

无法兰连接形式		附件板厚 /mm	使用范围
S 形插条		≥0.7	微压、低压风管 单独使用连接处必须有固 定措施
C 形插条		≥0.7	微压、低压、中压风管
立插条		≥0.7	微压、低压、中压风管
立咬口		≥0.7	微压、低压、中压风管

无法兰连接形式		附件板厚 /mm	使用范围
包边立咬口		≥0.7	微压、低压、中压风管
薄钢板法兰插条		≥1.0	微压、低压、中压风管
薄钢板法兰弹簧夹		≥1.0	微压、低压、中压风管
C形直角平插条		≥0.7	微压、低压风管
立联合角形插条		≥0.8	微压、低压风管

注：薄钢板法兰风管也可采用铆接法兰条连接的方法。

2 承插连接执行下列工艺方法：

1）直接承插连接应顺气流流向承插，制作风管时应使风管一端直径比另一端略大，承插后用抽芯铆钉或自攻螺钉固定两节风管连接位置。抽芯铆钉或自攻螺钉数量可根据风管直径按表 5.3.8-3 的规定确定。连接后接口缝内或外沿用密封胶或铝箔密封胶带封闭缝口[图 5.3.8-1（a）]。

2）芯管承插连接适用于微压、低压、中压圆形风管和椭圆形风管。芯管板厚应不小于风管板厚，芯管在两根风管内的插入深度应不小于 20 mm，芯管外径与风管内径偏差应小于 3 mm，芯管长度和自攻螺丝或抽芯铆钉数量应符合表 5.3.8-3 的规定。用抽芯铆钉或自攻螺钉将风管与芯管固定后，使用密封胶或铝箔密封胶带封闭缝口[图 5.3.8-1（b）]。

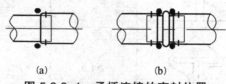

(a)　　　　　　　　(b)

图 5.3.8-1　承插连接的密封位置

注：图中"●"点处为密封位置。

表 5.3.8-3　圆形风管的芯管连接

风管直径 D/mm	芯管长度 L/mm	自攻螺丝或抽芯铆钉数量/个	直径允许偏差/mm	
			圆管	芯管
120	120	3 × 2	−1 ~ 0	−3 ~ −4
300	160	4 × 2		
400	200	4 × 2	−2 ~ 0	−4 ~ −5
700	200	6 × 2		
900	200	8 × 2		
1000	200	8 × 2		
1120	200	10 × 2		
1250	200	10 × 2		
1400	200	12 × 2		

注：大口径圆形风管宜采用内胀芯管连接。

3）内胀芯管连接适用于中压、高压大口径螺旋风管。内胀芯管与螺旋风管同材质，宽度为 137 mm，先在钢带的一端边缘焊上衬板，后轧制出单箍或双箍，最后在芯管的两侧边缘轧制出两道宽度为 7 mm 的断面为 V 型的密封槽，内嵌两条 5 mm 的橡胶密封条组成"O"形圈（图 5.3.8-2）。密封条两端用"O"形圈快干粘合剂对接。中压、高压风管的内胀芯管的制作形式、芯管自攻螺钉或铆钉数应符合表 5.3.8-4 的规定。用镀锌钢板制作的内胀芯管焊接固定耳和衬板后应再次镀锌或做防锈处理。

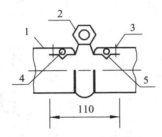

图 5.3.8-2　内胀芯管
1—风管；2—固定耳（焊接）；3—铆钉；
4—ϕ5 实芯橡胶密封圈；5—宽 7 mmV 型密封槽口

表 5.3.8-4　内胀芯管螺钉数

量风管直径 D/mm	芯管每端口自攻螺 钉或铆钉数量/个	内胀芯管形式
120	3	
180	3	
200	3	
280	4	
320	4	110
400	5	单箍内胀芯管
450	5	1—风管；2—固定耳（焊接）；3—铆钉； 4—Ø5 实芯橡胶密封圈；5—宽7mmV 型密封槽口
500	6	
700	6	
900	8	
1000	8	
1120	10	137
1250	10	双箍内胀芯管
1400	12	1—风管；2—固定耳（焊接）；3—铆钉； 4—Ø5 实芯橡胶密封圈；5—宽7mmV 型密封槽口

3　插条连接执行下列工艺方法：

1）C形、S形插条应采用专业机械轧制成型（图 5.3.8-3），C 形、S 形插条与风管插口的宽度应匹配，插条的两端各延长宜大于或等于 20 mm。S 形插条与风管边长尺寸允许偏差不超过 2 mm。

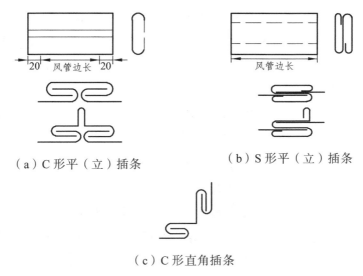

（a）C形平（立）插条　　　　（b）S形平（立）插条

（c）C形直角插条

图 5.3.8-3　矩形风管C形、S形插条

2）采用 C 形平插条连接的风管边长不应大于 630 mm，采用 C 形立插条连接的风管边长不宜大于 1 250 mm。插条制作应使后安装的两条垂直连接缝插条的两端带有 20 mm ~ 40 mm 折耳，安装后使折耳翻压 90°，盖压在另两根插条的端头，形成插条四角定位固定。连接缝需封闭时，可参照[图 5.3.8-4（a）]，使用密封胶或铝箔密封胶带封闭。

3）采用 S 形平插条连接的风管边长不应大于 630 mm，采用 S 形立插条连接的风管边长不宜大于 1 250 mm。利用中间连接件 S 形插条，将要连接的两根风管的管端分别插入插条的两面槽内，四角折耳翻压定位固定同 C 形插条。矩形风管两组对边可分别采用 C 形和 S 形插条，一般是上下边（大边）使用

S 形插条，左右（小边）使用 C 形插条。当单独使用 S 形平插条时应使用抽芯铆钉、自攻螺钉与风管壁固定。S 形立插条与风管壁连接处的铆接间距应小于 150 mm。连接缝需封闭时，可参照[图 5.3.8-4（b）]。

    4） 直角形插条适用于风管长边尺寸不大于 630 mm 的低压主干管与支管连接。利用 C 形插条从中间外弯 90°作连接件，插入矩形风管主管平面与支管管端形成连接。主管平面开洞，洞边四周翻边 180°，翻边后净留孔尺寸应等于所连接支管的断面尺寸；支管管端翻边 180°，翻边宽度均应不小于 8 mm。安装时先插入与支管边长相等的两侧插条，再插入另外两侧留有折耳的插条（插入前在插条端部 90°角线处剪出等于折边长的开口），将长出部分折成 90°压封在支管先装的两侧插条的端部。咬合完毕后应封闭四角缝口，连接缝需封闭时，可参照[图 5.3.8-4（c）]。

    5） 插条与风管插口连接处应平整、严密。

  4 立咬合连接执行下列工艺方法：

    1） 风管立咬口适用于风管长边尺寸不大于 1 000 mm 的微压、低压、中压矩形风管连接。连接缝一侧风管四个边折成一个 90°立筋，其立筋的高度应大于或等于同规格风管的角钢法兰高度，同一规格风管立咬口的高度应一致，另一侧折两个 90°成 Z 形，折角应有棱线、弯曲度允许偏差为 5‰。连接时，将两侧风管立边贴合，然后将 Z 形外折边翻压到另一侧立边背后，压紧后用铆钉铆接固定，铆钉间距不应大于 150 mm。合口时四角应各加上一个边长不小于 60 mm 的 90°贴角，并与立咬口铆接固定，贴角板厚度应不小于风管板厚。咬合完毕后应封闭四角缝口。连接缝需封闭时，可参照[图 5.3.8-4（d）]。

2）包边立咬口适用于微压、低压、中压矩形风管连接。连接缝两侧风管的四个边均翻成垂直立筋，其立筋的高度应大于或等于同规格风管的角钢法兰高度，同一规格风管包边立咬口的高度应一致，折角应倾角有棱线、弯曲度允许偏差为 5‰，利用公用包边将连接缝两侧风管垂直立边合在一起并用铆钉铆固，铆钉间隔不应大于 150 mm。风管四角 90°贴角处理和接缝的封闭同立咬口。

3）立联合角插条连接适用于风管长边尺寸不大于 1250 mm 的矩形低压风管。制作风管时，应使带立边的风管端口长、宽尺寸稍大于平插口尺寸。利用立咬平插条，将矩形风管连接两个端口，分别采用立咬口和平插的方式连在一起，风管四角立咬口处加 90°贴角。平插及立咬口的连接处，以及贴角与立咬口结合处均用铆钉固定，铆接间距不应大于 150 mm。平插处一对垂直插条的两头应有长出另两侧风管面 20 mm～40 mm 左右的折耳，压倒在平齐风管面的两根平插条上。咬合完毕后应封闭四角缝口。连接缝需封闭时，可参照[图 5.3.8-4（e）]。

5 薄钢板法兰连接执行下列工艺方法：

1）薄钢板法兰矩形风管不得用于高压风管。矩形风管薄钢板法兰可利用风管本体端口四边预留量折边形成，也可用薄钢板压制成空心法兰条，薄钢板法兰风管端面形式及适用风管长边尺寸应符合表 5.3.8-5 的规定。

表 5.3.8-5　薄钢板法兰风管端面形式及适用风管长边尺寸

法兰端面形式		适用风管长边尺寸 b	风管法兰高度	角件板厚
普通型		$b \leqslant 2\,000$（长边尺寸大于 1 500 时，法兰处应补强）		
增强型	整体式	$b \leqslant 630$	≥相同金属法兰风管的法兰高度	≥1.0
		$630 < b \leqslant 2\,000$		
	组合式	$2\,000 < b \leqslant 2\,500$		

2）薄钢板法兰制作应采用机械加工，薄钢板法兰应平直，弯曲度不应大于 5‰。组合式薄钢板法兰与风管连接可采用冲压连接或铆接等形式。微压、低压、中压风管与法兰的铆（压）接点，间距宜为 120 mm～150 mm；高压风管与法兰的铆（压）接点间距宜为 80 mm～100 mm。低压系统风管长边尺寸大于1 500 mm、中压系统风管长边尺寸大于 1 350 mm 时，可采用顶丝卡连接。顶丝卡宽度宜为 25 mm～30 mm，厚度不应小于 3 mm，顶丝宜为 M8 镀锌螺钉。

3）当采用组合式薄钢板法兰条与风管连接时，应找正四个法兰条端面平面，并保证与风管轴线垂直，接口四角处应有固定角件，其材质为镀锌钢板，板厚不应小于 1.0 mm，且不应低于风管本体厚度。固定角件与法兰连接处应采用密封胶进行密封。法兰条与风管的连接缝涂密封胶封闭[图 5.3.8-4（f）]。

4）薄钢板弹簧夹连接适用于微压、低压、中压边长不宜大于 1500 mm 的风管。薄钢板法兰弹簧夹的材质应与风管板材相同，形状和规格应与薄钢板法兰相匹配，厚度不应小于 1.0 mm，且不应低于风管本体厚度，长度宜为 120 mm～150 mm。风管连接时应在四角插入成对 90°贴角，以加强矩形风管的四角成型和刚度。两法兰平面之间加密封胶条密封[图 5.3.8-4（g）]。

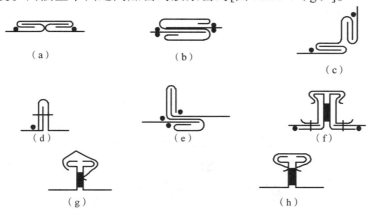

图 5.3.8-4　矩形风管无法兰连接的密封位置

注：图中"●"点处为密封位置。

5）薄钢板法兰 C 形平插条适用于微压、低压、中压矩形风管管端连接。利用 C 形插条连接时，可在风管端部多翻出一个立面，相当于连接法兰，以增大风管连接处的刚度。或直接用于薄钢板法兰连接。连接时立面或法兰四角须加成对 90°贴角，以便插条延伸出角和加固风管四角定形。插条长度应等于风管边宽加 2 倍立面或法兰高度，插条折耳同 C 形插条连接。两法兰平面之间应加密封胶条[图 5.3.8-4（h）]。

5.3.9 金属风管焊接连接应符合下列规定：

1 金属风管采用焊接时应符合本标准表 5.1.3 的要求。人防工程病毒区的风管应采用焊接。

2 风管和配件焊缝形式可根据连接的实际构造，参照图 5.3.9 和下列规定选择：

1）对接焊缝适用于板材拼接缝、横向缝及纵向闭合缝。

2）搭接焊缝适用于矩形风管或配件的纵向闭合缝，或矩形弯头、三通的转向缝和风管封头闭合缝。

3）角接焊缝适用于风管与法兰及配件的闭合缝。

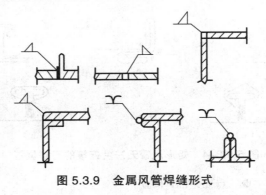

图 5.3.9 金属风管焊缝形式

3 板材剪切应平直，焊接对口间隙应满足焊接工艺要求。搭接焊缝的焊件接触面应贴紧，手工点焊定位处的焊瘤应及时清除。

4 金属风管板材的焊接应牢固，焊缝应饱满、平整，不得有虚焊、漏焊、凸瘤、夹渣、气孔和裂缝等焊接缺陷，不应有凹凸大于 10 mm 的变形。

5 普通钢板风管焊接应符合下列工艺方法：

1）焊接前，必须清除焊接端口处的污物、油迹、锈蚀。焊接时，应先采用点焊的方式将需要焊接的风管板材成型固定。宜采用间断跨越焊，间距宜为 100 mm～150 mm，焊缝长度宜为 30 mm～50 mm，依次循环。

2）焊材应与母材相匹配，焊缝应满焊、均匀。

3）焊接后的板材变形应矫正。焊缝和附近区域的焊渣、飞溅物及残留的焊丝应清除干净。

6 风管应避免在焊缝及其边缘处开孔，开孔孔边距焊缝边缘不宜小于 100 mm。

5.3.10 不锈钢风管及铝板风管制作应符合下列特殊要求：

1 风管制作场地应铺垫木板或橡胶板，作业前应清扫工作场地的铁屑和杂物。

2 板材放样划线应选用红铅笔或不损伤板材表面的软体笔，不得使用金属划针或锯条在板材表面划辅助线和冲眼。

3 制作形状复杂的配件，宜先做好样板，经复核无误后再在板材上套裁下料。

4 不锈钢风管制作应尽量采用机械加工，减少手工操作和加工次数。手工拍制咬口时，应注意不要拍反。

5 当需要手工咬口制作时，应使用木槌、铜锤或不锈钢锤等工具，不得使用碳素钢锤。

6 剪切不锈钢板时应先试剪，调整好上下刀刃的间隙，板材切断的边缘应整齐，无飞边和变形。

7 在不锈钢板上钻孔应采用高速钢钻头，钻头的顶尖角度为 118°～122°，钻孔的切削速度约为普通碳素钢的一半。

8 不锈钢热煨法兰时应采用专用的加热设备加热，其温度应控制在 1 100 ℃～1 200 ℃，煨弯温度不得低于 820 ℃。煨好后的法兰必须重新加热到 1 100 ℃～1 200 ℃，再在水中迅速冷却。

9 不锈钢板风管焊接应符合下列工艺方法：

1）不锈钢板风管的焊接可采用非熔化极氩弧焊，板材厚度大于 1.5 mm 时可采用直流电焊机反极法进行焊接，不得采用气焊焊接。

2）不锈钢板焊接所使用的焊条或焊丝，其材质应与母材匹配，机械强度不应低于母材。

3）焊接前应使用清洗剂清除焊缝区域的油脂和污物，清洗剂应采用对板材表面无损害，且对人体无危害的中性清洗剂。

4）用电弧焊焊接不锈钢板时，应在焊缝两侧的 100 mm 宽度表面涂上白垩粉或采用其他方法保护板材表面。

5）焊接后，应清除焊缝处的熔渣和飞溅物，再用酸洗液进行酸洗钝化，最后用热水清洗干净。

6）排油烟的不锈钢风管法兰与管体应采用焊接，并满焊。

10 不锈钢风管与法兰铆接时，应采用不锈钢铆钉，法兰及连接螺栓为碳素钢时，其表面应采用镀铬或镀锌等防腐措施。

11 矩形不锈钢风管的加固应执行本标准第 5.3.6 条的规定，加固间距宜符合本标准表 5.3.6-4 和表 5.3.6-5 的规定。

12 铝制圆形法兰冷煨前，应将冷煨机辊轮擦拭干净，角铝采用贴牛皮纸保护。铝材上不得存有黄锈及其他污物。

13 铝板风管焊接应符合下列工艺方法：

1）铝板风管的焊接宜采用惰性气体保护焊。

2）铝板焊接的焊丝应与母材相匹配。

3）焊接应选择合适的焊接工艺，必要时应进行焊接试验。

4）在焊接前，必须对铝板风管焊缝处和焊丝上的氧化物及污物进行清理，使其露出铝的本色，并应在清除氧化膜后的2 h～3 h内完成焊接工作，防止处理后的表面再度氧化。

5）焊缝对口应使焊口达到最小间隙，对于易焊穿的薄板，焊接应在铜垫板上进行。

6）焊接后应用热水清洗，除去焊缝表面的焊渣、焊药等杂物。

14 铝板风管与法兰的连接采用铆接时，应采用铝铆钉，铆钉直径不宜小于 6 mm。风管法兰材质为碳素钢时，法兰表面应按设计要求作防腐处理，无要求时现场可涂绝缘漆。

15 矩形铝板法兰风管的连接距离宜符合本标准表 5.3.6-1和表 5.3.6-2 的规定；加固间距宜符合本标准表 5.3.6-4 和表 5.3.6-5的规定，或另进行强度计算。

16 矩形铝板风管不宜采用 C、S 形平插条连接，不得采用按扣式咬口。

17 铝板矩形风管采用碳素钢材料进行内、外加固时，应按设计要求作防腐处理；采用铝材进行内、外加固时，其选用材料的规格及加固间距应进行校核计算。

5.3.11 净化空调系统风管制作应包括下列特殊要求：

1 风管所用的螺栓、螺母、垫圈和销钉的材料应与管材性能相适应，不应产生电化学腐蚀。净化空调系统的静压箱本体、箱内高效过滤器的固定框架及其他固定件应为镀锌、镀镍件或其他防腐件。

2 风管制作应选择空气环境较好的场所，制作场地宜铺设不易产尘的软性材料。

3 风管加工前应使用清洗剂除去板材表面的油污及积尘。清洗剂应采用对板材表面无损害、干燥后不产生粉尘，且对人体无危害的中性清洗剂。

4 风管应减少纵向接缝，且不得有横向接缝。矩形风管底板的纵向接缝数量应符合表 5.3.11 的规定。

表 5.3.11　净化空调系统矩形风管底板允许纵向接缝数量

风管边长 b/mm	b≤900	900＜b≤1 800	1 800＜b≤2 700
允许纵向接缝数量	0	1	2

5 矩形风管不得使用 S 形插条及直角形插条连接。边长大于 1 000 mm 的净化空调系统风管，无相应的加固措施，不得使用薄钢板法兰弹簧夹连接。空气洁净度等级为 N1 级～N5 级的洁净风管不应采用按扣式咬口连接，铆接时不应采用抽芯铆钉，风管法兰的螺栓及铆钉孔的间距不应大于 80 mm；空气洁净度等级为 N6 级～N9 级时，风管法兰的螺栓及铆钉孔的间距不应大于 120 mm。

6 风管的咬口缝、铆接缝以及法兰翻边四角缝隙处，应按设计及洁净等级要求，采用涂密封胶或其他密封措施堵严。密封材料宜采用异丁基橡胶、氯丁橡胶、变性硅胶等为基材的材料。风管板材连接缝的密封面应设在风管壁的正压侧。

7 彩色涂层钢板风管的内壁涂层若有损坏，被损坏的部位应及时涂环氧树脂修补。镀锌钢板风管的镀锌层不应有多处或10%表面积的损伤、粉化脱落等缺陷。

8 净化空调系统的风管不应采用加固框或加固筋，风管内部的加固点或法兰铆接点周围应采用密封胶进行密封。

9 制作完毕的风管应使用清洗剂清洗，清洗后用不掉纤维的白色长丝纺织材料擦拭检查，达到要求后应及时封口，并应存放在清洁的房间。

5.3.12 防火风管的制作应符合下列特殊要求：

1 型钢框架外敷防火板的防火风管构造应符合下列要求：

1）型钢框架外敷防火板的防火风管构造如图 5.3.12-1 所示。

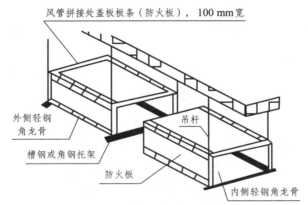

图 5.3.12-1 型钢框架外敷防火板的防火风管

2）型钢框架外敷防火板的防火风管角部构造如图 5.3.12-2 所示。

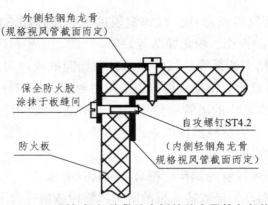

图 5.3.12-2 型钢框架外敷防火板的防火风管角部构造

2 在金属风管外敷防火绝热层的防火风管构造应符合下列要求：

1） 在金属风管外敷防火绝热层的防火风管构造如图5.3.12-3 所示。

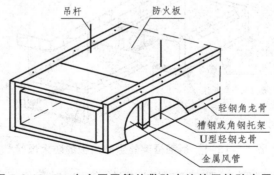

图 5.3.12-3 在金属风管外敷防火绝热层的防火风管

2） 在金属风管外敷防火绝热层的防火风管角部构造如图5.3.12-4 所示。

图 5.3.12-4　在金属风管外敷防火绝热层的防火风管

3　风管板材尽量避免拼接，当需要拼接时，应按图 5.3.12-5
规定要求拼接，且拼接处风管需采取加固措施。

图 5.3.12-5　风管的拼接

4　型钢框架外敷防火板的防火风管型钢框架的焊接应制定
详细的焊接工艺，焊接应牢固，表面应平整，偏差不应大于 2 mm。

5　防火板的接缝应用防火密封胶封堵严密，且不应有穿孔。
防火板风管需使用材料供应商认定的专用防火密封胶。如另行使
用其他品牌防火密封胶，必须经监理、材料供应商检查认可后方
可使用。

6　管段与管段的拼接，沿长度方向的断面如图 5.3.12-6 所
示。自攻螺钉间距为 150 mm。管段与管段的拼接处缝隙要求抹
胶密封。

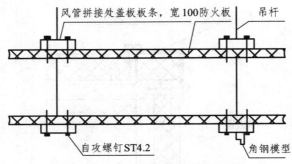

图 5.3.12-6 管段与管段的拼接

5.3.13 金属风管制作中，应做好风管表面防腐的配合工作。

5.3.14 金属风管的检验、存放应符合下列规定：

1 成品风管应按照现行国家标准《通风与空调工程施工质量验收规范》GB 50243 要求检查制作质量，对检验合格的风管应及时进行防腐保护处理和管段编号，然后存放在干燥避雨的场所。存放净化系统风管的场所还应封闭干净，地面和风管上面应铺垫和覆盖塑料薄膜。

2 风管的外观检查应符合下列规定：

1）风管允许偏差应符合表 5.3.14-1 的规定。

表 5.3.14-1　风管允许偏差　　　　　　　　单位：mm

规格	$D(b)$ ≤300	$D(b)$ >300	矩形风管两条对角线长度之差	圆形法兰任意两直径之差	风管平面不平度	法兰外径或外边长及平面度
允许偏差	≤2	≤3	≤3	≤3	≤10	≤2

2）镀锌钢板风管表面不得有 10%以上的白花、锌层粉化等镀锌层严重损坏的现象。

64

3 风管强度和严密性检测应符合下列规定：

1）风管强度和严密性检测应取抽样管段连接组成试验管段组，连接应符合设计的要求。管段组两端的封堵板应分别安装调节风阀、试验检测仪表及送风接管。

2）风管强度检测的试验压力符合表 5.3.14-2 的规定。

表 5.3.14-2　风管强度试验压力

风管类别	微压、低压风管	中压风管	高压风管
强度试验压力	1.5P	1.2P，且≥750 Pa	1.2P

注：P 为系统风管工作压力（Pa）。

3）风管强度检测在试验压力保持 5 min 及以上，接缝处应无开裂，整体结构应无永久性的变形及损伤。

4）矩形金属风管的严密性检验，在工作压力下的风管允许漏风量应符合表 5.3.14-3 的规定。

表 5.3.14-3　风管允许漏风量

风管类别	允许漏风量[m³/（h·m²）]
低压风管	≤ 0.105 6$P^{0.65}$
中压风管	≤ 0.035 2$P^{0.65}$
高压风管	≤ 0.011 7$P^{0.65}$

注：1　低压、中压圆形金属与复合材料风管，以及采用非法兰形式的非金属风管的允许漏风量，应为矩形金属风管规定值的 50%；

2　砖、混凝土风道的允许漏风量不应大于矩形金属低压风管规定值的 1.5 倍；

3　排烟、除尘、低温送风及变风量空调系统风管的严密性应符合中压风管的规定，N1 级～N5 级净化空调系统风管的严密性应符合高压风管的规定。

5）风管系统工作压力绝对值不大于 125 Pa 的微压风管，在外观和制造工艺检验合格的基础上，不进行漏风量的验证测试。

6）输送剧毒类化学气体及病毒的实验室通风与空调风管的严密性能应符合设计要求。

4 需要返修的风管应明显标记，并单独存放以备返修。

Ⅱ 非金属与复合材料风管制作工艺

5.3.15 非金属与复合材料风管制作详图的绘制应按本标准第5.3.2 条的规定执行。

5.3.16 非金属与复合材料风管板材的技术参数及适用范围应符合表 5.3.16 的规定。

表 5.3.16 非金属与复合材料风管板材的技术参数及适用范围

名称		材料密度/（kg/m³）	厚度/mm	燃烧性能	强度或吸水率、导热系数	适用范围
无机玻璃钢	气硬性无机玻璃钢风管	≥1 700	符合现行国家标准《通风与空调施工质量验收规范》GB 50243 的有关规定	A 级	弯曲强度大于或等于70 MPa	微压、低压、中压、高压空调系统及排烟系统
	镁水泥风管	≥2 000		A 级	弯曲强度大于或等于65 MPa	
硬聚氯乙烯风管、聚丙烯（PP）风管		1 300~1 600		B₁ 级	拉伸强度大于或等于34 MPa	洁净室及含酸碱的排风系统

名称	材料密度/ (kg/m³)	厚度/mm	燃烧性能	强度或吸水率、导热系数	适用范围
酚醛铝箔复合材料风管	隔热材料密度大于或等于60；整体表观密度大于或等于130	≥20	B₁级	弯曲强度：双铝面层大于或等于1.05 MPa；彩钢板面层大于或等于1.03 MPa；吸水率：浸水大于或等于4 d，小于或等于3.4%；导热系数：0.023W/（m·K）/25 ℃	双面铝箔复合材料板适用于工作压力小于或等于800 Pa的空调系统及潮湿环境的风管，彩钢板面层的适用于工作压力小于或等于2 000 Pa的空调系统风管
聚氨酯铝箔复合材料风管	≥45	≥20	B₁级	弯曲强度：双铝面层大于或等于1.05 MPa，彩钢板面层大于或等于1.03 MPa	
玻璃纤维复合材料风管	≥70	≥25	B₁级	—	工作压力小于或等于1 000 Pa的空调系统

5.3.17 非金属与复合材料风管的制作方式应根据风管连接形式确定，非金属与复合材料风管连接形式及适用范围应符合表5.3.17的规定。

表 5.3.17　非金属与复合材料矩形风管的连接形式及适用范围

非金属与复合材料风管连接形式		附件材料	适用范围
45°粘结		铝箔胶带	酚醛铝箔复合材料风管、聚氨酯铝箔复合材料风管，$b \leqslant$ 500 mm
承插阶梯粘结		铝箔胶带	丙烯酸树脂玻璃纤维复合材料风管，$b \leqslant 1\,600$ mm
槽形插接连接		PVC 连接件	微压、低压风管 $b \leqslant 2000$ mm 中压、高压风管 $b \leqslant 1500$ mm
工形插接连接		PVC 连接件	微压、低压风管 $b \leqslant 2000$ mm 中压、高压风管 $b \leqslant 1500$ mm
		PVC 断桥铝合金连接件	$b \leqslant 3\,000$ mm
外套角钢法兰		L25 × 3	$b \leqslant 1\,000$ mm
		L30 × 3	$b \leqslant 1\,600$ mm
		L40 × 4	$b \leqslant 2\,000$ mm
C 形插接法兰（高度 25 mm ~ 30 mm）		PVC 连接件或铝合金连接件	$b \leqslant 2\,000$ mm
"H" 插接法兰		PVC 铝合金连接件	用于风管与阀部件及设备连接

注：1　b 为矩形风管长边尺寸，δ 为风管板材厚度；

　　2　PVC 连接件厚度大于或等于 1.5 mm；

　　3　铝合金连接件厚度大于或等于 1.2 mm。

5.3.18　硬聚氯乙烯、聚丙烯（PP）风管制作应符合下列规定：

1　硬聚氯乙烯、聚丙烯（PP）风管制作应按图 5.3.18-1 的工序进行。

图 5.3.18−1 硬聚氯乙烯、聚丙烯（PP）风管制作工艺流程

2 放样下料应符合下列工艺方法：

1）放样划线时，应根据设计图纸尺寸和板材规格，以及加热设备等具体情况，合理安排放样图形及焊接部位，尽量节约材料和减少切割与焊接工作量。放样划线应执行本标准第 5.3.10 条第 2 款的规定。

2）圆形风管直径小于或等于 200 mm 时，宜采用管材；直径大于 200 mm 时，应采用板材制作。

3）风管或管件采用加热成型时，硬聚氯乙烯、聚丙烯（PP）板材放样划线应预留收缩余量。每批板材加工前均应进行试验，确定其收缩余量。

4）纵焊缝不应设置在圆形风管的底部。矩形风管底边宽度小于板材宽度时不应设置纵焊缝，底边宽度大于板材宽度时只能设置一条纵焊缝。纵焊缝应交错设置，纵向焊缝距转角折方位置宜大于 80 mm。

5）板材可用剪床、圆盘锯或曲线锯进行切割。使用剪床切割时，厚度小于或等于 5 mm 的板材可在常温下进行切割，厚度大于 5 mm 的板材或在冬天气温较低时，应先把板材加热到 30 ℃ 左右，再用剪床进行切割，防止板材碎裂。用圆盘锯锯割时，锯片的直径宜为 200 mm ~ 250 mm，厚度宜为 1.2 mm ~ 1.5 mm，齿距宜为 0.5 mm ~ 1 mm，转速宜为 1 800 r/min ~

2 000 r/min，应将板材贴在锯床平台面上，沿切割线均匀移动，锯割线速度不应大于 3 m/min。切割曲线时，宜采用规格为 300 mm～400 mm 的鸡尾锯进行切割。当切割圆弧较小时，宜采用钢丝锯进行。切割应防止材料过热，发生烧焦和粘住现象，宜使用压缩空气进行冷却。

  3 板材坡口加工应符合下列工艺方法：

  1）采用坡口机或砂轮机加工板材坡口时，应先用样板试加工调整角度，准确无误后再进行批量坡口加工。

  2）坡口的型式、角度和尺寸应符合表 5.3.18-1 的要求，坡口的角度和尺寸应均匀一致。

表 5.3.18-1 硬聚氯乙烯、聚丙烯（PP）板焊缝形式、坡口尺寸及适用范围

焊缝形式	图示	焊缝高度（mm）	板材厚度（mm）	坡口角度 α（°）	适用范围
V形对接焊缝		2～3	3～5	70～90	单面焊的风管
X形对接焊缝		2～3	≥5	70～90	风管法兰及厚板的拼接

焊缝形式	图示	焊缝高度（mm）	板材厚度（mm）	坡口角度 α（°）	适用范围
搭接焊缝		大于或等于最小板厚	3~10	—	风管和配件的加固
角焊缝（无坡口）		2~3	6~18	—	
		大于或等于最小板厚	≥3	—	风管配件的角焊
V形单面角焊缝		2~3	3~8	70~90	风管角部焊接
V形双面角焊缝		2~3	6~15	70~90	厚壁风管角部焊接

4 板材拼接和风管成型焊接时，焊缝形式、焊缝坡口尺寸及适用范围应符合本标准表 5.3.18-1 的规定。焊条材质应与板材相同。第一道底焊宜采用 $\phi 2$ mm ~ $\phi 2.5$ mm 焊条。表面多根焊条焊接应排列整齐，板材焊接不得出现焦黄、断裂等缺陷，焊缝应饱满、平整、光滑、牢固。焊缝强度不得低于母材强度的 60%。

5 风管成型应符合下列工艺方法：

1）硬聚氯乙烯、聚丙烯（PP）板加热可采用电加热、蒸汽加热或热空气加热等方法。硬聚氯乙烯、聚丙烯（PP）板加热时间应符合表 5.3.18-2 的规定。

表 5.3.18-2　硬聚氯乙烯、聚丙烯（PP）板加热时间

板材厚度（mm）	2 ~ 4	5 ~ 6	8 ~ 10	11 ~ 15
加热时间（min）	3 ~ 7	7 ~ 10	10 ~ 14	15 ~ 24

2）圆形直管加热成型时，加热箱里的温度上升到 130 °C ~ 150 °C 并保持稳定后，应将板材放入加热箱内，使板材整个表面均匀受热。板材被加热到柔软状态时应取出，放在帆布上，采用木模卷制成圆管，待完全冷却后，将管取出。木模外表应光滑，圆弧应正确。木模应比风管长 100 mm。

3）矩形风管加热成型时，矩形风管四角宜采用加热折方成型。风管折方采用普通的折方机和管式电加热器配合进行。电热丝的选用功率应能保证板表面被加热到 150 °C ~ 180 °C 的温度。折方时，把划线部位置于两根管式电加热器中间并加热，变软后，迅速抽出，放在折方机上折成 90°角，待加热部位冷却后再取出。加热煨折部位煨角圆弧应均匀，不得有焦黄、分层和发白裂口。成型后不得有明显扭曲和翘角。

4）管内支撑与风管的固定应牢固，穿管壁处应采取密封措施。各支撑点之间或支撑点与风管的边沿或法兰间的距离应均匀，且不应大于 950 mm。

5）各种异形管件应使用光滑木材或铁皮制成的胎模，参照本标准本条本款本项的相关方法煨制成型。

6 法兰制作执行下列工艺方法：

1）圆形法兰的用料规格、螺栓孔数和孔径应符合表5.3.18-3 的规定。条形板下料长度应满足法兰直径要求并留足热胀冷缩余量，用剪床或圆盘锯裁切成条形板，在坡口机上开出内圆的坡口。圆形法兰宜采用两次热成形，第一次将在电热箱内加热成柔软状态的条形板放到胎具上煨成圈带，接头焊牢。第二次再加热成柔软状态后在胎具上压平校型。ϕ150 mm 以下法兰不宜热煨，板材切割后可用车床加工成型。

表 5.3.18-3　硬聚氯乙烯、聚丙烯（PP）板圆形风管法兰规格

风管直径 D/mm	法兰（宽×厚）/mm	螺栓孔径/mm	螺栓孔数/个	连接螺栓
$D \leqslant 180$	35×6	7.5	6	M6
$180 < D \leqslant 400$	35×8	9.5	8 ~ 12	M8
$400 < D \leqslant 500$	35×10	9.5	12 ~ 14	M8
$500 < D \leqslant 800$	40×10	9.5	16 ~ 22	M8
$800 < D \leqslant 1\ 400$	45×12	11.5	24 ~ 38	M10
$1\ 400 < D \leqslant 1\ 600$	50×15	11.5	40 ~ 44	M10
$1\ 600 < D \leqslant 2\ 000$	60×15	11.5	46 ~ 48	M10
$D > 2\ 000$	按设计			

2）矩形法兰的用料规格、螺栓孔数和孔径应符合表5.3.18-4的规定，法兰的四角处应设螺栓孔。矩形法兰制作时，应将塑料板锯成条形，把四块开好坡口的条形板放在平板上组对焊接，四角内、外边应方直，内边尺寸与风管一致。焊接成型时应使用钢块等重物适当压住，防止塑料焊接变形，保持法兰平整。

表 5.3.18-4 硬聚氯乙烯、聚丙烯（PP）板矩形风管法兰规格

风管长边尺寸 b/mm	法兰(宽×厚)/mm	螺栓孔径/mm	螺孔间距/mm	连接螺栓
$b \leqslant 160$	35×6	7.5		M6
$160 < b \leqslant 400$	35×8	9.5		M8
$400 < b \leqslant 500$	35×10	9.5		M8
$500 < b \leqslant 800$	40×10	11.5	$\leqslant 120$	M10
$800 < b \leqslant 1\ 250$	45×12	11.5		M10
$1\ 250 < b \leqslant 1\ 600$	50×15	11.5		M10
$1\ 600 < b \leqslant 2\ 000$	60×18	11.5		M10
$b > 2\ 000$	按设计			

7 风管与法兰连接采用焊接应执行下列工艺：

1）焊接前应在风管上划出法兰位置横（环）线，并用角尺和拉对角线检查法兰与风管轴线的垂直度和两端法兰的平行度。直径或边长大于 500 mm 的风管与法兰的连接处，应均匀设置三角支撑加强筋，加强筋间距不得大于 450 mm。

2）焊接的热风温度、焊条、焊枪喷嘴直径及焊缝形式应满足焊接要求。

3）焊缝形式宜采用对接焊缝、搭接焊缝和角焊缝。焊接前，应按本标准表 5.3.18-1 的规定进行坡口加工，并应清理焊接部位的油污、灰尘等杂质。

4）焊接时，焊条应垂直于焊缝平面，不应向后或向前倾斜，并应施加一定压力，使被加热的焊条与板材粘合紧密。焊枪

喷嘴应沿焊缝方向均匀摆动，喷嘴距焊缝表面应保持 5 mm ~ 6 mm 的距离。喷嘴的倾角应根据被焊板材的厚度按表 5.3.18-5 的规定选择。

5）焊条在焊缝中断裂时，应采用加热后的小刀把留在焊缝内的焊条断头修切成斜面后，再从切断处继续焊接。焊接完成后，应采用加热后的小刀切断焊条，不应用手拉断。焊缝应逐渐冷却。

6）焊接应保证风管壁无明显变形，法兰无明显扭曲。焊接后端面突起的焊肉用木工刨刨平。

表 5.3.18-5　焊枪喷嘴倾角的选择

板厚/mm	≤5	5 ~ 10	> 10
倾角/（°）	15 ~ 20	25 ~ 30	30 ~ 45

8　风管组配、加固应符合下列工艺方法：

1）风管直径大于 400 mm 或长边大于 500 mm 时，应采用加固措施，加固宜采用外加固框形式，加固框的设置应符合表 5.3.18-6 的规定，加固框的规格宜与法兰相同，并应采用焊接将加固框与风管紧固。

2）风管加固宜采用外加固框形式，加固框的设置应符合本标准表 5.3.18-6 的规定，并应采用焊接方法将同材质加固框与风管焊接牢固。

表 5.3.18-6　硬聚氯乙烯、聚丙烯（PP）风管加固框规格 单位：mm

圆形				矩形			
风管直径 D	管壁厚度	加固框		风管长边尺寸 b	管壁厚度	加固框	
		规格（宽×厚）	间距			规格（宽×厚）	间距
$D \leqslant 320$	3（4）	—	—	$b \leqslant 320$	3（4）	—	—
$320 < D \leqslant 400$	4（6）	—	—	$320 < b \leqslant 500$	4（5）	—	—
$400 < D \leqslant 500$	4（6）	35×10	800	$500 < b \leqslant 800$	5（6）	40×10	800
$500 < D \leqslant 800$	4（6）	40×10	800	$800 < b \leqslant 1\,250$	6（8）	45×12	400
$800 < D \leqslant 1250$	5（8）	45×12	800	$1\,250 < b \leqslant 1\,600$	8（10）	50×15	400
$1250 < D \leqslant 1\,400$	6（10）	45×12	800	$1\,600 < b \leqslant 2\,000$	8（10）	60×18	400
$1400 < D \leqslant 1\,600$	6（10）	50×12	400	—	—	—	—
$1600 < D \leqslant 2\,000$	6（10）	60×12	400	—	—	—	—
$2\,000 < D$	按设计规定			—	—	—	—

　　3）风管直管段连续长度大于 20 m 时，应按设计要求设置伸缩节或软接头（图 5.3.18-2）。

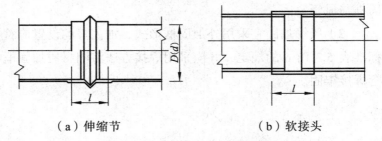

　　（a）伸缩节　　　　　　　　（b）软接头

图 5.3.18-2　伸缩节、软接头示意

9 硬聚氯乙烯、聚丙烯（PP）风管检验、存放应符合下列规定：

1）风管两端面应平行，不应有扭曲，外径或外边长的允许偏差不应大于 2 mm。表面应平整，圆弧应均匀，凹凸不应大于 5 mm。

2）风管强度和严密性检测可执行本标准第 5.3.14 条第 3 款的规定。

3）成品风管应按现行国家标准《通风与空调工程施工质量验收规范》GB50243 的要求检查制作质量，对检验合格的风管应及时进行管段编号并妥善保护，存放于通风，不受日光直接照射、雨淋及潮湿的场地中。

4）风管及法兰制作的允许偏差应符合表 5.3.18-7 的规定。

表 5.3.18-7　非金属与复合材料风管及法兰制作的允许偏差 单位：mm

风管长边尺寸 b 或直径 D	允许偏差				
	边长或直径偏差	矩形风管表面平整度	矩形风管端口对角线之差	法兰或端口端面平面度	圆形法兰任意正交两直径
$b(D) \leq 320$	±2	≤3	≤3	≤2	≤3
$320 < b(D) \leq 2\,000$	±3	≤5	≤4	≤4	≤5

5）返修风管按本标准第 5.3.14 条第 4 款处理。

5.3.19 玻璃钢风管制作与检验应符合下列规定：

1 玻璃钢风管应按企业操作规程制作，并应符合下列规定：

1）风管玻璃纤维布厚度与层数应符合表 5.3.19-1 的规定。

表 5.3.19–1　微压、低压、中压系统无机玻璃钢风管玻璃纤维布厚度与层数　　　　　　　　　　　　　　　单位：mm

风管直径 D 或风管边长 b	风管管体玻璃纤维布厚度		风管法兰玻璃纤维布厚度	
	0.3	0.4	0.3	0.4
	玻璃布层数			
D（b）≤300	5	4	8	7
300＜∟（b）≤500	7	5	10	8
500＜D（b）≤1 000	8	6	13	9
1 000＜D（b）≤1 500	9	7	14	10
1 500＜D（b）≤2 000	12	8	16	14
D（b）＞2 000	14	9	20	16

2）玻璃钢风管法兰的规格应符合表 5.3.19-2 的规定，螺栓孔的间距不得大于 120 mm。矩形风管法兰的四角处应设有螺孔。

表 5.3.19–2　玻璃钢风管法兰规格

风管直径 D 或风管边长 b/mm	材料规格（宽×厚）/mm	连接螺栓
D（b）≤400	30×4	M8
400＜D（b）≤1 000	40×6	
1 000＜D（b）≤2 000	50×8	M10

3）风管管体模具应与风管法兰模具垂直。

4）玻璃纤维网格布相邻层之间的纵、横搭接缝距离应大于 300 mm，同层搭接缝距离不得小于 500 mm。搭接长度应大于 50 mm。

5）风管表层浆料厚度以压平玻璃纤维网格布为宜（可见布纹），表面不得有密集气孔和漏浆。

6）整体型无机玻璃钢风管法兰处的玻璃纤维网格布应延伸至风管管体处。法兰与管体转角处的过渡圆弧半径宜为壁厚的0.8倍~1.2倍。

7）组合型无机玻璃钢风管管板接合四角处应涂满无机胶凝浆料密封，并应采用角形金属型材加固四角边，其紧固件的间距应小于或等于 200 mm。法兰与管板紧固点的间距小于或等于120 mm。

8）整体型风管无机玻璃钢加固应采用与本体材料或防腐性能相同的材料，加固件应与风管成为整体。风管制作完毕后的加固，其内支撑横向加固点数及外加固框、内支撑加固点纵向间距应符合表 5.3.19-3 的规定，并采用与风管本体相同的胶凝材料封堵。

表 5.3.19-3　整体型无机玻璃钢风管内支撑横向加固点及外加固框、内支撑加固点纵向间距

类别		系统工作压力/Pa				
		500 < P ≤ 630	630 < P ≤ 820	820 < P ≤ 1 120	1 120 < P ≤ 1 610	1 610 < P ≤ 2 500
		内支撑横向加固点数				
风管边长(mm)	630 < b ≤ 1 000	—	—	1	1	1
	1000 < b ≤ 1 600	1	1	1	1	2
	1600 < b ≤ 2 000	1	1	1	1	2
	2000 < b ≤ 3 000	1	1	1	2	2
	3000 < b ≤ 4 000	2	2	3	3	4
纵向加固间距（mm）		≤ 1 420	≤ 1 240	≤ 890	≤ 740	≤ 590

9） 组合型无机玻璃钢风管的内支撑加固点数及外加固框、内支撑加固点纵向间距应符合表 5.3.19-4 的规定。

表 5.3.19-4　组合型无机玻璃钢风管内支撑加固点数及外加固框、内支撑加固点纵向间距

类别		系统工作压力/Pa				
		$500 < P$ $\leqslant 600$	$600 < P \leqslant$ 740	$740 < P \leqslant$ 920	$920 < P \leqslant$ 1 160	$1160 < P$ $\leqslant 1\,500$
		内支撑横向加固点数				
风管边长（mm）	$500 < b$ $\leqslant 1\,000$	—	—	1	1	1
	$1\,000 < b \leqslant$ 1 600	1	1	1	1	2
	$1\,600 < b \leqslant$ 2 000	1	1	2	2	2
	$2\,000 < b \leqslant$ 3 000	2	2	3	3	4
	$3\,000 < b \leqslant$ 4 000	3	3	4	4	5
纵向加固间距（mm）		≤1420	≤1240	≤890	≤740	≤590

注：横向加固点数为 5 个时应加加固框，并与内支撑固定为一整体。

10） 有机玻璃钢风管法兰应与风管成为一体，并应有过渡圆弧，管口与风管轴线成直角，螺栓孔的间距不得大于 120 mm 且排列均匀。矩形风管法兰的四角处，应设有螺栓孔。

11） 有机玻璃钢矩形玻璃钢风管的边长大于 900 mm，且管段长度大于 1 250 mm 时，应采取加固措施。加固筋的分布应均匀整齐，且应在铺层达到 70% 以上时再埋入。玻璃钢风管的加固应为本体材料或防腐性能相同的材料，加固件应与风管成为整体。

12）风管制作完毕应待胶凝材料固化后除去内模，并置于干燥、通风处养护不少于 6 天方可安装。

2 玻璃钢风管的检验应符合下列规定：

1）风管表面不得出现泛卤及严重泛霜现象。

2）有机玻璃钢风管平面度的允许偏差不应大于 3 mm；螺孔的排列应均匀，至管口的距离应一致，允许偏差不应大于 2 mm。

3）无机玻璃钢风管的外形尺寸应符合表 5.3.19-5 的规定。

表 5.3.19–5　无机玻璃钢风管外形尺寸　　　　单位：mm

风管直径 D 或风管尺寸 b	矩形风管表面不平度	矩形风管管口对角线之差	法兰平面的不平度	圆形风管两直径之差
$D（b）\leqslant 300$	≤3	≤3	≤3	≤3
$300 < D（b）\leqslant 500$	≤3	≤4	≤2	≤3
$500 < D（b）\leqslant 1000$	≤4	≤5	≤2	≤4
$1000 < D（b）\leqslant 1500$	≤4	≤6	≤3	≤5
$1500 < D（b）\leqslant 2000$	≤5	≤7	≤3	≤5

4）无机玻璃钢风管壁厚、整体成型法兰高度与厚度的偏差应符合表 5.3.19-6 的规定，相同规格的法兰应具有互换性。

表 5.3.19–6　无机玻璃钢风管壁厚、整体成型法兰高度与厚度偏差

单位：mm

风管直径 D 或边长尺寸 b	风管壁厚	整体成形法兰高度与厚度	
		高度	厚度
（D）$b\leqslant 300$	±0.5	±1	0.5
$300 <$（D）$b\leqslant 2\,000$	±0.5	±2	±1.0
（D）$b > 2\,000$			±2.0

5）整体型矩形风管管体的缺棱不得多于两处，且不得大于

10 mm×10 mm。风管法兰缺棱不得多于一处，且不得大于 10 mm ×10 mm，缺棱的深度不得大于法兰厚度的 1/3，且不得影响法兰连接的强度。

6）成品风管还应按《通风与空调工程施工质量验收规范》GB 50243 的要求检查其质量，对检验合格的风管应进行管段编号。

3 玻璃钢风管的搬运与存放应符合下列要求：

1）检验验收合格的风管应存放于通风、干燥，不受日光直接照射的场地中。

2）玻璃钢风管吊装时外壁表面不得直接与钢丝绳接触，运输时应防止剧烈撞击和振动。

5.3.20 铝箔玻璃纤维复合材料风管制作应符合下列规定：

1 玻璃纤维复合材料风管制作工艺按图 5.3.20-1 的工序进行。

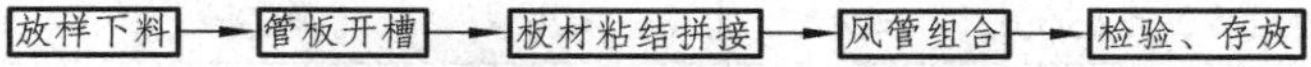

放样下料 → 管板开槽 → 板材粘结拼接 → 风管组合 → 检验、存放

图 5.3.20-1 玻璃纤维复合材料风管制作工艺流程

2 放样与下料应在平整、洁净的工作台上进行，制作风管的板材实际展开长度应包括风管的加工余量，展开长度超过 3 m 的风管宜用两片法或四片法制作（图 5.3.20-2）。为减少板材的损耗，应根据需要选择展开方法。

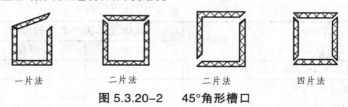

一片法　　　　二片法　　　　二片法　　　　四片法

图 5.3.20-2　45°角形槽口

3 风管管板的槽口形式可采用 45°角形（图 5.3.20-2）或 90° 梯形（图 5.3.20-3），其封口处应留有大于 35 mm 的搭接边量。切

割槽口应选用专用刀具，且不得破坏铝箔表层。切口应平直、角度准确、无毛刺和缺损。

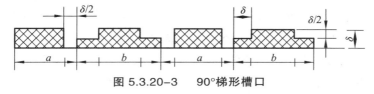

图 5.3.20-3　90°梯形槽口

δ—风管板厚；a—风管长边尺寸；b—风管短边尺寸

4　板材粘结拼接应符合下列规定：

1）使用密封胶带和粘结剂前，用"外八字"型装订针固定所有的接头，装订针的间距为 50 mm。

2）板材拼接时应在结合口处涂满胶粘剂并紧密粘合，外表面拼缝处预留宽 30 mm 的外护层涂胶密封后，采用大于或等于 50 mm 宽热敏（压敏）铝箔胶带粘贴密封[图 5.3.20-4（a）]。粘贴密封时，接缝处单边粘贴宽度应大于 20 mm。当外表面无预留搭接覆面层时，应采用两层铝箔胶带重叠封闭，接缝处两侧外层胶带粘贴宽度不应小于 25 mm[图 5.3.20-4（b）]。内表面拼缝处可用一层大于或等于 30 mm 宽铝箔复合玻璃纤维布粘贴密封或采用胶粘剂抹缝。

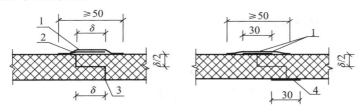

（a）外表面预留搭接覆面层　　　（b）外表面无预留搭接覆面层

图 5.3.20-4　玻璃纤维复合材料板的拼接

1—热敏或压敏铝箔胶带；2—预留覆面层；3—密封胶抹缝；
4—玻璃纤维布；δ—风管板厚

5 风管组合应符合下列规定：

1）风管组合成型应在洁净、平整的工作台上进行，风管组合前，应擦净管板表面的切割纤维、油渍和水渍。槽口处应均匀涂满胶粘剂，不得有玻璃纤维外露。风管组合时应调整风管端面的平面度，槽口不得有间隙和错口。风管内角接缝处应用胶粘剂勾缝。风管外接缝应用预留外护层材料和热敏（或压敏）铝箔胶带重叠粘贴密封，在外接缝处宜用骑缝扒钉加固，间距不应大于 50 mm，并应采用宽度大于 50 mm 的热敏胶带粘贴密封。当板材无预留搭接覆面层时，应用两层铝箔胶带重叠封闭（图5.3.20-5）。

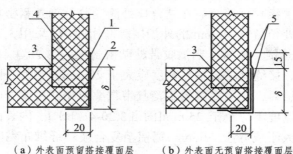

（a）外表面预留搭接覆面层　　（b）外表面无预留搭接覆面层

图 5.3.20-5　风管直角组合图

1—热敏或压敏铝箔胶带；2—预留覆面层；3—密封胶勾缝；
4—扒钉；5—两层热敏或压敏铝箔胶带；δ—风管板厚

2）风管管间连接采用承插阶梯粘结时（图 5.3.20-6），应在已下料风管板材的两端，用专用刀具开出承接口和插接口。承、插口均应整齐，插入深度应大于或等于风管板材厚度。承接口应预留宽度为板材厚度的覆面层材料。

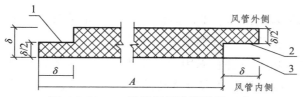

图 5.3.20-6　风管承插阶梯粘结示意

1—插接口；2—承接口；3—预留搭接覆面层；
A—风管有效长度；δ—风管板厚

3）使用热敏胶带时，应清洁风管表面需粘结部位，并保持干燥。熨斗的表面温度应达到 287 ℃～343 ℃，热量和压力应能使胶带表面 ABI 圆点变成黑色；使用玻璃纤维织物和粘结剂时，应注意在粘结剂干透前不宜触碰，也不应压紧玻璃纤维织物和粘结剂。

4）采用外套角钢法兰连接时（图 5.3.20-7），角钢法兰规格可比同尺寸金属风管法兰规格小一号，槽形连接件应采用厚度为 1.0 mm 的镀锌钢板制作。角钢外法兰与槽形连接件应采用规格不小于 M6 镀锌螺栓连接，螺孔间距不应大于 120 mm。连接时，法兰与板材间及螺栓孔的周边应涂胶密封。

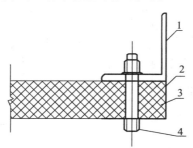

图 5.3.20-7　玻璃纤维复合材料风管角钢法兰连接示意

1—角钢外法兰；2—槽形连接件；3—风管；4—M6 镀锌螺栓

5）采用槽形、工形插接连接及 C 形插接法兰时，插接槽口应涂满胶粘剂。风管端部应插入到位。

6）矩形风管宜采用直径不小于 6 mm 的镀锌螺杆做内支撑加固。正压风管长边尺寸大于或等于 1000 mm 时，应增设金属槽形框外加固，并应与内支撑的镀锌螺杆相固定。负压风管加固时，金属槽形框应设在风管的内侧，在工作压力下其支撑的镀锌螺杆不得有弯曲变形。

7）风管的内支撑横向加固点数及金属槽型框纵向间距应符合表 5.3.20-1 的规定，外加固槽型钢的规格应符合表 5.3.20-2 规定。

表 5.3.20-1　玻璃纤维复合材料风管内支撑横向加固点数及外加固框纵向间距

<table>
<tr><td rowspan="3">类别</td><td colspan="5">系统工作压力/Pa</td></tr>
<tr><td>0 ~ 100</td><td>101 ~ 250</td><td>251 ~ 500</td><td>501 ~ 750</td><td>751 ~ 1 000</td></tr>
<tr><td colspan="5">内支撑横向加固点数</td></tr>
<tr><td rowspan="10">风管边长 b/mm</td><td>$300 < b \leqslant 400$</td><td>—</td><td>—</td><td>—</td><td>—</td><td>1</td></tr>
<tr><td>$400 < b \leqslant 500$</td><td>—</td><td>—</td><td>1</td><td>1</td><td>1</td></tr>
<tr><td>$500 < b \leqslant 600$</td><td>—</td><td>1</td><td>1</td><td>1</td><td>1</td></tr>
<tr><td>$600 < b \leqslant 800$</td><td>1</td><td>1</td><td>1</td><td>2</td><td>2</td></tr>
<tr><td>$800 < b \leqslant 1 000$</td><td>1</td><td>1</td><td>2</td><td>2</td><td>3</td></tr>
<tr><td>$1 000 < b \leqslant 1 200$</td><td>1</td><td>2</td><td>2</td><td>3</td><td>3</td></tr>
<tr><td>$1 200 < b \leqslant 1 400$</td><td>2</td><td>2</td><td>3</td><td>3</td><td>4</td></tr>
<tr><td>$1 400 < b \leqslant 1 600$</td><td>2</td><td>3</td><td>3</td><td>4</td><td>5</td></tr>
<tr><td>$1 600 < b \leqslant 1 800$</td><td>2</td><td>3</td><td>4</td><td>4</td><td>5</td></tr>
<tr><td>$1 800 < b \leqslant 2 000$</td><td>3</td><td>3</td><td>4</td><td>5</td><td>6</td></tr>
<tr><td colspan="2">槽形外加固框纵向间距/mm</td><td colspan="2">≤600</td><td colspan="2">≤400</td><td>≤350</td></tr>
</table>

表 5.3.20-2　玻璃纤维复合材料风管外加固槽形钢规格单

风管边长 b/mm	槽形钢（高度 × 宽度 × 厚度）/mm
≤ 1 200	40 × 20 × 1.0
1 201 ~ 2 000	40 × 20 × 1.2

8）风管按本标准表 5.3.17 采用外套角钢法兰、外套 C 形法兰连接时，其法兰连接处可视为一外加固点。其他连接方式风管的边长大于 1 250 mm 时，距法兰 150 mm 内应设纵向加固。采用承插阶梯粘结的风管，应在距粘结口 100 mm 内设纵向加固。

9）风管加固内支撑件和管外壁加固件应采用镀锌螺栓连接，螺栓穿过管壁处应进行密封处理。

10）风管成型后，内角接缝处应采用密封胶勾缝。

6　内表面层采用丙烯酸树脂的风管应符合下列规定：

1）丙烯酸树脂涂层应均匀，涂料重量不应小于 105.7 g/m²，且不得有玻璃纤维外露。

2）风管成形后，在外接缝处宜采用扒钉加固，其间距不宜大于 50 mm，并应采用宽度大于 50 mm 的热敏胶带粘贴密封。

7　检验、存放应符合下列要求：

1）成品风管应按现行国家标准《通风与空调工程施工质量验收规范》GB 50243 的要求检查制作质量，风管粘结、密封质量良好。

2）风管强度和严密性检测可执行本标准第 5.3.14 条第 3 款的方法。

3）风管及法兰制作的允许偏差应符合本标准表 5.3.18-7 的规定。

4）风管成形后，管端为阴、阳榫的管段应水平放置，管端为法兰的管段可立放。风管应待胶液干燥固化后方可挪动、检查、叠放或安装。合格风管应存放于防潮、防雨和防风沙的场地中。

5）返修风管按本标准第 5.3.14 条第 4 款处理。

5.3.21 酚醛铝箔复合材料风管与聚氨酯铝箔复合材料风管制作应符合下列规定：

1 酚醛铝箔复合材料风管与聚氨酯铝箔复合材料风管制作工艺应按图 5.3.21-1 的工序进行。

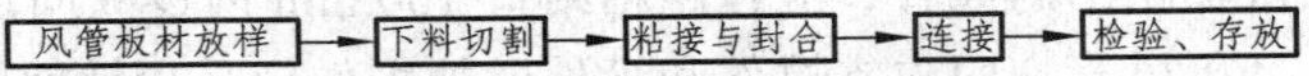

风管板材放样 → 下料切割 → 粘接与封合 → 连接 → 检验、存放

图 5.3.21-1 酚醛铝箔复合材料风管与聚氨酯铝箔复合材料
风管制作工艺流程

2 风管板材放样应符合下列规定：

1）放样与下料应在平整、干净的工作台上进行，并不应破坏覆面层。

2）风管长边尺寸小于或等于 1 160 mm 时，风管宜按板材长度做成每节 4 m。

3）矩形风管的板材放样展开下料可采用一片法、两片法或四片法形式（图 5.3.20-2）。

3 风管板材下料切割应使用专用刀具，切口应平直，板材切断成单块风管板后，进行编号。

4 矩形弯管的圆弧面采用机械压弯成型制作时，轧压深度不宜超过 5 mm。圆弧面成型后，应对轧压处的铝箔划痕密封处理。

5 粘结与封合应符合下列规定：

1）酚醛铝箔复合材料风管与聚氨酯铝箔复合材料风管板材的拼接应采用 45°角粘结或"H"形加固条拼接（图 5.3.21-2）。

拼接处应涂胶粘剂粘合。当风管边长小于或等于 1 600 mm 时，宜采用 45°角形槽口直接粘结，并在粘结缝处两侧粘贴铝箔胶带；边长大于 1 600 mm 时，应采用"H"形 PVC 或铝合金加固条拼接。

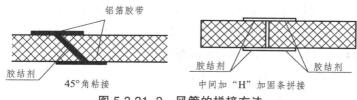

图 5.3.21-2 风管的拼接方法

2）风管管板组合前应清除油渍、水渍、灰尘，预组合应接缝准确、角线平直。在切口处应均匀涂满胶粘剂，粘结时接缝应平整，不应有歪扭、错位、局部开裂等缺陷。铝箔胶带粘贴时，胶带应粘结在铝箔面上，其接缝处单边粘贴宽度不应小于 20 mm。不得采用铝箔胶带直接与玻璃纤维断面相粘结的方法。

3）管段成型后，风管内角缝应采用密封材料封堵；外角缝铝箔断开处，应采用铝箔胶带封贴（图 5.3.21-3），封贴宽度每边不应小于 20 mm。

图 5.3.21-3 风管内、外角缝的密封

4）粘结成型后的风管端面应平整，平面度和对角线偏差应符合本标准表 5.3.18-7 的规定。风管垂直放置至定型后再移动。

6 风管的连接应符合下列规定：

1）插接连接件的长度不应影响其正常安装，并应保证其在风管两个垂直方向安装时接触紧密。

2）采用直接粘结连接的风管，边长不应大于 500 mm，采用专用连接件连接的风管，金属专用连接件的厚度不应小于 1.2 mm，塑料专用连接件的厚度不应小于 1.5 mm。采用法兰连接的风管，法兰与风管板材的连接应可靠，绝热层不应外露，不得采用降低板材强度和绝热性能的连接方法。低压风管边长大于 2 000 mm，或中、高压风管边长大于 1 500 mm 时，风管法兰应采用铝合金等金属材料。

3）边长大于 320 mm 的矩形风管安装插接连接件时，宜在风管四角粘贴厚度大于或等于 0.75 mm 的镀锌直角垫片，直角垫片的宽度应与风管板料厚度相等，边长不宜小于 55 mm，插接连接件与风管粘结应牢固，插接连接件应互相垂直，插接连接件间隙不应大于 2 mm。

4）安装风管接口插条法兰时，4 根插条法兰之间和每根法兰条本身都应在同一平面上，其平面度允许偏差：当风管长边小于或等于 1 000 mm 时不应超过 1 mm；当风管长边大于 1000 mm 时不应超过 1.5 mm。

5）装在风管上的直角垫片、插条法兰及其他铝合金材质的中间连接件，均需在两连接件接触面上抹胶后装入。

6）风管加固应根据设计要求进行，当设计无规定时，低压矩形风管边长超过 1 000 mm，风管长度大于 1 200 mm 时，风管应进行加固。风管宜采用直径不小于 8 mm 的镀锌螺杆做内支撑加固，内支撑件穿管壁处应密封处理。风管内支撑加固形式应按本标准表 5.3.6-4 选用。内支撑横向加固点数及纵向加固间距应符合表 5.3.21 的规定。

表 5.3.21　酚醛铝箔复合材料风管与聚氨酯铝箔复合材料风管横向加固点数及纵向加固间距

类别		系统工作压力/Pa						
		$P<300$	$300\leqslant P<500$	$500\leqslant P<750$	$750\leqslant P<1000$	$1000\leqslant P<1250$	$1250\leqslant P<1500$	$1500\leqslant P<2000$
		横向加固点数						
风管内边长尺寸 b/mm	$410<b\leqslant600$	—	—	—	1	1	1	1
	$600<b\leqslant800$	—	1	1	1	1	1	2
	$800<b\leqslant1000$	1	1	1	1	1	2	2
	$1000<b\leqslant1200$	1	1	1	1	1	2	2
	$1200<b\leqslant1500$	1	1	1	2	2	2	2
	$1500<b\leqslant1700$	2	2	2	2	2	2	2
	$1700<b\leqslant2000$	2	2	2	2	2	2	3
		纵向加固间距/mm						
聚氨酯铝箔复合材料风管		≤1000	≤800	≤600				≤400
酚醛铝箔复合材料风管		≤800		≤600				—

7）风管的外套角钢法兰或 C 形插接法兰可作为一加固点；其余连接方式的风管，其边长大于 1250 mm 时，应在连接后的风管一侧距连接件长度 250 mm 内，设横向加固。

7 酚醛铝箔复合材料风管与聚氨酯铝箔复合材料风管检验、存放应符合下列要求：

1）成品风管应按现行国家标准《通风与空调工程施工质量验收规范》GB 50243 的要求检查制作质量，风管粘结、密封质量良好。

2）风管及法兰制作的允许偏差应符合本标准表 5.3.18-7 的规定。

3）风管强度和严密性检测可执行本标准第 5.3.14 条第 3 款的规定。

4）检查合格后的风管应按系统和规格编号，应存放于防雨、防潮、防尘的场地中。

5）返修风管按本标准第 5.3.14 条第 4 款处理。

5.3.22 玻璃纤维增强氯氧镁水泥复合材料风管制作应符合下列规定：

1 玻璃纤维增强氯氧镁水泥复合材料风管制作工艺按图 5.3.22-1 的工序进行。

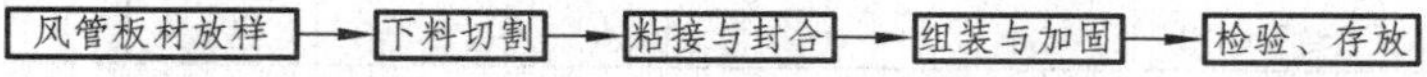

图 5.3.22-1 玻璃纤维增强氯氧镁水泥复合材料风管制作工艺流程

2 风管板材放样下料应符合下列规定：

1）板材切割线应平直，切割面和板面应垂直。切割后的风管板对角线长度之差的允许偏差为 5 mm。

2）风管下料应保证组装后端口形成错位接口形式。

3）直风管可由四块板粘结而成（图 5.3.22-2）。切割风管侧板时，应同时切割出组合用的阶梯线，切割深度不应触及板材外覆面层，切割出阶梯线后，刮去阶梯线外夹芯层（图 5.3.22-3）。

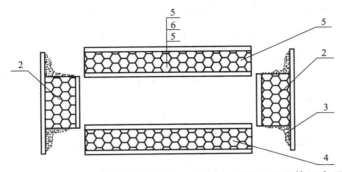

图 5.3.22-2　玻璃纤维增强氯氧镁水泥复合材料矩形风管组合示意

1—风管顶板；2—风管侧板；3—涂专用胶粘剂处；
4—风管底板；5—覆面层；6—夹芯层

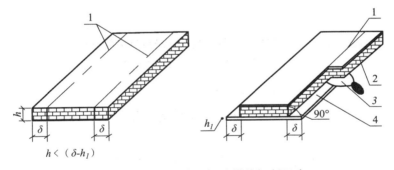

$$h < (\delta - h_1)$$

图 5.3.22-3　风管侧板阶梯线切割示意

1—阶梯线；2—待去除夹芯层；3—刮刀；4—风管板外覆面层；
δ—风管板厚；h—切割深度；h_1—覆面层厚度

3　粘结成型应符合下列规定：

1）板材粘结前，应清除粘结口处的油渍、水渍、灰尘及杂物等。

2）胶粘剂应按产品技术文件的要求进行配置，应采用电动搅拌机搅拌，搅拌后的胶粘剂应保持流动性。配制后的胶粘剂应及时使用，胶粘剂变稠或硬化时，不应使用。

3）边长大于 2 260 mm 的风管板对接粘结后，在对接缝的两面应分别粘贴 3 层～4 层宽度不小于 50 mm 的玻璃纤维布增强（图 5.3.22-4）。粘贴前应采用砂纸打磨粘贴面。并清除粉尘，使粘贴牢固。

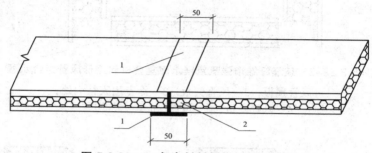

图 5.3.22-4　复合材料板拼接方法示意

1—玻璃纤维布；2—风管板对接处

4　风管组装应符合下列规定：

1）组装风管时，先将风管底板放于组装垫块上，然后在风管左右侧板阶梯处涂胶粘剂，插在底板边沿，对口纵向粘结应与底板错位 100 mm，最后将顶板盖上，同样应与左右侧板错位 100 mm，形成风管端口错位接口形式（图 5.3.22-5）。

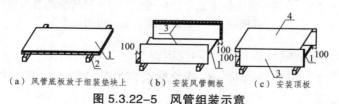

（a）风管底板放于组装垫块上　（b）安装风管侧板　（c）安装顶板

图 5.3.22-5　风管组装示意

1—底板；2—垫块；3—侧板；4—顶板

2）风管组装完成后，应在组合好的风管两端扣上角钢制成的"Ⅱ"形箍，"Ⅱ"形箍的内边尺寸应比风管长边尺寸大 3 mm～5 mm，高度应与风管短边尺寸相同。然后用捆扎带对风管进行捆扎，捆扎间距不应大于 700 mm，捆扎带离风管两端短板的距离应小于 50 mm（图 5.3.22-6）。

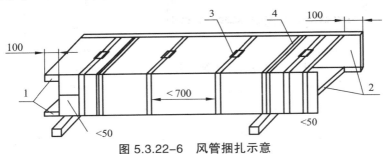

图 5.3.22-6　风管捆扎示意

1—风管上下板；2—风管侧板；3—扎带紧固；4—Ⅱ形箍

3）风管捆扎后，应及时清除管内外壁挤出的余胶，填充空隙。风管四角应平直，其端口对角线之差应符合本标准表 5.3.18-7 的规定。

4）粘结后的风管应根据环境温度，按照规定的时间确保胶粘剂固化。在此时间内，不应搬移风管。胶粘剂固化后，应拆除捆扎带及"Ⅱ"形箍，并再次修整粘结缝余胶，填充空隙，在平整的场地放置。

5 风管的加固应符合下列规定：

1）矩形风管宜采用直径不应小于 10 mm 的镀锌螺杆做内支撑加固，内支撑件穿管壁处应密封处理（图 5.3.22-7）。负压风管的内支撑高度大于 800 mm 时，应采用大于或等于 15 mm 镀锌钢管做内支撑。

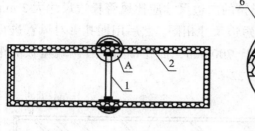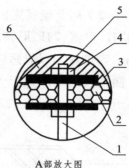

A部放大图

图 5.3.22-7　正压保温风管内支撑加固示意

1—镀锌螺杆；2—风管；3—镀锌加固垫圈；4—紧固螺母；
5—保温罩；6—填塞保温材料

2）风管内支撑横向加固数量应符合表 5.3.22 的规定，风管加固的纵向间距应小于或等于 1250 mm。

表 5.3.22　风管内支撑横向加固数量

风管长边尺寸 b/mm	系统设计工作压力/Pa											
	微压、低压系统				中压系统				高压系统			
	复合材料板厚度/mm				复合材料板厚度/mm				复合材料板厚度/mm			
	18	25	31	43	18	25	31	43	18	25	31	43
1 250≤b<1 600	1	—	—	—	1	—	—	—	1	1	—	—
1 600≤b<2 000	1	1	1	1	2	1	1	1	2	2	1	1
2 000≤b<2 500	2	2	1	1	2	2	2	2	3	2	2	2
2 500≤b	3	2	2	2	3	3	3	2	4	3	3	3

3）距风机 5 m 内的风管，应按本标准表 5.3.22 的规定，再增加 500 Pa 风压选择内支撑数量。

4）水平安装风管长度每隔 30 m 时，应设置 1 个伸缩节

（图 5.3.22-8）。伸缩节长宜为 400 mm，内边尺寸应比风管的外边尺寸大 3 mm ~ 5 mm，伸缩节与风管中间应填塞 3 mm ~ 5 mm 厚的软质绝热材料，且密封边长尺寸大于 1600 mm 的伸缩节中间应增加内支撑加固。内支撑加固间距按 1000 mm 布置，允许偏差 ± 20 mm。

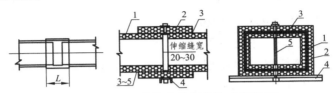

图 5.3.22-8　伸缩节的制作和安装示意

1—风管；2—伸缩节；3—填塞软质绝热材料并密封；
4—角钢或槽钢防晃支架；5—内支撑杆

6　玻璃纤维增强氯氧镁水泥复合材料风管检验、存放应符合下列要求：

1）成品风管应按《通风与空调工程施工质量验收规范》GB50243 的要求检查制作质量，风管粘结、密封质量良好。

2）风管及法兰制作的允许偏差应符合本标准表 5.3.18-7 的规定。

3）风管强度和严密性检测可执行本标准第 5.3.14 条第 3 款的规定。

4）检查合格后的风管应按系统和规格编号，应存放于防雨、防潮、防尘的场地中。

5）返修风管按本标准第 5.3.14 条第 4 款处理。

5.3.23　夹芯彩钢复合材料风管制作应符合下列规定：

1　夹芯彩钢复合材料风管制作工艺按图 5.3.23-1 的工序进行。

风管板材放样 → 下料切割 → 粘接与封合 → 连接 → 检验、存放

图 5.3.23-1　夹芯彩钢复合材料风管管制作工艺流程

2　风管板材放样应符合下列要求：

1）放样与下料应在平整、干净的工作台上进行。

2）在板材上应画出板材切断、V 形槽线、45 度斜坡线。

3）矩形风管的板材放样展开下料可采用一片法、两片法或四片法形式（见图 5.3.20-2）。

3　风管板材下料切割应使用专用刀具，切割时刀具要紧贴靠尺，切口应平直，角度应准确。

4　在彩钢面的 90°折角处或 V 形槽底端划痕，痕线深度要适当、平直，不能划破彩钢面。依划痕线折 90°角，折角线要平直、有棱有角、不能呈弧线。

5　粘结与封合应符合下列要求：

1）板材粘结前，清洁板材切割面的粉末，应清除粘结口处的油渍、水渍、灰尘及杂物等。

2）涂胶前，应先进行检验，查看折后能否成 90°，如不能成 90°，则需进行修正。

3）将专用胶水均匀涂抹在拼接面上。

4）根据现场的温度，确定胶水干燥不粘手时，将板材一端对齐，让胶水的粘贴面向另一端延伸。待整条线合拢后用力挤压两块板的粘结处，排出残留的空气。粘结部位应牢固、平整、压严实、无明显缝隙。

5）在风管四角边均匀涂抹密封胶进行密封。

6）在风管的结合 90°角安装铁皮护角（图 5.3.22-2），铁皮护角与风管采用抽芯铆钉固定。

图 5.3.23-2 铁皮护角示意图

6 组装与加固应符合下列规定：

1）风管法兰采用 PVC（硬聚氯乙烯）槽型封闭法兰或铝合金断桥隔热法兰。微压、低压、中压风管长边尺寸小于或等于 2 000 mm 时，采用 PVC（硬聚氯乙烯）槽形封闭法兰，风管长边尺寸大于 2 000 mm 时，采用铝合金断桥隔热法兰；高压风管长边尺寸小于或等于 1 000 mm 时，采用 PVC（硬氯乙烯）槽型封闭法兰，当风管长边尺寸大于 1 000 mm 时，采用铝合金断桥隔热法兰。

2）风管管段连接，以及风管与阀部件、设备连接可采用本标准表 5.3.17 中的槽形插件连接、工形插件连接和"H"插接法兰连接三种连接形式。

3）主风管与支风管的连接可在主风管上直接开口连接支风管，也可采用 90°连接件或其他专用连接件，连接件四角处应涂抹密封胶。

4）当风管边长大于 800 mm，微压或低压风管单边面积大于 1.5 m²、中压或高压风管单边面积大于 1.2 m²，均应采取加固措施；加固宜采用管内支撑形式，支撑与风管的固定应牢固，两端与风管受力（压）面连接处应设置专用垫圈，支撑杆与风管接触处应采取断桥措施，支撑点距风管侧面、风管法兰及支撑点之间的间距应均匀，不应大于 950 mm。

7 夹芯彩钢复合材料风管检验、存放应符合下列要求：

1）成品风管应按现行国家标准《通风与空调工程施工质

量验收规范》GB 50243 的要求检查制作质量，风管粘结、密封质量良好。

2）风管及法兰制作的允许偏差应符合本标准表 5.3.18-7 的规定。

3）风管强度和严密性检测可执行本标准第 5.3.14 条第 3 款的规定。

4）检查合格后的风管应按系统和规格编号，应存放于防雨、防潮、防尘的场地中。

5）返修风管按本标准第 5.3.14 条第 4 款处理。

Ⅲ　风管配件制作工艺

5.3.24　风管的弯管、三通、四通、变径管、异径管、来回弯等配件的制作，其所用材料规格、连接方法及制作要求应与风管制作一致。

5.3.25　矩形弯管可分内外同心弧形、内弧外直角型形、内斜线外直角型形及内外直角型形（图 5.3.25-1），制作应符合下列规定：

1　矩形弯管宜采用内外同心弧型形。弯管曲率半径宜为一个平面边长，圆弧应均匀。

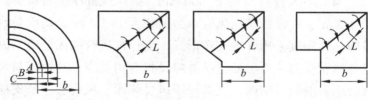

（a）内外同心弧形　（b）内弦外直角形　（c）内斜线外直角形　（d）内外直角弧

图 5.3.25-1　矩形弯管示意图

2　矩形内外弧形弯管平面边长大于 500 mm，且内弧半径与弯管平面边长之比小于或等于 0.25 时应设置导流片。导流叶片内弧应与弯管同心，导流叶片应与风管内弧等弦长，迎风边缘应光滑（图 5.3.25-2）。片数及设置位置应符合表 5.3.25-1 的规定。

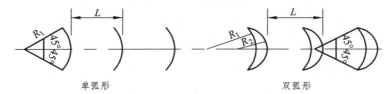

图 5.3.25-2　导流片形式

表 5.3.25-1　内外弧形矩形弯管导流片数及设置

弯管平面边长 b/mm	导流片数	导流片位置			
		A	B	C	
b < 1 000	1	b/3	—	—	
1 000 ≤ b < 1 600	2	b/4	b/4	—	
1 600 ≤ b < 2 000	3	b/8	b/3	b/2	
b ≥ 2 000	4	b/8	b/3	b/2	b/4

3　矩形内外直角形弯管及边长大于 500 mm 的内弧外直角形弯管、内斜线外直角形弯管可选用单弧形或双弧形导流片（图 5.3.25-2）。导流片圆弧半径及片距宜符合表 5.3.25-2 的规定。导流叶片应与风管固定牢固，可采用螺栓或铆钉固定。

表 5.3.25-2　单弧形或双弧形导流片圆弧半径及片距　　单位：mm

单弧形导流片		双弧形导流片	
$R_1=50$ $L=38$	$R_1=115$ $L=83$	$R_1=50$ $R_2=25$ $L=54$	$R_1=115$ $R_2=51$ $L=83$
镀锌钢板厚度宜为 0.8		镀锌钢板厚度宜为 0.6	

4 采用机械方法压制的金属矩形弯管弧面，其内弧半径小于 150 mm 的轧压间距宜为 20 mm～35 mm；内弧半径 150 mm～300 mm 的轧压间距宜在 35 mm～50 mm；内弧半径大于 300 mm 的轧压间距宜在 50 mm～70 mm。轧压深度不宜大于 5 mm。

5 聚氨酯铝箔复合材料风管与酚醛铝箔复合材料风管矩形弯头导流叶片应采用同材质的风管导流片或用镀锌钢板制作，玻璃纤维复合材料风管的矩形弯头导流叶片可采用 PVC 定型产品或采用镀锌钢板弯压制成，玻璃纤维增强氯氧镁水泥复合材料风管矩形弯头导流叶片宜采用镀锌钢板弯压制成。

5.3.26 组合圆形弯管可采用立咬口，弯管曲率半径（以中心线计）和最小分节数应符合表 5.3.26 的规定。圆形弯管的弯曲角度及圆形三通、四通支管与总管夹角的制作偏差不应大于 3°。

表 5.3.26　圆形弯管曲率半径和最少分节数

弯管直径 D /mm	曲率半径 R /mm	弯管角度和最少节数							
		90°		60°		45°		30°	
		中节	端节	中节	端节	中节	端节	中节	端节
80 < D ≤ 220	≥1.5D	2	2	1	2	1	2	−	2
220 < D ≤ 450	1.0D～1.5D	3	2	2	2	1	2	−	2
480 < D ≤ 800	1.0～1.5D	4	2	2	2	1	2	1	2
850 < D ≤ 1 400	1.0D	5	2	3	2	2	2	1	2
1 500 < D ≤ 2 000	1.0D	8	2	5	2	3	2	2	2

5.3.27 变径管单面变径的夹角 θ 不宜大于 30°，双面变径的夹角 α 不宜大于 60°（图 5.3.27）。圆形风管的支管与干管的夹角不宜大于 60°。

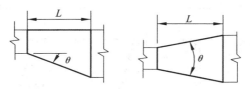

图 5.3.27 单面变径与双面变径夹角

5.3.28 圆形三通、四通，支管与总管夹角宜为 15°～60°，制作偏差应小于 3°。插接式三通管段长度宜为 2 倍支管直径加 100 mm，支管长度不应小于 200 mm，止口长度宜为 50 mm。三通连接宜采用焊接或咬接形式（图 5.3.28）。

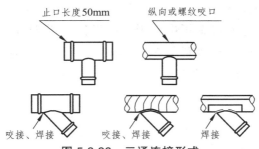

图 5.3.28 三通连接形式

5.3.29 聚氨酯铝箔复合材料风管与酚醛铝箔复合材料风管三通制作宜采用直接在主风管上开口的方式，并应符合下列规定：

1 矩形风管边长小于或等于 500 mm 的支风管与主风管连接时，在主风管上应采用接口处外切 45°粘结[图 5.3.29（a）]。内角缝应采用密封材料封堵，外角缝铝箔断开处应采用铝箔胶带封贴，封贴宽度每边不应小于 20 mm。

2 主风管上接口处采用 90°专用连接件连接时，连接件的四角处应涂密封胶[图 5.3.29（b）]。

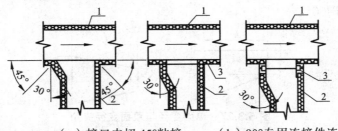

（a）接口内切 45°粘接　　　（b）90°专用连接件连接

图 5.3.29　三通的制作

1—主风管；2—支风管；3—90°专用连接件

5.3.30　玻璃纤维增强氯氧镁水泥复合材料风管矩形弯管的制作应符合下列规定：

1　矩形弯管可采用由若干块小板拼成折线的方法制成内外同心弧型弯头，与直风管的连接口应制成错位连接形式（图 5.3.30-1）。矩形弯头曲率半径（以中心线计）和最少分节数应符合表 5.3.30 的规定。

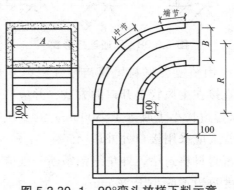

图 5.3.30-1　90°弯头放样下料示意

表 5.3.30 弯头曲率半径和最小分节数

弯头边长 B/mm	曲率半径 R	弯头角度和最小分节数							
		90°		60°		45°		30°	
		中节	端节	中节	端节	中节	端节	中节	端节
$B \leqslant 600$	$\geqslant 1.5B$	2	2	1	2	1	2	—	2
$600 < B \leqslant 1\ 200$	（1.0～1.5）B	2	2	2	2	1	2	—	2
$1\ 200 < B \leqslant 2\ 000$	1.0B	3	2	2	2	1	2	1	2

2 三通制作下料时，应先画出两平面板尺寸线，再切割下料（图 5.3.30-2），内外弧小板片数应符合本标准表 5.3.30 的规定。

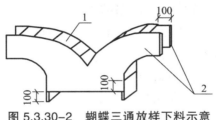

图 5.3.30-2 蝴蝶三通放样下料示意
1—外弧拼接板；2—平面板

3 变径风管与直风管的制作方法应相同，长度不应小于大头长边减去小头长边之差。

5.3.31 玻璃纤维复合材料风管配件制作应符合下列规定：

1 90°直角弯管的制作可采用直管侧面开口、端面封堵的方式或采用 45°角裁切风管拼接的方式制作。导流片的制作可采用与本体材料相同的专用件制作，采用专用件制作导流叶片的片距控制在 75 mm～80 mm，合管时一定要保证导流片垂直于板面。

2 变径管与直管的制作基本相同,端面边长差值超过 80 mm 的应采用拼接法制作, 管长不宜小于 600 mm。

5.4 质量标准

Ⅰ 主控项目

5.4.1 风管加工质量应通过工艺性的检测或验证,强度和严密性要求应符合下列规定:

1 风管在试验压力保持 5 min 及以上时,接缝处应无开裂,整体结构应无永久性的变形及损伤。试验压力应符合下列规定:

1)低压风管应为 1.5 倍的工作压力;

2)中压风管应为 1.2 倍的工作压力,且不低于 750 Pa;

3)高压风管应为 1.2 倍的工作压力。

2 矩形金属风管的严密性检验,在工作压力下的风管允许漏风量应符合本标准表 5.3.14-3 的规定。

3 低压、中压圆形金属与复合材料风管,以及采用非法兰形式的非金属风管的允许漏风量,应为矩形金属风管规定值的 50%。

4 砖、混凝土风道的允许漏风量不应大于矩形金属低压风管规定值的 1.5 倍。

5 排烟、除尘、低温送风及变风量空调系统风管的严密性应符合中压风管的规定,N1 级 ~ N5 级净化空调系统风管的严密性应符合高压风管的规定。

6 风管系统工作压力绝对值不大于 125 Pa 的微压风管,在外观和制造工艺检验合格的基础上,不应进行漏风量的验证测试。

7 输送剧毒类化学气体及病毒的实验室通风与空调风管的严密性能应符合设计要求。

8 风管或系统风管强度与漏风量测试应符合现行国家标准《通风与空调工程施工质量验收规范》GB 50243 附录 C 的规定。

检查数量：按 I 方案。

检查方法：按风管系统的类别和材质分别进行，查阅产品合格证和测试报告，或实测旁站。

5.4.2 防火风管的本体、框架与固定材料、密封垫料等必须采用不燃材料，防火风管的耐火极限时间应符合系统防火设计的规定。

检查数量：全数检查。

检查方法：查阅材料质量合格证明文件和性能检测报告，观察检查与点燃试验。

5.4.3 金属风管的制作应符合下列规定：

1 金属风管的材料品种、规格、性能与厚度应符合设计要求。当风管厚度设计无要求时，应按本标准执行。钢板风管板材厚度应符合本标准表 5.2.3-1 的规定；镀锌钢板的镀锌层厚度应符合设计或合同的规定，当设计无规定时，不应采用低于 80 g/m² 板材；不锈钢板风管板材厚度应符合本标准表 5.2.3-2 的规定；铝板风管板材厚度应符合本标准表 5.2.3-3 的规定。

2 金属风管的连接应符合下列规定：

1）风管板材拼接的接缝应错开，不得有十字形拼接缝。

2）金属圆形风管法兰及螺栓规格应符合本标准表 5.3.5-2 的规定，金属矩形风管法兰及螺栓规格应符合本标准表 5.3.5-1 的规定。微压、低压与中压系统风管法兰的螺栓及铆钉孔的孔距不得大于 150 mm，高压系统风管不得大于 100 mm。矩形风管法兰的四角部位应设有螺孔。

3）用于中压及以下压力系统风管的薄钢板法兰矩形风管的法兰高度，应大于或等于相同金属法兰风管的法兰高度。薄钢板法兰矩形风管不得用于高压风管。

3 金属风管的加固应符合下列规定：

1）直咬缝圆形风管直径大于或等于 800 mm，且管段长度大于 1 250 mm 或总表面积大于 4 m² 时，均应采取加固措施。用于高压系统的螺旋风管，直径大于 2000 mm 时应采取加固措施。

2）矩形风管的边长大于 630 mm，或矩形保温风管边长大于 800 mm，管段长度大于 1 250 mm；或低压风管单边平面面积大于 1.2 m²，中、高压风管大于 1.0 m²，均应采取加固措施。

3）非规则椭圆风管的加固应按本标准本条第 2 款的规定执行。

检查数量：按 I 方案。

检查方法：尺量、观察检查。

5.4.4 非金属风管的制作应符合下列规定：

1 非金属风管的材料品种、规格、性能与厚度等应符合设计要求。当设计无厚度规定时，应按本标准执行。高压系统非金属风管应按设计要求。

2 硬聚氯乙烯风管的制作应符合下列规定：

1）硬聚氯乙烯圆形风管板材厚度应符合本标准表 5.2.3-4 的规定，硬聚氯乙烯矩形风管板材厚度应符合本标准表 5.2.3-5 的规定。

2）硬聚氯乙烯圆形风管法兰规格应符合本标准表 5.3.18-3 的规定，硬聚氯乙烯矩形风管法兰规格应符合本标准表 5.3.18-4 的规定。法兰螺孔的间距不得大于 120 mm。矩形风管法兰的四角处，应设有螺孔。

3）当风管的直径或边长大于 500 mm 时，风管与法兰的连接处应设加强板，且间距不得大于 450 mm。

3 玻璃钢风管的制作应符合下列规定：

1）微压、低压及中压系统有机玻璃钢风管板材厚度应符合本标准表 5.2.3-6 的规定，无机玻璃钢（氯氧镁水泥）风管板材的厚度应符合本标准表 5.2.3-7 的规定。风管玻璃纤维布厚度与层数应符合本标准表 5.3.19-1 的规定，且不得采用高碱玻璃纤维布。风管表面不得出现泛卤及严重泛霜。

2）玻璃钢风管法兰的规格应符合本标准表 5.3.19-2 的规定，螺栓孔的间距不得大于 120 mm，矩形风管法兰的四角处应设有螺孔。

3）当采用套管连接时，套管厚度不得小于风管板材厚度。

4）玻璃钢风管的加固应为本体材料或防腐性能相同的材料，加固件应与风管成为整体。

4 砖、混凝土建筑风道的伸缩缝，应符合设计要求，不应有渗水和漏风。

5 织物布风管在工程中使用时，应具有相应符合国家现行标准的规定，并应符合卫生与消防的要求。

检查数量：按Ⅰ方案。

检查方法：观察检查、尺量、查验材料质量证明书、产品合格证。

5.4.5 复合材料风管的覆面材料必须采用不燃材料，内层的绝热材料应采用不燃或难燃且对人体无害的材料。

检查数量：全数检查。

检查方法：查验材料质量合格证明文件、性能检测报告，观察检查与点燃试验。

5.4.6 复合材料风管的制作应符合下列规定：

1 复合风管的材料品种、规格、性能与厚度等应符合设计要求。复合材料板材的内外覆面层粘贴应牢固，表面平整无破损，内部绝热材料不得外露。

2 铝箔复合材料风管的连接、组合应符合下列规定：

1） 采用直接粘结连接的风管，边长不应大于 500 mm，采用专用连接件连接的风管，金属专用连接件的厚度不应小于 1.2 mm，塑料专用连接件的厚度不应小于 1.5 mm。

2） 风管内的转角连接缝，应采取密封措施。

3） 铝箔玻璃纤维复合风管采用压敏铝箔胶带连接时，胶带应粘结在铝箔面上，接缝两边的宽度均应大于 20 mm。不得采用铝箔胶带直接与玻璃纤维断面相粘结的方法。

4） 当采用法兰连接时，法兰与风管板材的连接应可靠，绝热层不应外露，不得采用降低板材强度和绝热性能的连接方法。中压风管边长大于 1500 mm 时，风管法兰应为金属材料。

3 夹芯彩钢板复合材料风管，应符合现行国家标准《建筑设计防火规范》GB 50016 的有关规定。当用于排烟系统时，内壁金属板的厚度应符合本标准表 5.2.3-1 的规定。

检查数量：按 I 方案。

检查方法：尺量、观察检查、查验材料质量证明书、产品合格证。

5.4.7 净化空调系统风管的制作应符合下列规定：

1 风管内表面应平整、光滑，管内不得设有加固框或加固筋。

2 风管不得有横向拼接缝。矩形风管底边宽度小于或等于900 mm 时，底面不得有拼接缝；大于 900 mm 且小于或等于1 800 mm 时，底面拼接缝不得多于 1 条；大于 1 800 mm 且小于或等于 2 700 mm 时，底面拼接缝不得多于 2 条。

3 风管所用的螺栓、螺母、垫圈和铆钉的材料应与管材性能相适应，不应产生电化学腐蚀。

4 当空气洁净度等级为 N1 级～N5 级时，风管法兰的螺栓及铆钉孔的间距不应大于 80 mm；当空气洁净度等级为 N6 级～N9 级时，不应大于 120 mm。不得采用抽芯铆钉。

5 矩形风管不得使用 S 形插条及直角形插条连接。边长大于 1 000 mm 的净化空调系统风管，无相应的加固措施，不得使用薄钢板法兰弹簧夹连接。

6 空气洁净度等级为 N1 级～N5 级净化空调系统的风管，不得采用按扣式咬口连接。

7 风管制作完毕后，应清洗。清洗剂不应对人体、管材和产品等产生危害。

检查数量：按 I 方案。

检查方法：查阅材料质量合格证明文件和观察检查，白绸布擦拭。

Ⅱ 一般项目

5.4.8 金属风管的制作应符合下列规定：

1 金属法兰连接风管的制作应符合下列规定：

1）风管与配件的咬口缝应紧密、宽度应一致、折角应平直、圆弧应均匀，且两端面应平行。风管不应有明显的扭曲与翘角，表面应平整，凹凸不应大于 10 mm。

2）当风管的外径或外边长小于或等于 300 mm 时，其允许偏差不应大于 2 mm；当风管的外径或外边长大于 300 mm 时，不应大于 3 mm。管口平面度的允许偏差不应大于 2 mm；矩形风管两条对角线长度之差不应大于 3 mm，圆形法兰任意两直径之差不应大于 3 mm。

3）焊接风管的焊缝应饱满、平整，不应有凸瘤、穿透的夹渣和气孔、裂缝等其他缺陷。风管目测应平整，不应有凹凸大于 10 mm 的变形。

4）风管法兰的焊缝应熔合良好、饱满，无假焊和孔洞。法兰外径或外边长及平面度的允许偏差不应大于 2 mm。同一批量加工的相同规格法兰的螺孔排列应一致，并应具有互换性。

5）风管与法兰采用铆接连接时，铆接应牢固，不应有脱铆和漏铆现象；翻边应平整、紧贴法兰，宽度应一致，且不应小于 6 mm；咬缝及矩形风管的四角处不应有开裂与孔洞。

6）风管与法兰采用焊接连接时，焊缝应低于法兰的端面。除尘系统风管宜采用内侧满焊，外侧间断焊形式。当风管与法兰采用点焊固定连接时，焊点应融合良好，间距不应大于 100 mm；法兰与风管应紧贴，不应有穿透的缝隙与孔洞。

7）镀锌钢板风管表面不得有 10%以上的白花、锌层粉化等镀锌层严重损坏的现象。

8）当不锈钢板或铝板风管的法兰采用碳素钢材时，材料规格应符合本标准第 5.4.3 条的规定，并应根据设计要求进行防腐处理。铆钉材料应与风管材质相同，不应产生电化学腐蚀。

2 金属无法兰连接风管的制作应符合下列规定：

1）圆形风管无法兰连接形式应符合本标准表 5.3.8-1 的规

定，矩形风管无法兰连接形式应符合本标准表 5.3.8-2 的规定。

2）矩形薄钢板法兰风管的接口及附件，尺寸应准确，形状应规则，接口应严密；风管薄钢板法兰的折边应平直，弯曲度不应大于 5‰。弹性插条或弹簧夹应与薄钢板法兰折边宽度相匹配，弹簧夹的厚度应大于或等于 1 mm，且不应低于风管本体厚度。角件与风管薄钢板法兰四角接口的固定应稳固紧贴，端面应平整，相连处的连续通缝不应大于 2 mm；角件的厚度不应小于 1 mm 及风管本体厚度。薄钢板法兰弹簧夹连接风管，边长不宜大于 1 500 mm。当对法兰采取相应的加固措施时，风管边长不得大于 2 000 mm。

3）矩形风管采用 C 型、S 型插条连接时，风管长边尺寸不应大于 630 mm。插条与风管翻边的宽度应匹配一致，允许偏差不应大于 2 mm。连接应平整严密，四角端部固定折边长度不应小于 20 mm。

4）矩形风管采用立咬口、包边立咬口连接时，立筋的高度应大于或等于同规格风管的角钢法兰高度。同一规格风管的立咬口、包边立咬口的高度应一致，折角应倾角有棱线、弯曲度允许偏差为 5‰。咬口连接铆钉的间距不应大于 150 mm，间隔应均匀；立咬口四角连接处补角连接件的铆固应紧密，接缝应平整，且不应有孔洞。

5）圆形风管芯管连接应符合本标准表 5.3.8-3 的规定。

6）非规则椭圆风管可采用法兰与无法兰连接形式，质量要求应符合相应连接形式的规定。

3 金属风管的加固应符合下列规定：

1）风管的加固可采用角钢加固、立咬口加固、楞筋加固、扁钢内支撑、螺杆内支撑和钢管内支撑等多种形式（见图 5.3.6）。

2）楞筋（线）的排列应规则，间隔应均匀，最大间距应为 300 mm，板面应平整，凹凸变形（不平度）不应大于 10 mm。

3）角钢或采用钢板折成加固筋的高度应小于或等于风管的法兰高度，加固排列应整齐均匀。与风管的铆接应牢固，最大间隔不应大于 220 mm。各条加箍筋的相交处或加箍筋与法兰相交处宜连接固定。

4）管内支撑与风管的固定应牢固，穿管壁处应采取密封措施。各支撑点之间或支撑点与风管的边沿或法兰间的距离应均匀，且不应大于 950 mm。

5）当中压、高压系统风管管段长度大于 1 250 mm 时，应采取加固框补强措施。高压系统风管的单咬口缝，还应采取防止咬口缝胀裂的加固或补强措施。

检验数量：按Ⅱ方案。

检验方法：观察和尺量检查。

5.4.9 非金属风管的制作除应符合本标准第 5.4.8 条第 1 款的规定外，尚应符合下列规定：

1 硬聚氯乙烯风管的制作应符合下列规定：

1）风管两端面应平行，不应有扭曲，外径或外边长的允许偏差不应大于 2 mm。表面应平整，圆弧应均匀，凹凸不应大于 5 mm。

2）焊缝形式及适用范围应符合本标准表 5.3.18-1 的规定。

3）焊缝应饱满，排列应整齐，不应有焦黄断裂现象。

4）矩形风管的四角可采用煨角或焊接连接。当采用煨角连接时，纵向焊缝距煨角处宜大于 80 mm。

2 有机玻璃钢风管的制作应符合下列规定：

1）风管两端面应平行，内表面应平整光滑、无气泡，外表面应整齐，厚度应均匀，且边缘处不应有毛刺及分层现象。

2）法兰与风管的连接应牢固，内角交界处应采用圆弧过渡。管口与风管轴线呈直角，平面度的允许偏差不应大于 3 mm；螺孔的排列应均匀，至管口的距离应一致，允许偏差不应大于 2 mm。

3）风管的外径或外边长尺寸的允许偏差不应大于 3 mm，圆形风管的任意正交两直径之差不应大于 5 mm，矩形风管的两对角线之差不应大于 5 mm。

4）矩形玻璃钢风管的边长大于 900 mm，且管段长度大于 1 250 mm 时，应采取加固措施。加固筋的分布应均匀整齐。

3 无机玻璃钢风管的制作除应符合本标准本条第 2 款的规定外，尚应符合下列规定：

1）风管表面应光洁，不应有多处目测到的泛霜和分层现象。

2）风管的外形尺寸应符合本标准表 5.3.19-5 的规定。

3）风管法兰制作应符合本标准本条第 2 款第 2 项的规定。

4 砖、混凝土建筑风道内径或内边长的允许偏差不应大于 20 mm，两对角线之差不应大于 30 mm；内表面的水泥砂浆涂抹应平整，且不应有贯穿性的裂缝及孔洞。

检验数量：按Ⅱ方案。

检验方法：查验测试记录，观察和尺量检查。

5.4.10 复合材料风管的制作应符合下列规定：

1 复合材料风管及法兰的允许偏差应符合本标准表 5.3.18-7 的规定。

2 双面铝箔复合绝热材料风管的制作应符合下列规定：

1）风管的折角应平直，两端面应平行，允许偏差应符合本标准本条第 1 款的规定。

2）板材的拼接应平整，凹凸不大于 5 mm，无明显变形、起泡和铝箔破损。

3）风管长边尺寸大于 1 600 mm 时，板材拼接应采用 H 形 PVC 或铝合金加固条。

4）边长大于 320 mm 的矩形风管采用插接连接时，四角处应粘贴直角垫片，插接连接件与风管粘结应牢固，插接连接件应互相垂直，插接连接件间隙不应大于 2 mm。

5）风管采用法兰连接时，风管与法兰的连接应牢固。

6）矩形弯管的圆弧面采用机械压弯成型制作时，轧压深度不宜超过 5 mm，圆弧面成型后，应对轧压处的铝箔划痕密封处理。

7）聚氨酯铝箔复合材料风管或酚醛铝箔复合材料风管，内支撑加固的镀锌螺杆直径不应小于 8 mm，穿管壁处应进行密封处理。聚氨酯（酚醛）铝箔复合材料风管内支撑加固的设置应符合本标准表 5.3.21 的规定。

3 铝箔玻璃纤维复合材料风管除应符合本标准本条第 1 款的规定外，尚应符合下列规定：

1）风管的离心玻璃纤维板材应干燥平整，板外表面的铝箔隔气保护层与内芯玻璃纤维材料应粘合牢固，内表面应有防纤维脱落的保护层，且不得释放有害物质。

2）风管采用承插阶梯接口形式连接时，承口应在风管外侧，插口应在风管内侧，承、插口均应整齐，插入深度应大于或等于风管板材厚度。插接口处预留的覆面层材料厚度应等同于板材厚度，接缝处的粘结应严密牢固。

3）风管采用外套角钢法兰连接时，角钢法兰规格可为同尺寸金属风管的法兰规格或小一档规格。槽形连接件应采用厚度不小于 1 mm 的镀锌钢板。角钢外套法兰与槽形连接件的连接，应采用不小于 M6 的镀锌螺栓（见图 5.3.20-7），螺栓间距不应大于 120 mm。法兰与板材间及螺栓孔的周边应涂胶密封。

　　4）铝箔玻璃纤维复合风管内支撑加固的镀锌螺杆直径不应小于 6 mm，穿管壁处应采取密封处理。正压风管长边尺寸大于或等于 1000 mm 时，应增设外加固框。外加固框架应与内支撑的镀锌螺杆相固定。负压风管的加固框应设在风管的内侧，在工作压力下其支撑的镀锌螺杆不得有弯曲变形。风管内支撑的加固应符合本标准表 5.3.20-1 的规定。

　　4　机制玻璃纤维增强氯氧镁水泥复合材料风管除应符合本标准本条第 1 款的规定外，尚应符合下列规定：

　　　　1）矩形弯管的曲率半径和分节数应符合本标准表 5.3.30 的规定。

　　　　2）风管板材采用对接粘结时，在对接缝的两面应分别粘贴 3 层及以上，宽度不应小于 50 mm 的玻璃纤维布增强。

　　　　3）粘结剂应与产品相匹配，且不应散发有毒有害气体。

　　　　4）风管内加固用的镀锌支撑螺杆直径不应小于 10 mm，穿管壁处应进行密封。风管内支撑横向加固应符合本标准表 5.3.2-19 的规定，纵向间距不应大于 1 250 mm。当负压系统风管的内支撑高度大于 800 mm 时，支撑杆应采用镀锌钢管。

　　检查数量：按 Ⅱ 方案。

　　检查方法：查阅测试资料、尺量、观察检查。

5.4.11　净化空调系统风管除应符合本标准第 5.4.8 条的规定外，尚应符合下列规定：

　　1　咬口缝处所涂密封胶宜在正压侧。

　　2　镀锌钢板风管的咬口缝、折边和铆接等处有损伤时，应进行防腐处理。

3 镀锌钢板风管的镀锌层不应有多处或 10%表面积的损伤、粉化脱落等现象。

4 风管清洗达到清洁要求后，应对端部进行密闭封堵，并应存放在清洁的房间。

5 净化空调系统的静压箱本体、箱内高效过滤器的固定框架及其他固定件应为镀锌、镀镍件或其他防腐件。

检查数量：按Ⅱ方案。

检验方法：观察检查。

5.4.12 圆形弯管的曲率半径和分节数应符合本标准表 5.3.26 的规定。圆形弯管的弯曲角度及圆形三通、四通支管与总管夹角的制作偏差不应大于 3°。

检验数量：按Ⅱ方案。

检验方法：观察和尺量检查。

5.4.13 矩形风管弯管宜采用曲率半径为一个平面边长，内外同心弧的形式。当采用其他形式的弯管，且平面边长大于 500 mm 时，应设弯管导流片。

检验数量：按Ⅱ方案。

检验方法：观察和尺量检查。

5.4.14 风管变径管单面变径的夹角不宜大于 30°，双面变径的夹角不宜大于 60°。圆形风管支管与总管的夹角不宜大于 60°。

检查数量：按Ⅱ方案。

检查方法：尺量及观察检查。

5.4.15 防火风管的制作应符合下列规定：

1 防火风管的口径允许偏差应符合本标准第 5.4.8 条的规定。

2 采用型钢框架外敷防火板的防火风管，框架的焊接应牢固，表面应平整，偏差不应大于 2 mm。防火板敷设形状应规整，固定应牢固，接缝应用防火材料封堵严密，且不应有穿孔。

3 采用在金属风管外敷防火绝热层的防火风管，风管严密性要求应按本标准第 5.4.1 条中有关压力系统金属风管的规定执行。防火绝热层的设置应按本标准第 11 章的规定执行。

检查数量：按Ⅱ方案。

检查方法：尺量及观察检查。

5.5 成品保护

5.5.1 半成品、成品加工成型后，应按系统、规格和编号存放在宽敞、避雨、避雪的仓库或棚中，下部垫干燥木条隔潮，上部应盖塑料薄膜防尘。

5.5.2 风管在运输、装卸、码放时应避免因相互碰撞和挤压造成表面损伤和变形。玻璃钢风管应防止摔损。

5.5.3 镀锌钢板风管、不锈钢板风管、铝板风管的表面应妥善保护，防止产生擦伤、划伤、刻痕等缺陷。严禁不锈钢板风管与其他金属接触。复合材料风管应保护好风管表面保护层。

5.5.4 玻璃纤维风管应尽量减少和其他物品的接触，尽量减少额外搬运。当堆放在可能有大风的地方时，应采取防风措施。

5.5.5 洁净系统风管成品保护应符合下列要求：

1 风管应在门窗齐全的密闭干净、干燥环境中储存；

2 制作完成后应及时采用中性清洁剂将风管内表面的油膜、污物清洗干净，并采用不掉纤维的白色长丝纺织材料擦拭干净风管内部，干燥后经检查合格立即用塑料薄膜及胶带封口。

5.5.6 严禁利用风管作为登高支垫物和将风管表面作为平台从事其他作业。

5.6 安全及环境保护

5.6.1 现场用电应符合本标准第 3.2.3 条第 2 款的规定，需由专业电工接线，其他人员不得私自接线。

5.6.2 现场使用的制作设备，必须有严格的操作和管理规程，操作人员考核上岗。

5.6.3 电动机具应有可靠的绝缘与接地保护，并有良好的防水及防潮措施。必须按设备技术文件的要求操作。

5.6.4 电、气焊或气割现场作业前，应清理作业区及周围的可燃物体，或采取可靠的隔离措施。氧气瓶不得和燃气瓶同放在一处。乙炔表、氧气表前必须有安全减压表，且乙炔气管上必须装设合格的阻火器方可使用。

5.6.5 对需要办理动火证的场所，应取得相应手续后方可施工，并设专门监护人员。

5.6.6 清洗中使用有毒溶剂或易燃溶剂时，应注意在露天进行；若在室内，应开启门窗或采取机械通风。

5.6.7 所使用的各类油漆、粘结剂和清洗溶剂等易燃、有毒材料，应存放在专用库房内，不得与其他材料混淆，挥发性材料应装入密闭容器内妥善保管。

5.6.8 在室内或容器内喷涂油漆应保持良好通风。喷涂作业区域周围不得有电、气焊或其他用火作业。

5.6.9 现场存放易燃易爆物品的库房、油漆间及其他防火重点区域应采取必要的消防安全措施，配备专用消防器材，并有专人负责。

5.6.10 玻璃钢风管、玻璃纤维风管制作过程会产生粉尘或纤维，现场制作人员必须戴口罩操作，并应采用机械通风和降噪措施。

5.6.11 施工现场应设置封闭式垃圾站，施工垃圾、生活垃圾应分类存放，并应及时清运出场。粘结剂桶、油漆桶及其他有毒、有害废料应交环保部门指定的回收站回收处理。施工现场严禁焚烧各类废弃物。

5.6.12 当天施工结束后的剩余材料及工具应及时入库，不得随意放置，做到工完场清。现场清扫时应防止扬尘污染成品、半成品及材料。

5.6.13 施工时若有需要大亮度照明或产生噪声的作业，应尽量安排在白天进行。强噪声设备宜设置在远离居民区的一侧，应尽量减少夜间施工对周围居民的影响。

5.7 质量记录

5.7.1 质量记录应包括下列内容：

1 施工日志 SG-003；

2 技术核定单 SG-004；

3 图纸会审记录 SG-007；

4 技术交底 SG-006；

5 风管与配件制作检验批质量验收记录（金属风管）SG-A045；

6 风管与配件制作检验批质量验收记录（非金属、复合材料风管）SG-A046。

5.7.2 本标准第 5.7.1 条中未涵盖的质量记录表格，可参照现行国家标准《通风与空调工程施工质量验收规范》GB50243 或四川省《建筑工程施工质量验收规范实施指南》表格的格式自行设计。

6 风管部件制作

6.1 一般规定

6.1.1 风管部件应按设计指定的标准图集制作与验收,非标制品按非标设计施工图制作与验收。

6.1.2 风管部件制作与验收还应符合现行国家及行业相关标准的规定。

6.1.3 防火阀及部件的制作与零配件的使用,必须符合现行国家有关消防规范和产品标准的规定。

6.1.4 用于净化空调系统的风管部件制作,还必须符合净化空调系统的使用要求。

6.1.5 风管部件的尺寸公差应执行现行国家标准《一般公差 未注公差的线性和角度尺寸的公差》GB/T 1804 的规定。

6.2 施工准备

6.2.1 技术准备应符合下列要求:

 1 技术资料的准备执行本标准第 3.1.1 条第 1 款的规定。

 2 技术人员应熟悉施工图和有关设计技术文件,以及国家、地方和行业现行有关施工及质量验收规范,并根据现场实测的风管制作详图或 BIM 模型提取的风管制作参数,核实风管部件的安装位置、规格与数量。

 3 绘制大样图及零件图并编制工艺卡。工艺卡对风管部件的下料尺寸、制作工艺、质量控制,以及组装、检验和成品的保护，均应提出明确的要求。

4 技术交底执行本标准第 5.2.1 条第 7 款的规定。

6.2.2 作业条件应符合下列要求：

1 作业条件应符合本标准第 5.2.2 条的规定。

2 制作大样图完毕并通过复核审查无误。

3 焊接、油漆喷涂作业场所应有良好的通风措施。

4 安全、防护措施执行本标准第 5.2.2 条第 11 款的规定。

6.2.3 施工材料要求应符合下列要求：

1 制作风管部件的材料的材质、厚度、技术参数应严格按设计要求及相关标准选用，并按本标准第 3.3 节的规定进场验收。

2 制作风管部件的各种板材表面应平整，厚度均匀，无明显伤痕，并不得有裂纹、锈蚀等质量缺陷；型材应等型、均匀、无裂纹及严重锈蚀等情况。

3 其他材料不能因其本身缺陷而影响或降低产品的质量或使用效果。

4 防排烟系统、防爆系统的部件必须严格按设计要求制作，所用的材料严禁代用。防排烟系统的柔性短管必须采用不燃材料。

5 消声器、消声风管、消声弯头及消声静压箱的吸声材料应具备防腐、防潮功能，其卫生性能、密度、导热系数、燃烧等级应符合国家现行标准及设计规定。净化空调系统消声器、消声风管、消声弯头及消声静压箱内的覆面材料应采用尼龙布等不易产尘的材料。

6 柔性风管材料与胶粘剂的防火性能应满足设计要求。

7 防火阀所选用的零（配）件必须符合国家现行消防产品标准的规定。

8 气焊焊接纯铝、铝锰等铝合金时，应采用与母材成分相近的焊丝或母材切材。

6.2.4 施工机具及检测工具应符合下列要求：

1 主要施工机具应包括电焊机、氩弧焊机、氧乙炔气焊设备、砂轮切割机、焊条烘干箱、卷板机、单平咬口机、台钻、折方机、法兰冲剪机、联合冲剪机、车床、角向磨光机、压筋机、焊条保温桶、台虎钳、钢锯等。

2 主要划线工具应包括木直尺、钢直尺、划针、划规、角尺、卡钳、墨斗、冲子等。

3 主要测量检验工具应包括游标卡尺、钢直尺、钢卷尺、游标万能角度尺、内卡钳等。

4 现场施工机具及检测工具的使用应符合本标准第 3.4 节的规定。

6.3　施工工艺

Ⅰ　风口制作工艺

6.3.1 风口制作工艺应按图 6.3.1 的工序进行。

施工准备 → 下料 → 成型 → 组装 → 面层处理 → 成品检验 → 保存

图 6.3.1　风口制作工艺流程

6.3.2 风口的制作工艺应符合下列要求：

1 风口的制作应符合设计要求。

2 风口的制作尺寸应准确，连接应牢固。

3 划线放样和下料前，应核查结构形式和设计尺寸。下料及成型应使用专用模具。

4 铝制风口应使用专用的铝材切割机。

5 风口的部件成型后应用专用的工艺装置进行组装。

6 铝制风口的焊接应采用氩弧焊。

6.3.3 风口检验应符合下列规定：

1 风口的表面应平整，平整度允许偏差应符合表 6.3.3-1 的规定。尺寸的允许偏差应符合表 6.3.3-2 的规定。

表 6.3.3-1 风口平面平整度允许偏差

表面积/m²	< 0.1	≥0.1，且 < 0.3	≥0.3，且 < 0.8
平整度允许偏差/mm	1	2	3

表 6.3.3-2 风口尺寸允许偏差

圆形风口		
直径/mm	≤250	> 250
允许偏差/mm	− 2 ~ 0	− 3 ~ 0
矩形风口		
边长/mm	< 300	300 ~ 800	> 800
允许偏差/mm	− 1 ~ 0	− 2 ~ 0	− 3 ~ 0
对角线长度/mm	< 300	300 ~ 500	> 500
对角线长度之差/mm	0 ~ 1	0 ~ 2	0 ~ 3

2 风口的转动、调节部分应灵活、可靠，定位后应无松动。

3 插板式及活动篦板式风口，其插板、篦板应平整，边缘光滑，启闭灵活。

4 百叶风口的叶片间距应均匀，两端轴的中心应在同一直线上，叶片应平直，与边框无碰擦。

5 散流器的扩散环和调节环应同轴，轴向环片间距应分布均匀，圆弧应均匀。

6 孔板式风口的孔口不得有毛刺，孔径一致，孔距均匀，并应符合设计要求。

7 旋转式风口的活动件应轻便灵活，与固定框接合严密，叶片角度调节范围应符合设计要求。

8 球形风口内外球面间的配合应松紧适度，转动自如、定位后无松动，风量调节片应能有效地调节风量。

9 风口活动部分如轴、轴套的配合等应松紧适宜，并应在装配完成后加注润滑剂。

10 圆形风口的圆弧度应均匀，矩形风口四角应正方。风口表面无划痕、压伤，颜色一致。

11 成品风口应结构牢固，外表面平整，叶片分布均匀，颜色一致，无划痕和变形，符合产品技术标准的规定和设计要求。

12 经检验合格的风口应挂好检验合格标志，妥善存放，防止损坏表面和变形。

Ⅱ 风阀制作工艺

6.3.4 风阀制作工艺应按图 6.3.4 的工序进行。

施工准备 → 下料 → 成型 → 组装 → 面层处理 → 成品检验 → 保存

图 6.3.4 风阀制作工艺流程图

6.3.5 风阀的制作工艺应符合下列要求：

1 风阀的制作应符合设计要求。

2 风阀的制作尺寸应准确，连接应牢固。

3 划线放样和下料前，应核查结构形式和设计尺寸。风阀的叶片及外框应使用机械下料，应使用专用模具成型。

4 风阀的外框焊接可采用电焊或气焊方式，并应控制焊接变形。

6.3.6 风阀检验应符合下列规定：

1 止回阀构件应齐全，阀轴转动必须灵活，并应进行最大设计工作压力下的强度试验，在关闭状态下阀片不变形，严密不漏风。水平安装的止回风阀应有可靠的平衡调节机构。

2 防火阀和排烟阀（排烟口）的检验应执行现行国家标准《建筑通风和排烟系统用防火阀门》GB15930 的规定，执行机构应进行动作试验。

3 手动调节阀的调节开度指示应与叶片开度相一致，叶片的搭接应贴合整齐，叶片与阀体的间隙应小于 2 mm。

4 电动、气动调节风阀的驱动执行装置，动作应可靠，应进行驱动装置的动作试验，在最大工作压力下工作应正常，试验结果应符合产品技术文件的要求。

5 插板风阀的插板应平整，并应有可靠的定位固定装置；斜插板风阀的上下接管应成一直线。

6 三通调节风阀手柄开关应标明调节角度，调节灵活，定位准确，阀板不得与风管碰擦。

7 风阀防腐漆的种类和涂刷厚度应符合设计要求，刷漆施工时应保证阀门的标识清晰、完整。

8 经检验合格的阀门应挂好检验合格标志，妥善存放，防止损坏、变形和电动配件遗失。

9 风阀法兰尺寸偏差应符合表 6.3.6 的规定。

表 6.3.6　风阀法兰尺寸允许偏差　　单位：mm

风阀直径 D 或长边尺寸 b	允许偏差			
	直径或边长偏差	矩形风阀端口对角线之差	法兰或端口端面平面度	圆形风阀法兰任意正交两直径之差
D（b）≤320	±2	±3	0~2	±2
320＜D（b）≤2 000	±3	±3	0~2	±2

10 成品风阀检验还应符合下列规定：

1）结构牢固，壳体严密，表面平整，防腐良好。

2）风阀片应启闭灵活，方向正确，调节和定位应准确、可靠，满足设计和使用要求。

3）工作压力大于 1 000 Pa 的调节风阀应有自由开关的测试合格证书或试验报告。

4）密闭阀的漏风量应符合设计要求。

Ⅲ　消声器、消声风管、消声弯头及消声静压箱制作工艺

6.3.7 消声器、消声风管、消声弯头及消声静压箱制作工艺应按图 6.3.7 的工序进行。

施工准备 → 下料 → 外壳及框架制作 → 填充消声材料 → 覆面 → 成品检验 → 保存

图 6.3.7　消声器、消声风管、消声弯头及消声静压箱制作工艺流程

6.3.8 消声器、消声风管、消声弯头及消声静压箱制作工艺应符合下列规定：

1 消声器、消声风管、消声弯头及消声静压箱的制作应符合设计要求，根据不同的形式放样下料，宜采用机械加工。

2 消声器、消声风管、消声弯头及消声静压箱制作尺寸应准确，连接应牢固。

3 内外金属构件表面应进行防腐处理，表面平整，漆膜光洁无损伤，壳体不漏风。

4 内部隔板与壁板结合处应紧贴、严密。

5 穿孔板应平整、无毛刺，其孔径和穿孔率应符合设计要求，孔口的毛刺应锉平，避免将覆面织布划破。

6 平面边长大于 800 mm 的矩形消声弯管，应设置吸声导流片。

7 外壳及框架结构制作应符合下列规定：

1） 框架应牢固，壳体不漏风；内外尺寸应准确，连接应牢固，其外壳不应有锐边。

2） 消声片单体安装时，应排列规则，上下两端应装有固定消声片的框架，框架应固定牢固，不应松动。

8 消声材料应按设计及相关技术文件要求的单位密度均匀敷设，需粘贴的部分应按规定的厚度粘贴牢固，应有防止下沉的措施；粘贴的消声材料应稳固，拼缝密实，表面平整。片式阻性消声器消声片的材质、厚度及片距，应符合产品技术文件要求。

9 消声材料填充后，应采用透气的覆面材料覆盖，覆面材料拼接应顺气流方向，拼缝密实、表面平整无破坏、拉紧，不应有凹凸不平。覆面层应有保护层，保护层应采用不易锈蚀的材料，不得使用普通铁丝网。当使用穿孔板保护层时，穿孔率应大于20%。

6.3.9 消声器、消声风管、消声弯头及消声静压箱检验应符合下列规定：

1 消声器、消声风管、消声弯头及消声静压箱的性能应满足设计及相关技术文件的要求。

2 消声器与消声静压箱接口应与相连接的风管相匹配，尺寸的允许偏差应符合本标准表 6.3.6 的规定。

3 消声器、消声风管、消声弯头及消声静压箱的存放应防止受潮和粘尘。

Ⅳ 罩类部件及风帽制作工艺

6.3.10 罩类部件及风帽制作工艺应按图 6.3.10 的工序进行。

施工准备→下料→成型→组装→面层处理→成品检验→保存

图 6.3.10 罩类部件及风帽制作工艺流程

6.3.11 罩类部件制作工艺应符合下列规定：

1 罩类部件划线放样和下料前，应核查结构形式和设计尺寸。铝板和不锈钢板的放样划线不得划伤板材表面。

2 下料件的弯折或卷制成型，宜采用机械加工。孔洞可采用冲或剪。

3 罩类部件的组装根据所用材料及使用要求，可采用咬接、焊接等方式，其方法及要求参照本标准第 5.3 节中第Ⅰ部分的有关条文。

4 罩类部件制作完成后应按设计要求涂刷油漆防腐。当设计无明确规定时，应涂防锈底漆两遍，面漆两遍。普通钢板制作若需咬接或需翻边卷铁丝加固,其下料板材宜预涂防锈底漆一遍。

5 厨房锅灶的排烟罩下部应设置集水槽，用于排出蒸汽或其他潮湿气体的伞形罩，在罩口内侧也应设置排出凝结液体的集水槽。

6.3.12 罩类部件成品检验应符合下列要求：

1 罩类部件制成品应按设计和制作图的规定量测罩口尺寸和安装尺寸。

2 罩体应结构牢固，形状规则，表面应平整、光滑，外壳无尖锐边角，油漆层无划伤和擦落，涂刷层数和漆膜厚度符合设计规定。

3 厨房锅灶排烟罩下部的集水槽应进行通水试验，保证排水畅通，不渗漏。

4 槽边侧吸罩、条缝抽风罩的吸入口应平整，转角处成弧度均匀，罩口加强板的分隔间距应一致。

5 厨房锅灶排烟罩的油烟过滤器应便于拆卸和清洗。

6.3.13 风帽制作工艺执行下列工艺方法：

1 伞形风帽按圆锥形展开下料，可用机械或手工加工，采用咬口或焊接成型。伞形风帽的伞盖边缘应进行加固，支撑高度一致。

2 筒形风帽外筒体的上下沿口应加固，不圆度允许偏差不应大于直径的 2%，当筒形风帽规格较小时，帽的两端可翻边卷铁丝加固，风帽规格较大时，可用扁钢或角钢做箍进行加固。

3 筒形风帽伞盖边缘与外筒体的距离应一致，挡风圈的位置应正确。扩散管可按圆形大小头加工，一端用翻边卷铁丝加固，一端铆上法兰，以便与风管连接。

4 锥形风帽在下料时，上伞形帽挑檐必须保证 10 mm 的尺寸，锥形风帽内外锥体的中心应同心。下伞形帽与上伞形帽焊接时，焊缝与焊渣不得露至檐口边。锥体组合的连接缝应顺水，下部排水口应畅通。

5 三叉形风帽支管与主管的连接应严密，夹角一致。

6 旋流型屋顶自然通风器的外形应规整，转动应平稳流畅，且不应有碰擦音。

7 风帽的支撑一般使用扁钢制成，用以连接扩散管、外筒和伞形帽。

8 风帽部件加工完成后应按设计要求涂刷油漆防腐。当设计无明确规定时，执行本标准第 6.3.11 条第 4 款的规定。

6.3.14 风帽成品的检验执行本标准第 6.3.12 条的规定。

V 柔性风管制作工艺

6.3.15 柔性风管制作工艺按图 6.3.15 的工序进行。

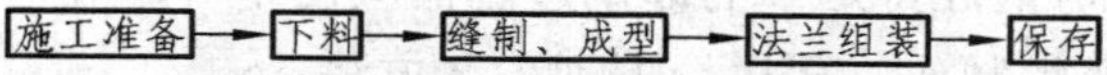

施工准备 → 下料 → 缝制、成型 → 法兰组装 → 保存

图 6.3.15 柔性风管制作工艺流程

6.3.16 柔性风管制作工艺应符合下列规定：

1 柔性风管用料可参考下列规定：

1）柔性风管制作应采用防腐、防潮、不透气、不易霉变的柔性材料，可选用人造革、帆布、树脂玻璃布、软橡胶板、玻璃丝布加强铝箔和柔性 PVC 板等材料。

2）净化空调系统的柔性风管应选用内壁光滑、不产尘、不透气的软橡胶板、人造革等材料，连接应严密不漏风。

3）用于空调系统时，应采取防止结露的措施，外保温软管应包覆防潮层，防潮层可刷帆布漆，不得涂刷油漆。

2 柔性短管下料时先把布料按管径展开，长度宜为 150 mm ~ 250 mm，并留出 20 mm ~ 25 mm 的缝合搭接量。短管纵向缝的缝合必须保证严密牢固。

3 短管法兰组装宜使用不小于 0.6 mm 厚的条状镀锌钢板或涂刷油漆的薄钢板作压条（图 6.3.16），连同柔性短管铆接在预制好的角钢法兰上，压条翻边宜为 6 mm ~ 9 mm，紧贴法兰，铆接平顺，铆钉间距宜为 60 mm ~ 80 mm。制成后的柔性短管不得出现开裂、扭曲现象，两端面形状应大小一致，两侧法兰应平行，法兰规格应与风管的法兰规格相同。

4 柔性短管不应为异径连接管，矩形柔性短管与风管连接不得采用抱箍固定的形式。

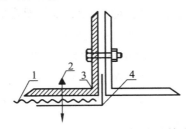

图 6.3.16 柔性风管与角钢法兰的连接
1—柔性短管；2—铆钉；3—角钢法兰；4—镀锌钢板压条

6.4 质量标准

I 主控项目

6.4.1 风管部件材料的品种、规格和性能应符合设计要求。

检查数量：按 I 方案。

检查方法：观察、尺量、检查产品合格证明文件。

6.4.2 外购风管部件成品的性能参数应符合设计及相关技术文件的要求。

检查数量：按 I 方案。

检查方法：观察检查、检查产品技术文件。

6.4.3 成品风阀的制作应符合下列规定：

1 风阀应设有开度指示装置，并应能准确反映阀片开度。

2 手动风量调节阀的手轮或手柄应以顺时针方向转动为关闭。

3 电动、气动调节阀的驱动执行装置，动作应可靠，且在最大工作压力下工作应正常。

4 净化空调系统的风阀，活动件、固定件以及紧固件均应采取防腐措施，风阀叶片主轴与阀体轴套配合应严密，且应采取密封措施。

5 工作压力大于 1 000 Pa 的调节风阀，生产厂应提供在 1.5 倍工作压力下能自由开关的强度测试合格的证书或试验报告。

6 密闭阀应能严密关闭，漏风量应符合设计要求。

检查数量：按 I 方案。

检查方法：观察、尺量、手动操作、查阅测试报告。

6.4.4 防火阀、排烟阀或排烟口的制作应符合现行国家标准《建筑通风和排烟系统用防火阀门》GB 15930 的有关规定，并应具有相应的产品合格证明文件。

检查数量：全数检查。

检查方法：观察、尺量、手动操作，查阅产品质量证明文件。

6.4.5 防爆系统风阀的制作材料应符合设计要求，不得替换。

检查数量：全数检查。

检查方法：观察检查、尺量检查、检查材料质量证明文件。

6.4.6 消声器、消声弯管的制作应符合下列规定：

1 消声器的类别、消声性能及空气阻力应符合设计要求和产品技术文件的规定。

2 矩形消声弯管截面边长大于 800 mm 时，应设置吸声导流片。

3 消声器内消声材料的织物覆面层应平整，不应有破损，并应顺气流方向进行搭接。

4 消声器内的织物覆面层应有保护层，保护层应采用不易锈蚀的材料，不得使用普通铁丝网。当使用穿孔板保护层时，穿孔率应大于 20%。

5 净化空调系统消声器内的覆面材料应采用尼龙布等不易产尘的材料。

6 微穿孔（缝）消声器的孔径或孔缝、穿孔率及板材厚度应符合产品设计要求，综合消声量应符合产品技术文件要求。

检查数量：按Ⅰ方案。

检查方法：观察、尺量、查阅性能检测报告和产品质量合格证。

6.4.7 防排烟系统的柔性短管必须采用不燃材料。

检查数量：全数检查。

检查方法：观察检查、检查材料燃烧性能检测报告。

Ⅱ 一般项目

6.4.8 风管部件活动机构的动作应灵活，制动和定位装置动作应可靠，法兰规格应与相连风管法兰相匹配。

检查数量：按Ⅱ方案。

检查方法：观察检查、手动操作、尺量检查。

6.4.9 风阀的制作应符合下列规定：

1 单叶风阀的结构应牢固，启闭应灵活，关闭应严密，与阀体的间隙应小于 2 mm。多叶风阀开启时，不应有明显的松动现象；关闭时，叶片的搭接应贴合一致。截面积大于 1.2 m² 的多叶风阀应实施分组调节。

2 止回阀阀片的转轴、铰链应采用耐锈蚀材料。阀片在最大负荷压力下不应弯曲变形，启闭应灵活，关闭应严密。水平安装的止回阀应有平衡调节机构。

3 三通调节风阀的手柄转轴或拉杆与风管（阀体）的结合处应严密，阀板不得与风管相碰擦，调节应方便，手柄与阀片应处于同一转角位置，拉杆可在操控范围内做定位固定。

4 插板风阀的阀体应严密，内壁应做防腐处理。插板应平整，启闭应灵活，并应有定位固定装置。斜插板风阀阀体的上、下接管应成直线。

5 定风量风阀的风量恒定范围和精度应符合工程设计及产品技术文件要求。

6 风阀法兰尺寸允许偏差应符合本标准表 6.3.6 的规定。

检查数量：按Ⅱ方案。

检查方法：观察检查、手动操作、尺量检查。

6.4.10 风罩的制作应符合下列规定：

1 风罩的结构应牢固，形状应规则，表面应平整光滑，转角处弧度应均匀，外壳不得有尖锐的边角。

2 与风管连接的法兰应与风管法兰相匹配。

3 厨房排烟罩下部集水槽应严密不漏水，并应坡向排放口。罩内安装的过滤器应便于拆卸和清洗。

4 槽边侧吸罩、条缝抽风罩的尺寸应正确，吸口应平整。罩口加强板间距应均匀。

检查数量：按Ⅱ方案。

检查方法：观察检查、手动操作、尺量检查。

6.4.11 风帽的制作应符合下列规定：

1 风帽的结构应牢固，形状应规则，表面应平整。

2 与风管连接的法兰应与风管法兰相匹配。

3 伞形风帽伞盖的边缘应采取加固措施，各支撑的高度尺寸应一致。

4 锥形风帽内外锥体的中心应同心，锥体组合的连接缝应顺水，下部排水口应畅通。

5 筒形风帽外筒体的上下沿口应采取加固措施，不圆度允许偏差不应大于直径的 2%。伞盖边缘与外筒体的距离应一致，挡风圈的位置应准确。

6 旋流型屋顶自然通风器的外形应规整，转动应平稳流畅，且不应有碰擦音。

检查数量：按Ⅱ方案。

检查方法：观察检查、手动操作、尺量检查。

6.4.12 风口的制作应符合下列规定：

1 风口的结构应牢固，形状应规则，外表装饰面应平整。

2 风口的叶片或扩散环的分布应匀称。

3 风口各部位的颜色应一致，不应有明显的划伤和压痕。调节机构应转动灵活、定位可靠。

4 风口应以颈部的外径或外边长尺寸为准，风口颈部尺寸允许偏差应符合本标准表 6.3.3-2 的规定。

检查数量：按Ⅱ方案。

检查方法：观察检查、手动操作、尺量检查。

6.4.13 消声器和消声静压箱的制作应符合下列规定：

1 消声材料的材质应符合工程设计的规定，外壳应牢固严密，不得漏风。

2 阻性消声器充填的消声材料，体积密度应符合设计要求，铺设应均匀，并应采取防止下沉的措施。片式阻性消声器消声片的材质、厚度及片距，应符合产品技术文件要求。

3 现场组装的消声室（段），消声片的结构、数量、片距及固定应符合设计要求。

4 阻抗复合式、微穿孔（缝）板式消声器的隔板与壁板的结合处应紧贴严密；板面应平整、无毛刺，孔径（缝宽）和穿孔（开缝）率和共振腔的尺寸应符合国家现行标准的有关规定。

5 消声器与消声静压箱接口应与相连接的风管相匹配，尺寸的允许偏差应符合本标准表 6.3.6 的规定。

检查数量：按Ⅱ方案。

检查方法：观察检查、尺量检查、查验材质证明书。

6.4.14 柔性短管的制作应符合下列规定：

1 外径或外边长应与风管尺寸相匹配。

2 应采用抗腐、防潮、不透气及不易霉变的柔性材料。

3 用于净化空调系统的还应是内壁光滑、不易产生尘埃的材料。

4 柔性短管的长度宜为 150 mm～250 mm，接缝的缝制或粘结应牢固、可靠，不应有开裂；成型短管应平整，无扭曲等现象。

5 柔性短管不应为异径连接管，矩形柔性短管与风管连接不得采用抱箍固定的形式。

6 柔性短管与法兰组装宜采用压板铆接连接，铆钉间距宜为 60 mm～80 mm。

检查数量：按Ⅱ方案。

检查方法：观察检查、尺量检查。

6.4.15 过滤器的过滤材料与框架连接应紧密牢固，安装方向应正确。

检查数量：按Ⅱ方案。

检查方法：观察检查、手动操作。

6.4.16 风管内电加热器的加热管与外框及管壁的连接应牢固可靠，绝缘良好，金属外壳应与PE线可靠连接。

检查数量：按Ⅱ方案。

检查方法：观察检查、手动操作。

6.4.17 检查门应平整，启闭应灵活，关闭应严密，与风管或空气处理室的连接处应采取密封措施，且不应有可察觉渗漏点。净化空调系统风管检查门的密封垫料，应采用成型密封胶带或软橡胶条。

检查数量：按Ⅱ方案。

检查方法：观察检查、于动操作。

6.5 成品保护

6.5.1 成品应存放在有防雨、雪及防潮措施的平整场地上，并分类码放整齐，码放不得使其变形损坏。

6.5.2 消声器、消声风管、消声弯头及消声静压箱成品应封口并包装后存放在干净、干燥的场所。

6.5.3 净化空调风管系统使用的部件，应使用清洗剂将内外表面的油膜、污物清洗干净，干燥后用不掉纤维的白色长丝纺织材料擦拭检查，无污迹后立即用塑料薄膜整体密封并用胶带封口，然后包装存放在干净、干燥的场所中。

6.5.4 风口成品应采取包装等防护措施，保护装饰面不受损伤。

6.5.5 防火阀执行机构应加装保护罩，防止执行机构受损或丢失。

6.5.6 在装卸和运输过程中，风口、风阀的调节执行机构应处于固定或锁紧状态。

6.6　安全及环境保护

6.6.1 易燃材料存放应采取防火措施。

6.6.2 施工安全及环境保护执行本标准第 5.6 节相关条文的规定。

6.7　质量记录

6.7.1 质量记录应包括下列内容：

1 施工日志 SG-003；

2 技术核定单 SG-004；

3 图纸会审记录 SG-007；

4 技术交底 SG-006；

5 风管部件与消声器制作检验批质量验收记录 SG-A047。

6.7.2 本标准第 6.7.1 条中未涵盖的质量记录表格，可参照《通风与空调工程施工质量验收规范》GB50243 或四川省《建筑工程施工质量验收规范实施指南》表格的格式自行设计。

7 风管系统安装

7.1 一般规定

7.1.1 风管与暖卫、电气管线等发生冲突时，应协调跨越风管的技术措施，风管内严禁布置其他管线。

7.1.2 风管、部件安装前应清除外表面粉尘及内部杂物。净化空调系统风管、配件与部件，安装前不得除去表面保护膜和端口密封膜，对受到污染的净化风管、配件与部件，必须重新清洁后安装。

7.1.3 风管系统支、吊架的型式和规格应符合设计或标准图集的要求，当采用膨胀螺栓等胀锚方法固定时，施工应符合胀锚工艺的技术要求。

7.1.4 风管接口、风管与部件接口，不得安装在墙内或楼板内，风管沿墙体或楼板安装时，与墙面距离不宜小于 200 mm，与楼板的距离宜大于 150 mm。风管与风道连接时，应采取风道预埋法兰或安装连接件形式的接口。

7.1.5 防火阀、防排烟风阀（口）的安装方向、位置应正确。防火分区隔墙两侧的防火阀，距离墙表面不应大于 200 mm，且应符合消防规定和设计要求。

7.1.6 风管穿越需要封闭的防火、防爆的墙体或楼板时，应设置钢制防护套管。防护套管钢板厚度不应小于 1.6 mm，位置和规格应符合设计及相关标准的规定，穿墙套管与墙体两面平齐、穿楼板套管底端与楼板底面平齐，顶端应高出楼板面 30 mm。风管与防护套管之间的缝隙必须用不燃且对人体无害的柔性材料封堵严密，保温风管在穿越部位必须采用不燃且对人体无害的绝热材料代替。

7.1.7 风管测定孔应设置在不产生涡流的直管区段，且应在便于测量和观察的部位。吊顶内风管测定孔的部位，应留有活动吊顶板或检查门。

7.1.8 输送产生凝结水或潮湿空气的风管，安装坡度应符合设计要求，并应在管底最低处设置带封堵的泄水管口。风管底部不宜设置拼接缝，若设置拼接缝应做密封处理。

7.1.9 安装在易燃、易爆环境或输送含有易燃、易爆气体的风管系统应设置可靠的防静电接地装置。

7.1.10 采用拉索固定的室外风管系统，拉索等金属固定件严禁与避雷针或避雷网连接。

7.1.11 风管（不包括独立的排烟系统）与风机、风机箱、空气处理机等设备相连处应设置柔性短管，其长度宜为 150 mm ~ 300 mm，或按设计规定。风管穿越结构变形缝处应设置满足系统功能的柔性短管，两边伸出变形缝的长度应不小于 50 mm。

7.1.12 风管系统安装后，应进行严密性检验，合格后方能交付下道工序。风管严密性检验以主、干管为主。在加工工艺得到保证的前提下，低压风管系统可采用漏光法检测。

7.1.13 隐蔽工程的风管在隐蔽前必须经监理工程师验收签字确认。

7.2 施工准备

7.2.1 技术准备应符合下列规定：

1 技术资料的准备应执行本标准第 3.1.1 条第 1 款的规定。

2 技术人员应熟悉风管系统设计和设计变更文件，以及有关安装技术说明、质量检验验收规范和其他技术资料。

3 图纸会审准备工作和现场实测应符合本标准第 5.2.1 条第 3 款的规定。

4 现场核定系统风管、部件、配件和设备的安装位置。对建筑预留孔洞、预埋件的位置、尺寸、数量与设计不符等问题，应与建设、监理、设计、相关专业及土建等单位协商解决。

5 根据设计及施工现场实测数据或 BIM 模型提取的风管制作数据绘制风管安装详图，安装详图应符合下列规定：

1）确定和标注风管系统中有定位尺寸的部件、设备的位置和实际安装尺寸。

2）确定和标注直管段的节数，每节长度及横截面尺寸。

3）确定风管系统安装误差调节管节和配件的位置。

4）确定和标注风管系统支、吊架的实际安装位置，支、吊架与风管接口应有不小于 200 mm 的距离。

6 技术人员应根据批准的施工方案向施工班组进行安装工艺、质量控制、安全环保和成品保护等方面的技术交底和安全交底，并形成交底记录。

7 有严密性和洁净度等特殊要求的风管系统，应制定相应的技术保证措施。

8 当风管安装与土建或其他专业交叉施工时，应与相关单位协商，制定工序、工种互相配合的技术措施和成品保护措施。

7.2.2 作业条件应符合下列规定：

1 风管的安装，宜在建筑围护结构施工完毕，现场和安装部位清理干净后进行；净化系统风管安装，应在该区域建筑墙面抹灰完毕，地面工程施工和门窗安装完工，且室内无飞尘或有防尘措施能满足初级净化要求的条件下进行。

2 安全、防护措施执行本标准第 5.2.2 条第 11 款的规定。

3 系统设备及部件的安装位置，风管与设备的连接方位已经核对无误。

4 预埋件、预留孔洞的位置、尺寸符合设计要求。设计无明确要求时，孔洞尺寸应大于风管外边尺寸 100 mm 或以上，保温风管孔洞应大于（100 mm+保温厚度×2）以上。

5 施工现场准备应执行本标准第 3.2.2 条和 3.2.3 条的规定，辅助设施应能满足施工要求。

7. 2. 3 施工材料应符合下列要求：

1 安装材料进场验收应符合本标准第 3.3 节的规定。风管与部件应严格按照施工图和有关制作与质量验收标准进行检验验收。

2 风管、部件的检验验收，应重点检查下列内容：

1）规格与尺寸应符合设计要求，无变形、划痕、破损、开裂等外观质量缺陷。

2）咬口不得有胀裂、半咬口和脱扣。

3）焊缝不得有漏焊、虚焊和裂纹。

4）封闭缝口的密封胶或密封胶带，不得漏涂和脱胶。

5）法兰与风管的铆钉连接及螺栓孔，不得有漏铆和漏钻。

6）成品供货的风管应具有厂家出具的质量合格证明文件，包括主材材质证明、风管强度和严密性检测报告，非金属与复合材料风管还需提供有关消防及卫生检测合格报告。

7）风管无法兰连接采用的插条和弹簧夹，其规格、厚度和强度应符合设计和使用要求。普通钢板插条应预涂与风管钢板同色防锈漆一道。

8）风阀、柔性短管、风帽和消声器采用法兰连接时，其法兰规格应与风管法兰规格相匹配。

7.2.4 施工机具及检测工具应包括下列内容：

1 主要施工机具应包括电钻、冲击电钻、射钉枪、手提砂轮、砂轮切割机、台式砂轮机、台钻、磨光机、电动扳手、电焊设备、气焊设备、卷扬机、门式提升架、吊带折弯器、折叠式平台（或液压升降平台）、空压机、皮老虎、钢丝钳、手锤、木槌、钢锯、手剪、滑轮、各种吊索具、各种扳手等。

2 主要测量检验工具应包括游标卡尺、塞尺、水准仪、液体连通器、角尺、钢直尺、钢卷尺、水平尺、线坠等。

3 现场施工机具及检测工具的使用应符合本标准第 3.4 节的规定。

7.3 施工工艺

7.3.1 风管系统安装应按图 7.3.1 的工序进行。

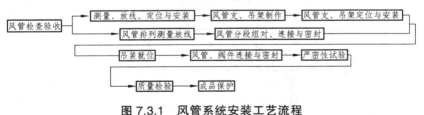

图 7.3.1 风管系统安装工艺流程

7.3.2 风管支、吊架制作应符合下列规定：

1 风管支、吊架型式的选用应符合下列规定：

1）靠墙或靠柱安装的水平风管可用悬臂支架、斜撑支架或托吊混合支架；不靠墙、柱安装的水平风管宜用托底吊架；直径或边长小于 400 mm 的风管可采用吊带式吊架。

2）靠墙安装的垂直风管应采用悬臂支架或斜撑支架；不靠墙、柱穿楼板安装的垂直风管宜采用抱箍吊架；室外或屋面安装的立管应采用井架或拉索固定。

3）根据现场情况，宜选用与其他专业合用综合支、吊架。

4）风管支、吊架型式应符合《通风管道技术规程》JGJ/T 141 或有关标准图集的规定。

2 风管支、吊架制作应符合下列规定：

1）风管支、吊架制作前，应对型钢进行矫正。

2）风管支吊架下料宜采用机械加工，采用气割后，应对切割边缘进行打磨处理。

3）在墙洞内栽埋的支架，托梁及斜撑的下料长度应保证在墙洞内的栽埋深度符合设计或标准图的规定，无明确规定时栽埋深度不得小于 120 mm（斜撑应计算垂直于墙面方向的埋入深度）。埋入端部宜做燕尾劈叉。

4）横担长度按图 7.3.2-1 确定。

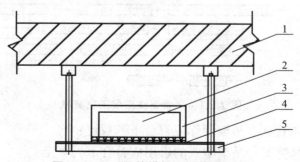

图 7.3.2-1　风管横担预留长度示意

1—楼板；2—风管；3—保温层；4—隔热木托；5—横担

5）保温风管的吊环尺寸，应包含绝热层厚度；

6）吊杆的长度应按实际尺寸确定，并应有调节余量；

7）柔性风管的吊卡箍应采用扁钢制作，宽度应大于或等于 25 mm，圆弧长应大于 1/2 周长，并应与风管外径相符（图7.3.2-2）。

图 7.3.2-2　柔性风管吊环安装

3　水平单风管吊架制作材料规格应符合下列规定：

1）矩形金属水平风管在最大允许安装距离下，吊架的最小规格应符合表 7.3.2-1 的规定。

表 7.3.2-1　金属矩形水平风管吊架型钢的最小规格　单位：mm

风管水平边长 b	吊杆直径	吊架规格	
		角钢	槽钢
$b \leqslant 400$	$\phi 8$	L25×3	[50×37×4.5
$400 < b \leqslant 1 250$	$\phi 8$	L30×3	[50×37×4.5
$1 250 < b \leqslant 2 000$	$\phi 10$	L40×4	[50×37×4.5 [63×40×4.8 [60×40×2.0
$2 000 < b \leqslant 2 500$	$\phi 10$	L50×5	按设计确定
$b > 2500$	按设计确定		

2）圆形金属水平风管在最大允许安装距离下，吊架的最小规格应符合表 7.3.2-2 的规定。

3）非金属与复合材料水平风管横担可以选用相应规格的角钢、槽钢或型钢。允许吊装风管的最大规格应符合表 7.3.2-3 的规定。

4）非金属与复合材料风管吊架的吊杆直径应不小于表 7.3.2-4 的规定。

5）玻璃纤维增强氯氧镁水泥复合材料风管支、吊架的形式、间距、规格应符合表 7.3.2-5、表 7.3.2-6、表 7.3.2-7 的规定。

表 7.3.2-2　金属圆形水平风管吊架型钢的最小规格　单位：mm

风管直径 D	吊杆尺寸	抱箍尺寸
D≤630	φ8 或-25×2	−25×2
630<D≤900	φ8 或-30×3	−30×3
900<D≤1 250	φ10	−30×4
1 250<D≤2 000	2×φ10	−40×5

表 7.3.2-3　非金属与复合材料水平风管横担允许吊装的风管的规格
单位：mm

风管类别	角钢或冷轧型钢横担				
	L25×3 [50×37×4.5	L30×3 [50×37×4.5	L40×4 [50×37×4.5	L50×5 [63×40×4.8	L63×5 [80×43×5.0
聚氨酯铝箔复合材料风管	b≤630	630<b≤1 250	1 250<b≤1 500	1 500<b≤2 500	—
酚醛铝箔复合材料风管	b≤630	630<b≤1 250	1250<b≤1 500	1 500<b≤2 500	—
玻璃纤维复合材料风管	b≤450	450<b≤1 000	1 000<b≤2 000	—	—
无机玻璃钢风管	b≤630	—	b≤1 000	b≤1 600	b<2 000
硬聚氯乙烯、聚丙烯（PP）风管	b≤630	—	b≤1 000	b≤2 000	b>2 000

注：b 为风管水平边长。

148

表 7.3.2-4　非金属与复合材料风管吊架型钢的吊杆直径　单位：mm

风管类别	吊杆直径			
	$\phi6$	$\phi8$	$\phi10$	$\phi12$
聚氨酯铝箔复合材料风管	$b\leqslant1\,250$	$1\,250<b\leqslant2\,000$	$2\,000<b\leqslant2\,500$	—
酚醛铝箔复合材料风管	$b\leqslant800$	$800<b\leqslant2\,000$	$2\,000<b\leqslant2\,500$	—
玻璃纤维复合材料风管	$b\leqslant630$	$630<b\leqslant2\,000$	—	—
无机玻璃钢风管	—	$b\leqslant1\,250$	$1\,250<b\leqslant2\,500$	$b>2\,500$
硬聚氯乙烯、聚丙烯（PP）风管	—	$b\leqslant1\,250$	$1\,250<b\leqslant2\,500$	$b>2\,500$

注：b 为风管水平边长。

表 7.3.2-5　节能（或低温节能）、净化、普通隔热风管支、吊架设置

单位：mm

风管边长 b	$b\leqslant400$	$400<b\leqslant630$	$630<b\leqslant2\,000$	$b>2\,000$
支、吊架最大间距	2 200	2 200	2 200	1 500
水平横担规格	∟30×3	∟30×3	∟40×4	∟50×5
吊杆直径	$\phi8$	$\phi8$	$\phi10$	$\phi10$

表 7.3.2-6　防火型、耐火型风管支、吊架设置　单位：mm

风管边长 b	$b\leqslant400$	$400<b\leqslant630$	$630<b\leqslant2000$	$b>2000$
支、吊架最大间距	2 200	2 200	2 200	1 500
水平横担规格	∟40×4	∟40×4	∟50×5	[5
吊杆直径	$\phi8$	$\phi8$	$\phi10$	$\phi12$

表 7.3.2-7　排烟型风管支、吊架型钢规格　单位：mm

风管边长 b	$b\leqslant400$	$400<b\leqslant630$	$630<b\leqslant1\,250$	$1250<b\leqslant1\,600$	$1\,600<b\leqslant2\,500$	$b>2\,500$
支、吊架最大间距	2 200	2 200	2 000	1 500	1 300	1 300
水平横担规格	∟30×3	∟30×3	∟40×4	∟50×5	[5	[6 或 [8
吊杆直径	$\phi6$	$\phi8$	$\phi10$	$\phi10$	$\phi10$	$\phi12$

4 直径大于 2 000 mm 或边长大于 2 500 mm 的超宽、超重特殊风管的支、吊架，应符合设计要求。水平吊架的横担，其受力后的挠度不应大于 9 mm，可参照本标准附录 D 的方法分配载荷和计算挠度。

5 支架托梁、斜撑宜选用角钢；吊架横担宜选用角钢、槽钢、冷轧 C 型或 U 型钢；吊杆宜选用圆钢；抱箍宜选用扁钢。需采用电弧焊接时，型钢厚度不宜小于 4 mm。

6 支、吊架型钢应采用机械开孔，开孔尺寸应与螺栓相匹配，不得采用气割开孔或扩孔。

7 支、吊架的焊接应外观平整，不得有漏焊、欠焊、裂纹、咬肉和烧穿等缺陷。

8 吊杆应平直，螺纹应完整、光洁，螺母与吊杆丝扣应咬合紧密。吊杆加长可采用吊杆端头螺纹加内丝套筒螺母连接。套筒的长度不应小于吊杆直径的 4 倍，套筒两端应有防松动措施。

9 吊杆套丝不宜过长，丝扣末端不宜超出托架最低点，不应妨碍装饰吊顶的施工。

10 风管支、吊架制作完成后，应进行除锈涂漆。对埋入墙、混凝土的部位应预留足够长度，不得涂漆。

7.3.3 风管支、吊架定位与安装应符合下列规定：

1 风管支、吊架安装间距应符合设计要求。设计无要求时宜执行下列规定：

1）金属风管（含保温）水平安装时，支、吊架的最大间距应符合表 7.3.3-1 的规定。

表 7.3.3-1　水平安装金属风管支、吊架的最大间距　单位：mm

风管边长或直径	矩形风管	圆形风管		薄钢板法兰风管
		纵向咬口风管	螺旋咬口风管	
≤400	4 000	4 000	5 000	3 000
>400	3 000	3 000	3 750	

注：C 形插条法兰、S 形插条法兰风管的支、吊架间距不应大于 3 000 mm。

2）非金属与复合材料风管水平安装时，支、吊架的最大间距应符合表 7.3.3-2 的规定。

表 7.3.3-2　水平安装非金属与复合材料风管支、吊架的最大间距　单位：mm

风管类别	风管边长					
	$b \leqslant 400$	$400 < b$ $\leqslant 500$	$500 < b \leqslant$ 800	$800 < b \leqslant$ $1\,000$	$1\,000 < b$ $\leqslant 1\,600$	$1\,600 < b$ $\leqslant 2\,000$
聚氨酯铝箔复合材料风管	4 000	3 000				
酚醛铝箔复合材料风管	2 000				1 500	1 000
玻璃纤维复合材料风管	2 400		2 200		1 800	
玻璃钢风管	4 000	3 000			2 500	2 000
硬聚氯乙烯、聚丙烯（PP）风管	4 000	3 000				
玻璃纤维增强氯氧镁水泥复合材料风管	4 000	3 000			2 500	2 000

3）垂直安装时，应设置至少 2 个固定点，支架间距不应大于 4 m。

2　水平风管支、吊架安装前，应在支、吊架位置附近放出标高基准线。若风管设计有坡度，标高基准线应能反映其坡度。

立管、吊架安装的水平风管，还应放出风管中心线。支、吊架宜在托梁侧面划出风管中心线或宽度线。

3 吊架应按风管中心线找出吊杆的安装位置，单吊杆在风管的中心线上；双吊杆可按风管中心线对称安装，并应与托架螺孔间距一致。

4 当风管较长，需要安装一排支、吊架时，宜先安装两端支、吊架，然后以两端支、吊架为基准，用拉线法找出中间各支、吊架位置和标高后进行安装。

5 立管支架安装时，应先将最上面的一个支架定位固定，再依据支架托梁的风管中心线，用线坠吊线确定下面支架的安装位置。

6 支、吊架的预埋件位置应正确，牢固可靠，埋入部分应去除油污，且不得涂漆。

7 采用膨胀螺栓固定支、吊架时，应符合膨胀螺栓使用技术条件的规定。膨胀螺栓宜用于 C15 及其以上强度等级混凝土构件上。螺栓至混凝土构件边缘的距离不应小于螺栓直径的 8 倍。螺栓组合使用时，其间距不应小于螺栓直径的 10 倍。螺栓孔直径和钻孔深度应符合表 7.3.3-3 的规定，成孔后应对钻孔直径和钻孔深度进行检查。在垂直方向，当用膨胀螺栓不能满足承重要求时，应采用打透眼法固定吊架。

表 7.3.3-3　常用膨胀螺栓的型号、钻孔直径和钻孔深度　单位：mm

膨胀螺栓种类	规格	螺栓总长	钻孔直径	钻孔深度
内螺纹膨胀螺栓	M6	25	8.0	32～42
	M8	30	10.0	42～52
	M10	40	12.0	43～53
	M12	50	15.0	54～64
单胀管式膨胀螺栓	M8	95	10.0	65～75
	M10	110	12.0	75～85
	M12	125	18.5	80～90
双胀管式膨胀螺栓	M12	125	18.5	80～90
	M16	155	23.0	110～120

8　栽埋支架的墙洞应清扫干净后用水湿润。栽埋支架之前先填入占孔洞一半空间的水泥砂浆或细石混凝土，水泥标号不得低于 42.5 号，捣实后将支架栽入，用湿润后的石块或砖块固定支架，找正找平后用砂浆或细石混凝土填实，洞口抹面略低于墙面。

9　支架抱箍法固定适用于混凝土柱。射钉法适用于固定直径或边长不大于 630 mm 的风管支、吊架，其混凝土构件的强度等级不宜低于 C15。

10　支、吊架不应设置在风口、检查门处，离风口和分支管的距离不宜小于 200 m。支、吊架受力应均匀，且无明显变形，不应影响阀门、自控机构的正常动作。

11　绝热风管的支、吊架装置宜放在绝热层外部，风管壁不得与支、吊架构件直接接触，应使用与绝热层厚度相同的坚固隔热防腐材料垫隔，支、吊架处的防潮层和保护层应连续、严密。

12 矩形风管的抱箍支架，折角应平直，抱箍应紧贴风管。圆形风管的支架应设托座或抱箍，圆弧应均匀，且应与风管外径相一致。

13 支、吊架距水平弯头的起弯点间距不应大于 500 mm，设在支管上的支吊架距干管不应大于 1 200 mm。水平弯管、三通边长或风管直径超过 1 250 mm 时，应设置独立支、吊架。

14 边长（直径）大于或等于 630 mm 的防火阀，消声弯头或边长（直径）大于 1 250 mm 的弯头、三通等部位应设置单独的支、吊架。

15 直线长度超过 20 m 的水平主、干悬吊风管，应设置至少 1 个防晃支架或防止摆动的固定点。

16 风管使用的可调节减振支、吊架，拉伸或伸缩量应符合设计要求。

17 金属风管支、吊架安装还应符合下列规定：

1）不锈钢板、铝板风管与碳素钢支、吊架的接触处，应按设计要求做好防腐蚀隔离措施。

2）不保温的矩形风管外立面与吊杆的间隙不宜大于 50 mm，吊杆距风管末端不应大于 1 000 mm。

3）风管垂直安装时，支架间距不应大于 4 000 mm；当单根直风管长度大于或等于 1 000 mm 时，应设置不少于 2 个固定点。垂直安装的风管支架宜设置在法兰连接处，不宜单独以抱箍的形式固定风管，使用型钢支架并使风管重量通过法兰作用于支架上，且法兰应采用角钢法兰的形式连接。

18 非金属与复合材料风管支、吊架安装还应符合下列规定：

1）边长（直径）大于 200 mm 的风阀等部件与非金属与

154

复合材料风管连接时，应单独设置支、吊架。风管支、吊架的安装不得阻碍连接件的安装。

2）酚醛铝箔复合材料风管与聚氨酯铝箔复合材料风管垂直安装的支架间距不应大于 2 400 mm，每根立管的支架不应少于 2 个。

3）玻璃纤维复合材料风管垂直安装的支架间距不应大于 1 200 mm。

4）无机玻璃钢风管垂直支架间距不应大于 3 000 mm，每根垂直风管不应少于 2 个支架。

5）边长或直径大于 2 000 mm 的超宽、超高等特殊无机玻璃钢风管的支、吊架，其规格及间距应符合设计要求。

6）无机玻璃钢消声弯管、边长或直径大于 1 250 mm 的弯管、三通等应单独设置支、吊架。

7）无机玻璃钢圆形风管的托座和抱箍所采用的扁钢不应小于 30 mm×4 mm。托座和抱箍的圆弧应均匀且与风管的外径一致，托架的弧长应大于风管外周长的 1/3。

8）水平安装的复合材料风管与支、吊架接触面的两端，应设置厚度大于或等于 1.0 mm，宽度宜为 60 mm～80 mm，长度宜为 100 mm～120 mm 的镀锌角形垫片。

9）垂直安装的非金属与复合材料风管，可采用角钢或槽钢加工成"井"字形抱箍作为支架。支架安装时，风管内壁应衬镀锌金属内套，并应采用镀锌螺栓穿过管壁将抱箍与内套固定。螺孔间距不应大于 120 mm，螺母应位于风管外侧。螺栓穿过的管壁处应进行密封处理。

10）夹芯彩钢板复合材料风管立面与吊杆的间隙不宜大于 50 mm，支、吊架距风管末端不应大于 600 mm。

11）夹芯彩钢板复合材料风管水平弯管在 500 mm 范围内应设置一个支吊架，支管距干管 600 mm 范围内应设置一个支、吊架。

12）夹芯彩钢板复合材料风管垂直安装时，其支架间距不应大于 1 200 mm，单根直风管至少应设置 2 个固定点。

13）夹芯彩钢板复合材料风管抱箍支架，折角应平直，抱箍应紧贴并箍紧风管。

14）夹芯彩钢板复合材料风管水平安装支、吊架的间距应符合表 7.3.3-4 的规定。

表 7.3.3-4　夹芯彩钢板复合材料风管水平安装支、吊架间距

风管隔热层类别	风管边长			
	$b \leqslant 500$	$500 < b \leqslant 1\ 000$	$1\ 000 < b \leqslant 1\ 600$	$1\ 600 < b \leqslant 2\ 000$
	支、吊架最大间距			
玻璃纤维板	2 800	2 400	1 800	1 400

19　柔性风管支、吊架的安装还应符合下列规定：

1）风管支、吊架的间隔宜小于 1 500 mm。风管在支、吊架间的最大允许垂度宜小于 40 mm/m。

2）柔性风管外保温层应有防潮措施，吊卡箍可安装在保温层上。

7.3.4　风管连接密封应符合下列规定：

1　风管连接的密封材料应根据输送介质温度选用，满足系

统功能技术条件，对风管的材质无不良影响，并具有良好的气密性。风管法兰垫料的燃烧性能和耐热性能应符合表 7.3.4 的规定。

表 7.3.4　风管法兰垫料燃烧性能和耐热性能

种　　类	燃烧性能	主要基材耐热性能
橡胶石棉板	不燃 A 级	–
陶瓷类	不燃 A 级	600 °C
玻璃纤维类	不燃 A 级	300 °C
硅玻钛金胶版	不燃 A 级	300 °C
硅胶制品	难燃 B_1 级	225 °C
氯丁橡胶类	难燃 B_1 级	100 °C
异丁基橡胶类	难燃 B_1 级	80 °C
丁腈橡胶类	难燃 B_1 级	120 °C
聚氯乙烯	难燃 B_1 级	100 °C
8501 密封交代	难燃 B_1 级	80 °C

2　设计无要求时，法兰垫料可按下列规定选用：

1）法兰垫料宽度应与法兰盘匹配，厚度宜为 3 mm～5 mm。

2）输送温度低于 70 °C 的空气，可用橡胶板、闭孔海绵橡胶板、密封胶带或其他闭孔弹性材料；输送温度高于 70 °C 的空气时，应采用耐高温材料或不燃材料密封。

3）防、排烟系统应采用不燃、耐高温防火材料密封。

4）输送含有腐蚀性介质的气体，应根据介质特性采用耐酸橡胶板、软聚氯乙烯板或硅胶带（圈）。

5）净化空调系统风管的法兰垫料应采用不产尘、不易老化，具有一定强度和弹性的材料。

3 金属风管连接密封垫料应安装牢固，密封胶应涂抹平整、饱满，密封垫料的位置应正确（图 7.3.4-1、图 7.3.4-2），密封垫料不应凸入管内或脱落。

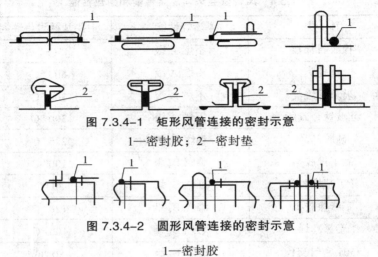

图 7.3.4-1 矩形风管连接的密封示意

1—密封胶；2—密封垫

图 7.3.4-2 圆形风管连接的密封示意

1—密封胶

4 法兰垫料采用对接接口和阶梯形接口（图 7.3.4-3），接口处宜涂密封胶。

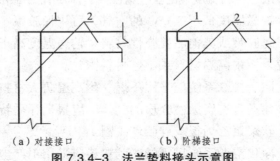

（a）对接接口 （b）阶梯接口

图 7.3.4-3 法兰垫料接头示意图

1—密封胶；2—法兰垫料

5 净化空调系统风管的法兰垫料接口应采用阶梯形或榫形（图 7.3.4-4），应涂净化空调专用密封胶。

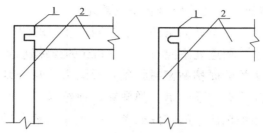

图 7.3.4-4 法兰垫料榫形接头示意图
1—密封胶；2—法兰垫料

6 非金属与复合材料风管采用 PVC 或铝合金插条法兰连接，应对四角和漏风缝隙处进行密封处理。玻璃纤维复合材料风管采用板材自有的子母口榫接，缝隙处插接密封。

7 风管密封胶应设置在风管正压测。密封材料应符合风管内介质以及外部环境的要求。

7.3.5 金属风管安装应符合下列规定：

1 金属矩形风管连接宜采用角钢法兰、薄钢板法兰连接、C形或 S 形插条、立咬口等连接形式；金属圆形风管宜采用角钢法兰连接、芯管连接。安装不得强行对口，连接应牢固、严密。

2 角钢法兰连接应符合下列要求：

1）角钢法兰的垫料无断裂、扭曲，并在中间位置。连接螺栓应均匀拧紧，螺母应在同一侧。安装在室外或潮湿环境时，应采用镀锌螺栓和镀锌垫圈。

2）不锈钢风管法兰的连接，宜采用同材质的不锈钢螺栓。采用普通碳素钢螺栓时，应按设计要求喷涂涂料或采取有效的防腐隔离措施。

3）铝板风管法兰的连接，应采用镀锌螺栓，并在法兰两侧加垫镀锌垫圈。

3 薄钢板法兰连接应符合下列规定：

1）风管四角处的角件与法兰四角接口的固定应稳固、紧贴、端面平整，相连处不应有大于 2 mm 的连续通缝。

2）法兰端面粘贴密封胶条并紧固法兰四角螺栓后，方可安装插条或弹簧夹、顶丝卡，弹簧夹、顶丝卡不应松动。

3）薄钢板法兰的弹性插条、弹簧夹或紧固螺栓（铆钉）应分布均匀，无松动现象，间距不应大于 150 mm，最外端的连接件距风管边缘不应大于 100 mm。

4）薄钢板法兰采用弹簧夹连接，边长在 1 500 mm ~ 2 000 mm 时，可在法兰一侧采用螺杆内支撑或钢制板条对法兰进行加固，管内支撑距法兰内侧距离宜为 60 mm ~ 80 mm 且置于管中心位置，支撑形式应符合本标准表 5.3.6-4 的规定；采用钢制板条时，板条的宽度与薄钢板法兰的高度相适应，厚度不宜小于 2 mm，长度与风管的边长相同，端头设 $\phi 9$ 螺孔与法兰孔间距相同。风管安装时板条置于法兰外侧面与法兰紧密贴合，两端与法兰角紧固，并沿两端依次向内不大于 300 mm 于弹簧夹的间隔处中间位置采用 $\phi 5$ 旋翼自攻螺钉与法兰固定（图 7.3.5-1）。

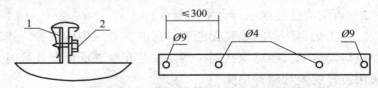

图 7.3.5-1　薄钢板法兰板条加固示意图

1—法兰加固件；2—旋翼自攻螺钉

5）弹簧夹宜采用正反交叉固定方式，不宜与其他连接形式混合使用。

4 C形、S形插条连接应符合下列规定:

1)采用S形立插条连接的风管,应先安装立形条侧的风管,再将另一侧风管直接插入平缝中。

2)C形、S形直角插条连接,插条应从中间外弯90°做连接件,插入翻边的主管、支管,压实结合面。并应在接缝处均匀涂抹密封胶。

3)C形平插条连接,应先插入风管水平插条,再插入垂直插条,最后将垂直插条两端延长部分分别折90°封压水平插条。

4)C形、S形插条连接风管的折边四角处、纵向接缝部位及所有相交处均应进行密封。

5)C形立插条、S形立插条的法兰四角立面处,应采取包角及密封措施。

6)S形平插条或立插条单独使用时,在连接处应有固定措施。

7)矩形风管采用C形、S形插条连接时,连接应平整、严密,四角端部固定的折边长度不应小于20 mm。

8)平插条连接的矩形风管,连接后的板面应平整、无明显弯曲。

5 立咬口连接应先将风管两端翻边制作小边和大边的咬口,然后将咬口小边全部嵌入咬口大边中,先固定几个点,检查无误后进行整个咬口的合缝。

6 立咬口、包边立咬口连接的风管,同一规格风管的咬口高度应一致。紧固螺钉或铆钉间距应小于或等于 150 mm;四角连接处应铆固长度大于60 mm的90°贴角。

7 金属风管采用咬口、插条、薄钢板法兰等方式连接时,其连接缝的密封可参照本标准图 5.3.8-4。

8 芯管连接时，应先制作连接短管，然后在连接短管和风管的结合面涂胶，再将连接短管插入两侧风管，最后用自攻螺丝或铆钉紧固，铆钉间距宜为 100 mm ~ 120 mm。带加强筋时，在连接管 1/2 长度处应冲压一圈 ⌀8 mm 的凸筋。边长（直径）小于 700 mm 的低压风管可不设加强筋。

9 内胀芯管安装前使芯管开口处的两端头处于交叠状态（图 7.3.5-2），使之能容易放入待连接风管的端口部位，安装时依靠顶推螺杆使芯管径向胀开，完成内胀操作，芯管壁与风管壁紧密贴合，然后用自攻螺丝或拉铆钉对芯管和风管进行固定即完成安装。安装完后，可将顶推螺杆保留或去掉。

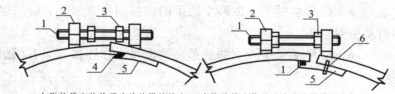

内胀芯管安装前开头处的搭接状态　内胀芯管安装后开头处的搭接状态
1-螺杆；2-固定耳（焊接）；3-顶推螺母；4-级缝焊；5-衬板；6-自攻螺丝

图 7.3.5-2　内胀芯管的安装

10 边长小于或等于 630 mm 的支风管与主风管的连接可采用 S 形直角咬接、联合式咬接或法兰连接，并应符合下列规定：

1） 迎风面应有 30°斜面或曲率半径为 150 mm 弧面，支管长度宜为 150 mm ~ 200 mm。

2） 支管与主管的连接形式可采用 S 形直角咬接、联合角口式咬接、法兰螺栓连接、S 形止口式咬接、C 形直角插条咬接等形式制作（图 7.3.5-3），结合面应压实，并应在接缝处及连接四角处密封处理。

162

3）联合式咬接[图 7.3.5-3（b）]连接四角处应作密封处理；

4）法兰连接[图 7.3.5-3（c）]主风管内壁处应加扁钢垫，连接处应密封。

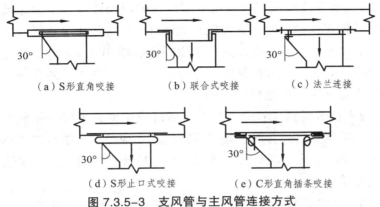

（a）S形直角咬接　　　（b）联合式咬接　　　（c）法兰连接

（d）S形止口式咬接　　　（e）C形直角插条咬接

图 7.3.5-3　支风管与主风管连接方式

11 金属风管外敷防火绝热层的防火风管安装应符合下列规定：

1）在防火绝热层与防火绝热层结合的缝隙处、管段与管段的拼接缝隙处，应涂抹板材专用防火密封胶。

2）U 形轻钢龙骨固定在金属风管的外侧，防火绝热层与 U 形轻钢龙骨连接，均应采用自攻螺钉。

3）风管与设备、风阀等连接时，宜采用角钢法兰。两法兰之间应使用密封性能良好、有一定弹性且符合相应耐火极限要求的垫料。

4）防火绝热层外侧应单独设置吊托架，其间距可参照风管吊托架间距；风管垂直安装至少有 2 个固定点，支架间距不应大于 2.4 m。

12 外表温度高于 60 ℃，且位于人员易接触部位的风管应按设计要求安装防烫伤隔离设施。

7.3.6 非金属与复合材料风管安装应符合下列规定：

1 风管连接应严密，法兰螺栓两侧应加镀锌垫圈，穿过需密封的楼板或侧墙时，除无机玻璃钢外，均应采用金属短管或外包金属套管，短管长度以两侧出楼板或墙体 100 mm 为宜，套管板厚应符合金属风管板材厚度的规定。与电加热器、防火阀连接的风管必须采用不燃材料。

2 复合材料风管的连接处，接缝应牢固，不应有孔洞和开裂。当采用插接连接时，接口应匹配，不应松动，端口缝隙不应大于 5 mm。当采用金属法兰连接时，应按设计要求对金属法兰连接处采取绝热措施。

3 风管管板与法兰（或其他连接件）采用插接连接时，管板厚度与法兰（或其他连接件）槽宽度应有 0.1 mm ~ 0.5 mm 的过盈量，插接面应涂满胶粘剂。法兰四角接头处应平整，不平度应不大于 1.5 mm，接头处的内边应填密封胶。

4 非金属风管或复合材料风管与金属风管及设备连接时，应采用"H"形金属短管作为连接件；短管一端为法兰，应与金属风管法兰或设备法兰相连接；另一端为深度不小于 100 mm 的"H"形承口，非金属风管或复合材料风管应插入"H"形承口内，并应采用铆钉固定牢固、密封严密。

5 酚醛铝箔复合材料风管与聚氨酯铝箔复合材料风管安装应符合下列规定：

1）插条法兰条的长度应与连接法兰齐平，允许偏差应为 - 2 mm ~ 0 mm，插条法兰的不平整度允许偏差宜小于或等于 2 mm。

2）中、高压风管的插接法兰之间应加密封垫或采取其他密封措施。

3）插接法兰四角的插条端头应涂抹密封胶后再插护角。

4）矩形风管边长小于 500 mm 的支风管与主风管接连时，可采用在主、支风管接口处切 45°坡口直接粘结的方式连接（图 7.3.6-1）。也可在主风管上直接开口，采用 90°连接件或采用其他专用连接件连接支风管，连接件四角处应涂抹密封胶。支风管应有 30°斜面过渡（图 7.3.6-1）。

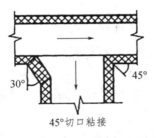

图 7.3.6-1 主风管上直接开口连接支风管方式

6 玻璃纤维复合材料风管安装应符合下列规定：

1）板材搬运中，应避免破坏铝箔外覆面或树脂涂层。

2）榫连接风管的连接应在榫口处涂胶粘剂，连接后在外接缝处应采用骑缝扒钉加固，间距不宜大于 50 mm，并宜采用宽度大于 50 mm 的热敏胶带粘贴密封。

3）风管预接的长度不宜超过 2 800 mm。

4）采用槽形插接等连接构件时，风管端切口应采用铝箔胶带或刷密封胶封堵。

5）采用钢制槽形法兰或插条式构件连接的风管垂直固定处，应在风管外壁用角钢或槽形钢抱箍，风管内壁衬镀锌金属内套，并用镀锌螺栓穿过管壁把抱箍与内套固定。螺孔间距不应大于 120 mm，螺母应位于风管外侧。螺栓穿过的管壁处应进行密封处理。

6）玻璃纤维复合材料风管在竖井内的垂直固定，可采用角钢法兰加工成"井"形套，将突出部分作为固定风管的吊耳。

7 夹芯彩钢板复合材料风管的安装应符合下列要求：

1）彩钢板复合材料风管利用专用法兰、插条等进行连接。

2）主管与支管的连接，可采用 90°连接件或其他专用连接件（图 7.3.6-2）。

3）与柔性风管的连接，可用金属条压紧柔性风管，用自攻螺钉或铆钉将其固定在风管接口四周。

4）与调节阀等有法兰的设备连接时可采用 PVC 法兰（或铝合金法兰）连接。与风口连接也可采用 F 形法兰软连接或硬连接。

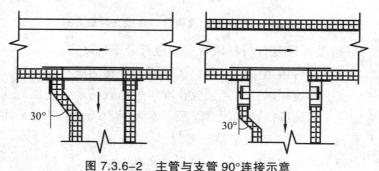

图 7.3.6-2 主管与支管 90°连接示意

8 硬聚氯乙烯、聚丙烯（PP）风管安装应符合下列规定：

1）圆形风管可采用套管连接或承插连接（图 7.3.6-3），套管的厚度及宽度应符合表 7.3.6 的规定。

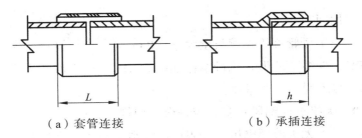

（a）套管连接　　　　　　（b）承插连接

图 7.3.6-3　硬聚氯乙烯风管连接

表 7.3.6　圆形风管连接套管厚度及宽度　　单位：mm

管径 D	D≤320	320<D≤630	630<D≤1 000	1 000<D≤1 600	D>2 000
套管厚度	3	4	5	6	8
套管宽度	60	60	70	80	100

2）圆形风管采用承插连接时，直径小于或等于 200 mm 的插口深度 h（图 7.3.6-3）宜为 40 mm～80 mm；采用套管连接时，套管长度 L（图 7.3.6-3）宜为 150 mm～250 mm，其厚度不应小于风管壁厚。粘结处应严密和牢固。

3）法兰连接时，应以单节形式提升管段至安装位置，先在支、吊架上临时定位，放好密封垫料后合拢法兰，套上带镀锌垫圈的螺栓，检查密封垫料无偏斜后，分次对称旋紧螺母，密封垫料压缩应均匀。

4）法兰连接时，宜采用软聚氯乙烯板或耐酸橡胶板垫片，垫片厚度宜为 3 mm～5 mm，风管所用的金属附件和部件，均应进行防腐处理。

5）矩形风管主管与支管连接处应加设加强板，加强板的厚度应与主风管一致；从矩形主风管接圆形干支管则应采用 45°

板立焊加固。

6）风管直管连续长度大于 20 m 时，应按设计要求设置伸缩节，伸缩节的形式执行本标准第 5.3.18 条第 7 款的规定，支管的重量不得由干管承受。

9 无机玻璃钢风管安装应符合下列规定：

1）无机玻璃钢风管外表面应光滑、整齐、不扭曲、不得有气孔及分层现象。

2）风管边长或直径大于 1 250 mm 的整体型风管吊装时不应超过 2.5 m。边长或直径大于 1 250 mm 的组合型风管吊装时不应超过 3.75 m。

3）风管连接应严密，法兰连接螺栓的两侧应加镀锌垫圈并均匀拧紧，其螺母宜在同一侧。

4）承插式风管的连接处四周缝隙应一致，内外涂的密封胶应完整。

5）加固风管的螺栓、螺母、垫圈等金属件应采取避免氯离子对金属材料产生电化学腐蚀的措施，加固后应采用与风管本体相同的胶凝材料封堵。

6）无机玻璃钢风管采用法兰连接，风管法兰端面应平行、严密，法兰螺栓两侧应加镀锌垫圈，并均匀拧紧。

7）无机玻璃钢风管安装时应适当增加支架、吊架与水平风管的接触面积。

10 玻璃纤维增强氯氧镁水泥复合材料风管安装应符合下列规定：

1）玻璃纤维增强氯氧镁水泥复合材料风管表面整洁、无挂胶，在专用胶固化后方可安装。

2）玻璃纤维增强氯氧镁水泥复合材料风管采用专用胶粘无法兰连接（图7.3.6-4）

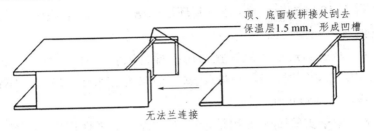

顶、底面板拼接处刮去
保温层1.5 mm，形成凹槽

无法兰连接

图7.3.6-4　无法兰连接

3）在伸缩节两端500 mm处应设置防晃支架。伸缩节与风管中间需填塞软质绝热材料并密封。

4）风管与金属横担间应有防腐蚀措施。

5）玻璃纤维增强氯氧镁水泥复合材料风管应采用粘结连接。水平安装直管段连续长度大于30 m时，应按设计要求设置伸缩节或软接头，伸缩节的制作应符合本标准第5.3.22条第5款第4项的规定。软接头长度以150 mm左右为宜。风管安装时，应在伸缩节两端的风管上设置独立防晃支吊架。支管长度大于6 m时，末端应增设防止风管摆动的固定支架。

11　风管所用的金属附件和部件应有防腐性能或做防腐处理。

7.3.7　柔性风管安装应符合下列规定：

1　柔性风管安装宜采用法兰接口形式。

2　非金属柔性风管安装位置应远离热源设备。

3　柔性风管安装后，应能充分伸展，伸展度宜不小于60%。风管转弯处其截面不得缩小。

4 金属圆形柔性风管与风管连接宜采用卡箍紧固，插接长度应大于 50 mm。当连接风管直径小于或等于 320 mm 时，应在套管端面 10 mm～15 mm 处压制环形凸槽，安装时卡箍应放置在套管的环形凸槽后面。

5 金属圆形柔性风管宜采用抱箍将风管与法兰紧固，当直接采用螺钉紧固时，紧固螺钉距离风管端部应大于 12 mm，螺钉间距应小于 150 mm。

6 用于支管安装的铝箔聚酯膜复合材料柔性风管长度宜小于 2 m，超过 2 m 的可在中间位置加装不大于 600 mm 金属直管段，总长度不应大于 5 m。风管与角钢法兰连接，应垫厚度不小于 0.5 mm 的镀锌钢板将风管与法兰紧固，见本标准图 6.3.16。

7 风管穿越建筑物变形缝空间时，应设置长度为 200 mm～300 mm 的柔性短管（图 7.3.7-1）；风管穿越建筑物变形缝墙体时，应设置钢制套管，风管与套管之间应采用柔性防水材料填塞密实。穿越建筑物变形缝墙体的风管两端外侧应设置长度为 150 mm～300 mm 的柔性短管，柔性短管距变形缝墙体的距离宜为 150 mm～200 mm，柔性短管的保温性能应符合风管系统功能要求（图 7.3.7-2）。

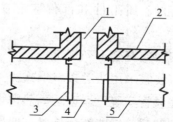

图 7.3.7-1　风管穿越变形缝空间的安装示意

1—变形缝；2—楼板；3—吊架；4—柔性短管；5—风管

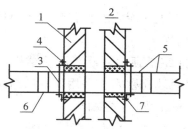

图 7.3.7-2　风管穿越变形缝墙体的安装示意

1—墙体；2—变形缝；3—吊架；4—钢制套管；5—风管；
6—柔性短管；7—柔性防水填充材料

8　风管与设备连接处设置长度为 150 mm～300 mm 的柔性
短管。柔性短管安装应松紧适当，不得扭曲。安装在风机吸入口
的柔性短管可安装得紧一些，防止风机启动后被吸入而减少截面
尺寸。

9　柔性风管弯曲形成的角度应大于 90°。可伸缩金属或非金
属柔性风管的长度不宜大于 2 m。柔性风管支、吊架的间距不应
大于 1 500 mm，承托的座或箍的宽度不应小于 25 mm，支架的设
置应保证风道最大允许下垂小于 100 mm，且不应有死弯或塌凹。

7.3.8　净化空调系统风管安装的工艺要求

1　风管安装场地所用机具应保持清洁，安装人员应穿戴清
洁工作服、手套和工作鞋等。

2　安装前，风管支、吊架已安装固定好，风管、配件及部
件内表面应擦拭干净，应无油污和浮尘。安装中途停顿或完毕时，
端口应封堵。

3　法兰垫料应采用不产尘、不易老化并具有一定强度和弹
性的材料，厚度宜为 5 mm～8 mm，不应采用乳胶海绵、厚纸板、
石棉橡胶板及油毡纸等。法兰垫料宜减少拼接，不得采用直缝对

接连接，不得在垫料表面涂刷涂料，法兰垫料接口应符合本标准第 7.3.4 条第 5 款的规定。

4 风管与洁净室吊顶、隔墙等围护结构的缝隙，使用对人无害的不燃柔性材料填充密实，并用弹性密封胶覆盖，再使用曲率半径不小于 30 mm 的圆角线封闭。

5 风管所用的螺栓、螺母、垫圈和铆钉均应采用与管材性能相适应、不产生电化学腐蚀的材料。

7.3.9 集中式真空吸尘系统风管安装的工艺要求

1 集中式真空吸尘系统管道应按设计和产品技术文件的要求布置和连接。布置应尽量短直，并采用系统配套的弯管、三通等专用配件，材料应与所在洁净室（区）具有相容性。

2 连接应保证内壁接缝严密、平顺，粘结时粘结剂不得涂抹在管内壁表面。真空吸尘系统的接口应固定在墙或地板上，并有盖帽。

3 吸尘管道的坡度宜大于或等于 5‰，坡向立管、吸尘点或集尘器，管道安装应按技术文件的要求分段和全系统进行负压检漏并应符合要求。

4 插口（吸尘口）应按设计位置安装，对高度无要求时可与电气插座等高。插口面板应平正，连接紧密，安装在洁净室的插口应加盖封堵。吸尘口与管道的连接应牢固严密。

5 真空吸尘系统弯管的曲率半径不应小于 4 倍管径，且不得采用褶皱弯管，系统三通的夹角不得大于 45°，支管不得采用四通连接。

7.3.10 风管组装和吊装的技术要求

1 风管安装依照先干管后支管的顺序，可根据施工现场的实际情况，采用部分地面组装后吊装或逐段吊装的方法。组装前按照系统编号在地面进行预拼装，检查接口质量和防止装错。

2 当采用地面组装时，吊装应选好吊点，防止因受力不当使连接件脱离、风管变形和局部凹陷。地面组装长度控制在 10 m ~ 12 m，然后用手动葫芦或升降机将风管提升到吊架上。

3 无机玻璃钢风管长边大于 1 250 mm 时，组合吊装不得超过 2 节；其他风管长边大于 1 250 mm 时，组合吊装不得超过 3 节。

4 吊装前应检查机具、吊索具和吊、锚点的安装情况，确认无误后先进行试吊，试吊离地 200 mm ~ 300 mm 后停止起吊，经观察检查确认无异常再正式起吊。若风管组装较长，起吊时各吊点上升应同步。

5 净化空调系统风管地面组装时，除立即对接的风口可拆去密封膜外，其余端口仍需保留封口。

6 无机玻璃钢风管在吊装和空中组对过程中应防止碰撞受损。

7 机具、吊索具应在被吊装风管及部件已可靠连接、找正找平和稳固安装后才能移去。

8 风管组装、连接时，端口应调正顺接，不得强扭连接。连接成形后，其高度和方向应符合设计要求，垂直度和平整度应符合观感质量验收标准，必要时对偏差进行调整。

7.3.11 风管部件安装的工艺要求

1 风帽安装应符合下列规定：

1）风帽安装高度超过屋面 1.5 m 时应设拉索固定，拉索的数量不应少于 3 根，且设置均匀、稳固，超出屋面的金属风帽应采取防雷接地措施。

2）风管穿出屋面处应设防雨装置，风管与屋面交接处应有防渗水措施，可参照图 7.3.11。

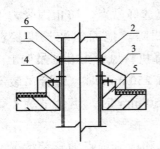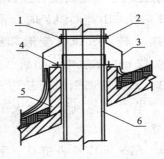

（b）风管穿过平屋面　　　　　　　　（b）风管穿过坡屋面

图 7.3.11　风管穿屋面防雨渗漏装置示意

1—卡箍；2—防水材料；3—防雨罩；4—固定支架；5—挡水圈；6—风管

　　3）不连接风管的筒形风帽，可用法兰直接固定在混凝土或木板底座上。当排送湿度较大的气体时，应在底座设置滴水盘并有排水措施。

　　2　风口安装应符合下列规定：

　　1）各类风口的安装应符合设计和产品技术文件的要求。安装应横平竖直、表面平整、严密牢固，水平安装风口的水平度允许偏差应为 3‰，垂直安装风口的垂直度允许偏差应为 2‰。X 射线发射房间的送、排风口应按设计要求安装防止射线外泄装置。

　　2）风管与风口连接宜采用法兰连接，也可采用槽形或工形插接连接。风口不应直接安装在主风管上，风口与主风管间应通过短管连接。

　　3）带风量调节阀的风口安装，应先安装调节阀框，后安装风口的叶片框。同一方向的风口，其调节装置应设在同一侧。

　　4）带有调节和转动装置的风口，安装后应保持其动作范围和灵活程度。球形旋转风口的旋转头应灵活但不得有晃动。

5）风机盘管的送、回风口安装位置应符合设计要求。当设计无要求时，安装在同一平面上的送、回风口间距不宜小于1 200 mm。

6）净化空调系统的风口安装前，应将风口擦拭干净，其风口边框与洁净室的顶棚或墙面之间应采用密封胶或密封垫料封堵严密。风口安装后，在施工期间应使用塑料薄膜封闭。

7）排烟口与送风口的安装部位应符合设计要求，与风管或混凝土风道的连接应稳固、严密。

8）吊顶风口可直接固定在装饰龙骨上，当有特殊要求或风口较重时，应设置独立的支、吊架。明装无吊顶的风口，安装位置和标高允许偏差应为10 mm。

9）洁净区内风口安装前应将油污、浮尘擦拭干净，风管边框与建筑物顶棚或墙壁装饰面应紧贴，接缝处应使用对人无害的不燃柔性材料填充密实，并用弹性密封胶覆盖。

3　风阀安装应符合下列规定：

1）风阀安装前应根据施工图核对型号、规格和安装位置及方向。

2）安装前应检查框架和阀叶，结构应牢固，不得有变形和松脱。调节、制动、定位等装置应准确灵活。

3）风阀安装应便于操作，启闭灵活，其安装方向应与阀体外壳标注的方向一致。斜插板风阀的阀板向上为开启，水平安装时，阀板应顺气流方向插入。手动密闭阀安装时，阀门上标志的箭头方向应与受冲击波方向一致。

4）防爆波活门、防爆超压排气活门安装时，穿墙管的法兰和轴线视线上的杠杆应铅垂，活门开启应朝向排气方向，在设计的超压下能自动启闭。关闭后，阀盘与密封圈贴合应严密。防爆波活门、防爆超压排气活门和自动排气活门位置的允许偏差应为 10 mm，标高的允许偏差应为 ±5 mm，框正、侧面与平衡锤连杆的垂直度允许偏差应为 5 mm。

5）电动、气动调节阀安装应保证执行机构的动作空间。安装在防火分区隔墙两侧的防火阀与隔墙表面的距离不应大于 200 mm。

6）安装完的风阀，应在阀体外壳上有明显和准确开启方向、开启程度的标志。

7）防火阀的易熔片应安装在风管的迎风侧，其熔点温度应符合设计要求。

8）除尘系统吸入管段的调节阀，宜安装在垂直管段上。

9）排烟阀手控装置的钢索预埋套管弯管不应大于 2 个，且不得有死弯及瘪陷；安装完毕后应操控自如，无卡涩现象。

7.4　质量标准

Ⅰ　主控项目

7.4.1　风管系统支、吊架的安装应符合下列规定：

1　预埋件位置应正确、牢固可靠，埋入部分应去除油污，且不得涂漆。

2　风管系统支、吊架的形式和规格应按工程实际情况选用。

3　风管直径大于 2 000 mm 或边长大于 2 500 mm 风管的支、吊架的安装要求，应按设计要求执行。

检查数量：按Ⅰ方案。

检查方法：查看设计图、尺量、观察检查。

7.4.2 当风管穿过需要封闭的防火、防爆的墙体或楼板时，必须设置厚度不小于 1.6 mm 的钢制防护套管；风管与防护套管之间应采用不燃柔性材料封堵严密。

　　检查数量：全数。

　　检查方法：尺量、观察检查。

7.4.3 风管安装必须符合下列规定：

　　1 风管内严禁其他管线穿越。

　　2 输送含有易燃、易爆气体或安装在易燃、易爆环境的风管系统必须设置可靠的防静电接地装置。

　　3 输送含有易燃、易爆气体的风管系统通过生活区或其他辅助生产房间时不得设置接口。

　　4 室外风管系统的拉索等金属固定件严禁与避雷针或避雷网连接。

　　检查数量：全数。

　　检查方法：尺量、观察检查。

7.4.4 外表温度高于 60 ℃，且位于人员易接触部位的风管，应采取防烫伤的措施。

　　检查数量：按Ⅰ方案。

　　检查方法：观察检查。

7.4.5 净化空调系统风管的安装应符合下列规定：

　　1 在安装前风管、静压箱及其他部件的内表面应擦拭干净，且应无油污和浮尘。当施工停顿或完毕时，端口应封堵。

　　2 法兰垫料应采用不产尘、不易老化，且具有强度和弹性的材料，厚度应为 5 mm ~ 8 mm，不得采用乳胶海绵。法兰垫片宜减少拼接，且不得采用直缝对接连接，不得在垫料表面涂刷涂料。

　　3 风管穿过洁净室（区）吊顶、隔墙等围护结构时，应采取可靠的密封措施。

检查数量：按Ⅰ方案。

检查方法：观察、用白绸布擦拭。

7.4.6 集中式真空吸尘系统的安装应符合下列规定：

1 安装在洁净室（区）内真空吸尘系统所采用的材料应与所在洁净室（区）具有相容性。

2 真空吸尘系统的接口应牢固装设在墙或地板上，并应设有盖帽。

3 真空吸尘系统弯管的曲率半径不应小于 4 倍管径，且不得采用褶皱弯管。

4 真空吸尘系统三通的夹角不得大于 45°，支管不得采用四通连接。

5 集中式真空吸尘机组的安装，应符合现行国家标准《机械设备安装工程施工及验收通用规范》GB 50231 的有关规定。

检查数量：全数。

检查方法：尺量、观察检查。

7.4.7 风管部件的安装应符合下列规定：

1 风管部件及操作机构的安装应便于操作。

2 斜插板风阀安装时，阀板应顺气流方向插入；水平安装时，阀板应向上开启。

3 止回阀、定风量阀的安装方向应正确。

4 防爆波活门、防爆超压排气活门安装时，穿墙管的法兰和在轴线视线上的杠杆应铅垂，活门开启应朝向排气方向，在设计的超压下能自动启闭。关闭后，阀盘与密封圈贴合应严密。

5 防火阀、排烟阀（口）的安装位置、方向应正确。位于防火分区隔墙两侧的防火阀，距墙表面不应大于 200 mm。

检查数量：按Ⅰ方案。

检查方法：吊垂、手扳、尺量、观察检查。

7.4.8 风口的安装位置应符合设计要求，风口或结构风口与风管的连接应严密牢固，不应存在可察觉的漏风点或部位，风口与装饰面贴合应紧密。X射线发射房间的送、排风口应采取防止射线外泄的措施。

检查数量：按Ⅰ方案。

检查方法：观察检查。

7.4.9 风管系统安装完毕后，应按系统类别要求进行施工质量外观检验。合格后，应进行风管系统的严密性检验，漏风量除应符合设计要求和本标准第5.4.1条的规定外，尚应符合下列规定：

1 当风管系统严密性检验出现不合格时，除应修复不合格的系统外，受检方应申请复验或复检。

2 净化空调系统进行风管严密性检验时，N1级～N5级的系统按高压系统风管的规定执行；N6级～N9级，且工作压力小于或等于1 500 Pa的，均按中压系统风管的规定执行。

检查数量：微压系统，按工艺质量要求实行全数观察检验；低压系统，按Ⅱ方案实行抽样检验；中压系统，按Ⅰ方案实行抽样检验；高压系统，全数检验。

检查方法：除微压系统外，严密性测试按现行国家标准《通风与空调工程施工质量验收规范》GB 50243附录C的规定执行。

7.4.10 当设计无要求时，人防工程染毒区的风管应采用大于或等于3 mm钢板焊接连接；与密闭阀门相连接的风管，应采用带密封槽的钢板法兰和无接口的密封垫圈，连接应严密。

检查数量：全数。

检查方法：尺量、观察、查验检测报告。

7.4.11 住宅厨房、卫生间排风道的结构、尺寸应符合设计要求，内表面应平整；各层支管与风道的连接应严密，并应设置防倒灌的装置。

检查数量：按Ⅰ方案。

检查方法：观察检查。

7.4.12 病毒实验室通风与空调系统的风管安装连接应严密，允许渗漏量应符合设计要求。

检查数量：全数。

检查方法：观察检查，查验现场漏风量检测报告。

Ⅱ　一般项目

7.4.13 风管支、吊架的安装应符合下列规定：

1 金属风管水平安装，直径或边长小于或等于 400 mm 时，支、吊架间距不应大于 4 m；大于 400 mm 时，间距不应大于 3 m。螺旋风管的支、吊架的间距可为 5 m 与 3.75 m；薄钢板法兰风管的支、吊架间距不应大于 3 m。垂直安装时，应设置至少 2 个固定点，支架间距不应大于 4 m。

2 支、吊架的设置不应影响阀门、自控机构的正常动作，且不应设置在风口、检查门处，离风口和分支管的距离不宜小于 200 mm。

3 悬吊的水平主、干风管直线长度大于 20 m 时，应设置防晃支架或防止摆动的固定点。

4 矩形风管的抱箍支架，折角应平直，抱箍应紧贴风管。圆形风管的支架应设托座或抱箍，圆弧应均匀，且应与风管外径一致。

5 风管或空调设备使用的可调节减振支、吊架，拉伸或压缩量应符合设计要求。

6 不锈钢板、铝板风管与碳素钢支架的接触处，应采取隔绝或防腐绝缘措施。

7 边长（直径）大于 1 250 mm 的弯头、三通等部位应设置单独的支、吊架。

检查数量：按 Ⅱ 方案。

检查方法：尺量、观察检查。

7.4.14 风管系统的安装应符合下列规定：

1 风管应保持清洁，管内不应有杂物和积尘。

2 风管安装的位置、标高、走向，应符合设计要求。现场风管接口的配置应合理，不得缩小其有效截面。

3 法兰的连接螺栓应均匀拧紧，螺母宜在同一侧。

4 风管接口的连接应严密牢固。风管法兰的垫片材质应符合系统功能的要求，厚度不应小于 3 mm。垫片安装前应核实垫片尺寸，安装时不应偏斜使其凸入管内和突出法兰外。

5 风管与砖、混凝土风道的连接接口，应顺着气流方向插入，并应采取密封措施。风管穿出屋面处应设置防雨装置，且不得渗漏。

6 外保温风管必需穿越封闭的墙体时，应加设套管。

7 风管的连接应平直。明装风管水平安装时，水平度的允许偏差应为 3‰，总偏差不应大于 20 mm；明装风管垂直安装时，垂直度的允许偏差应为 2‰，总偏差不应大于 20 mm。暗装风管安装的位置应正确，不应有侵占其他管线安装位置的现象。

8 金属无法兰连接风管的安装应符合下列规定：

1）风管连接处应完整，表面应平整。

2）承插式风管的四周缝隙应一致，不应有折叠状褶皱。内涂的密封胶应完整，外粘的密封胶带应粘贴牢固。

3）矩形薄钢板法兰风管可采用弹性插条、弹簧夹或 U 形紧固螺栓连接。连接固定的间隔不应大于 150 mm，净化空调系统风管的间隔不应大于 100 mm，且分布应均匀。当采用弹簧夹连接时，宜采用正反交叉固定方式，且不应松动。

4）采用平插条连接的矩形风管，连接后板面应平整。

5）置于室外与屋顶的风管，应采取与支架相固定的措施。

检查数量：按Ⅱ方案。

检查方法：尺量、观察检查。

7.4.15 除尘系统风管宜垂直或倾斜敷设。倾斜敷设时，风管与水平夹角宜大于或等于 45°；当现场条件限制时，可采用小坡度和水平连接管。含有凝结水或其他液体的风管，坡度应符合设计要求，并应在最低处设排液装置。

检查数量：按Ⅱ方案。

检查方法：尺量、观察检查。

7.4.16 集中式真空吸尘系统的安装应符合下列规定：

1 吸尘管道的坡度宜大于等于 5‰，并应坡向立管、吸尘点或集尘器。

2 吸尘嘴与管道的连接，应牢固严密。

检查数量：按Ⅱ方案。

检查方法：尺量、观察检查。

7.4.17 柔性短管的安装，应松紧适度，目测平顺、不应有强制性的扭曲。可伸缩金属或非金属柔性风管的长度不宜大于 2 m。柔性风管支、吊架的间距不应大于 1500 mm，承托的座或箍的宽度不应小于 25 mm，两支架间风道的最大允许下垂应为 100 mm，且不应有死弯或塌凹。

检查数量：按 II 方案。

检查方法：尺量、观察检查。

7.4.18 非金属风管的安装除应符合本标准第 7.4.14 条的规定外，尚应符合下列规定：

1 风管连接应严密，法兰螺栓两侧应加镀锌垫圈。

2 风管垂直安装时，支架间距不应大于 3 m。

3 硬聚氯乙烯风管的安装尚应符合下列规定：

1）采用承插连接的圆形风管，直径小于或等于 200 mm 时，插口深度宜为 40 mm ~ 80 mm，粘结处应严密牢固。

2）采用套管连接时，套管厚度不应小于风管壁厚，长度宜为 150 mm ~ 250 mm。

3）采用法兰连接时，垫片宜采用 3 mm ~ 5 mm 软聚氯乙烯板或耐酸橡胶板。

4）风管直管连续长度大于 20 m 时，应按设计要求设置伸缩节，支管的重量不得由干管承受。

5）风管所用的金属附件和部件，均应进行防腐处理。

4 织物布风管的安装应符合下列规定：

1）悬挂系统的安装方式、位置、高度和间距应符合设计要求。

2）水平安装钢绳垂吊点的间距不得大于 3 m。长度大于 15 m 的钢绳应增设吊架或可调节的花篮螺栓。风管采用双钢绳垂吊时，两绳应平行，间距应与风管的吊点相一致。

3）滑轨的安装应平整牢固，目测不应有扭曲，风管安装后应设置定位固定。

4）织物布风管与金属风管的连接处应采取防止锐口划伤的保护措施。

5）如织物布风管垂吊吊带的间距不应大于 1.5 m，风管不应呈现波浪形。

检查数量：按Ⅱ方案。

检查方法：尺量、观察检查。

7.4.19 复合材料风管的安装除应符合本标准第 7.4.18 条的规定外，尚应符合下列规定：

1 复合材料风管的连接处，接缝应牢固，不应有孔洞和开裂。当采用插接连接时，接口应匹配，不应松动，端口缝隙不应大于 5 mm。

2 复合材料风管采用金属法兰连接时，应采取防冷桥的措施。

3 酚醛铝箔复合材料风管与聚氨酯铝箔复合材料风管的安装，尚应符合下列规定：

1）插接连接法兰的不平整度应小于或等于 2 mm，插接连接条的长度应与连接法兰齐平，允许偏差应为 − 2 mm ~ 0 mm。

2）插接连接法兰四角的插条端头与护角应有密封胶封堵。

3）中压风管的插接连接法兰之间应加密封垫或采取其他密封措施。

4 玻璃纤维复合材料风管的安装应符合下列规定：

1）风管的铝箔复合材料面与丙烯酸等树脂涂层不得损坏，风管的内角接缝处应采用密封胶勾缝。

2）榫连接风管的连接应在榫口处涂胶粘剂，连接后在外接缝处应采用扒钉加固，间距不宜大于50 mm，并宜采用宽度大于或等于50 mm的热敏胶带粘贴密封。

3）采用槽形插接等连接构件时，风管端切口应采用铝箔胶带或刷密封胶封堵。

4）采用槽型钢制法兰或插条式构件连接的风管，风管外壁钢抱箍与内壁金属内套，应采用镀锌螺栓固定，螺孔间距不应大于120 mm，螺母应安装在风管外侧。螺栓穿过的管壁处应进行密封处理。

5）风管垂直安装宜采用"井"字形支架，连接应牢固。

5 玻璃纤维增强氯氧镁水泥复合材料风管，应采用粘结连接。直管长度大于30 m时，应设置伸缩节。

检查数量：按Ⅱ方案。

检查方法：尺量、观察检查。

7.4.20 风阀的安装应符合下列规定：

1 风阀应安装在便于操作及检修的部位。安装后，手动或电动操作装置应灵活可靠，阀板关闭应严密。

2 直径或长边尺寸大于或等于630 mm的防火阀，应设独立支、吊架。

3 排烟阀（排烟口）及手控装置（包括钢索预埋套管）的位置应符合设计要求。钢索预埋套管弯管不应大于2个，且不得有死弯及瘪陷；安装完毕后应操控自如，无卡涩等现象。

4 除尘系统吸入管段的调节阀，宜安装在垂直管段上。

5 防爆波悬摆活门、防爆超压排气活门和自动排气活门安装时，位置的允许偏差应为10 mm，标高的允许偏差应为±5 mm，框正、侧面与平衡锤连杆的垂直度允许偏差应为5 mm。

检查数量：按Ⅱ方案。

检查方法：尺量、观察检查。

7.4.21 排风口、吸风罩（柜）的安装应排列整齐、牢固可靠，安装位置和标高允许偏差应为 ±10 mm，水平度的允许偏差应为 3‰，且不得大于 20 mm。

检查数量：按 Ⅱ 方案。

检查方法：尺量、观察检查。

7.4.22 风帽安装应牢固，连接风管与屋面或墙面的交接处不应渗水。

检查数量：按 Ⅱ 方案。

检查方法：尺量、观察检查。

7.4.23 消声器及静压箱的安装应符合下列规定：

1 消声器及静压箱安装时，应设置独立支、吊架，固定应牢固。

2 当回风箱作为消声静压箱时，回风口处应设置过滤网。

检查数量：按 Ⅱ 方案。

检查方法：观察检查。

7.4.24 风管内过滤器的安装应符合下列规定：

1 过滤器的种类、规格应符合设计要求。

2 过滤器应便于拆卸和更换。

3 过滤器与框架及框架与风管或机组壳体之间连接应严密。

检查数量：按 Ⅱ 方案。

检查方法：观察检查。

7.4.25 风口的安装应符合下列规定：

1 风口表面应平整、不变形，调节应灵活、可靠。同一厅室、房间内的相同风口的安装高度应一致，排列应整齐。

2 明装无吊顶的风口，安装位置和标高允许偏差应为

10 mm。

3 风口水平安装，水平度的允许偏差应为 3‰。

4 风口垂直安装，垂直度的允许偏差应为 2‰。

检查数量：按Ⅱ方案。

检查方法：尺量、观察检查。

7.4.26 洁净室（区）内风口的安装除应符合本标准第 7.4.25 条的规定外，尚应符合下列规定：

1 风口安装前应擦拭干净，不得有油污、浮尘等。

2 风口边框与建筑顶棚或墙壁装饰面应紧贴，接缝处应采取可靠的密封措施。

3 带高效空气过滤器的送风口，四角应设置可调节高度的吊杆。

检查数量：按Ⅱ方案。

检查方法：查验成品质量合格证明文件，观察检查。

7.5 成品保护

7.5.1 运输和安装不锈钢板、铝板风管时，应避免划伤风管表面，安装时尽量减少与其他金属接触。必要时用厚纸板、塑料薄膜等保护风管。

7.5.2 运输和安装铝箔复合材料风管，应保护风管表面不被损坏，被损坏处应使用密封胶或铝箔胶带修复。

7.5.3 运输和安装风阀，应防止碰撞和受力不当使叶片和执行机构变形。

7.5.4 安装完的风管要保证表面平整清洁，绝热风管表面完好无损坏。暂时停止施工的风管系统，应将风管敞口封闭，防止杂物进入。净化系统风管应防止二次污染现象，必要时应采取保护措施。

7.5.5 严禁以风管作为支、吊架或当作跳板，不应将其他支、吊架焊在或挂在风管法兰或风管支、吊架上。严禁在风管上踩踏，堆放重物，不应随意碰撞。

7.5.6 风管上空进行油漆、粉刷等作业时，应对风管采取遮盖等保护措施。

7.5.7 非金属与复合材料风管码放总高度不应超过 3 m，上面应无重物，搬运时应采取防止碎裂的措施。无机玻璃钢和硬聚氯乙烯、聚丙烯（PP）风管应在其上方有动火作业的工序完成后才能进行安装，或者在风管上方进行有效遮挡。

7.6 安全及环境保护

7.6.1 根据现场施工具体情况，执行本标准第 5.6 节相关条文的规定。

7.6.2 进入施工现场的人员必须按规定穿戴劳动保护用品，戴好安全帽。在高于同层地面 2 m 以上作业时，必须系好安全带。

7.6.3 凡患有高血压、心脏病、贫血症、癫痫病和有恐高症的人员不得从事高空作业。

7.6.4 上下传递物品不得抛投，小件工具要放在随身戴的工具包内，不得任意放置，防止坠落伤人或丢失。

7.6.5 高处作业应按规定轻便着装，严禁穿硬底、铁掌等易滑的鞋。高处作业所使用的梯子不得有缺档，不得垫高使用。使用斜搭梯和人字梯必须有人扶梯，下端应采取防滑措施。人字梯中间应拉控制绳。

7.6.6 安全带挂点尽量靠近作业位置，必须有足够的坠落净空，挂点牢固、可靠。

7.6.7 屋面风管，风帽安装时，应对屋面上的露水、霜、雪、青苔等采取防滑保护措施。

7.6.8 风管及部件吊装前，应检查吊、锚点的强度和绳索的绑扎是否符合吊装要求，并经试吊确认无异常后才能正式起吊。吊装风管时，两端起吊速度应同步，严禁人员站在被吊装风管下方。风管上严禁站人。

7.6.9 风管安装流动性大，对电源线路不得随意乱接乱用，应设专人对现场用电进行管理。

7.6.10 风管内的施工照明，必须使用不超过 36 V 的安全工作灯。

7.6.11 现场脚手架搭设完毕应经验收合格后方可使用。

7.6.12 支、吊架涂漆时不得对周围的墙面、地面、工艺设备造成二次污染，必要时覆盖塑料薄膜保护。

7.6.13 胶粘剂应正确使用、安全保管。粘结材料采用热敏胶带时，应避免热熨斗烫伤，过期或废弃的胶粘剂不应随意倒洒或燃烧，废料应集中堆放，及时清运到指定地点。

7.6.14 玻璃钢风管现场修复或风管开孔连接风口，硬聚氯乙烯、聚丙烯（PP）风管开孔或焊接作业时，操作位置应设置通风设备，作业人员应按规定穿戴防护用品。

7.7 质量记录

7.7.1 质量记录应包括下列内容：

1 施工日志 SG-003；

2 技术核定单 SG-004;

3 技术交底 SG-006;

4 图纸会审记录 SG-007;

5 风管系统安装工程检验批质量验收记录（空调系统）SG-A048;

6 风管系统安装工程检验批质量验收记录（送、排风，防、排烟系统）SG-A049;

7 风管系统安装工程检验批质量验收记录（净化空调系统）SG-A050。

7.7.2 本标准第 7.7.1 条中未涵盖的质量记录表格，可参照现行国家标准《通风与空调工程施工质量验收规范》GB 50243 或四川省《建筑工程施工质量验收规范实施指南》表格的格式自行设计。

8 风机与空气处理设备安装

8.1 一般规定

8.1.1 设备开箱检查应执行本标准第 4.4 节的有关规定，开箱检查应妥善保护易损部件。

8.1.2 设备基础验收和现场准备应符合本标准第 3.2 节和第 4.1 节的有关规定。

8.1.3 设备的搬运与吊装应事先与总包单位协商，做好预留运输通道和吊装工位的准备工作。

8.1.4 设备的搬运与吊装必须符合设备技术文件的规定，吊装应合理选择吊点，并应做好防护工作，防止因搬运或吊装造成设备损坏和伤人事故。

8.1.5 搬运与吊装应由起重工负责操作。严禁超载使用搬运与吊装机具和索具。

8.2 施工准备

8.2.1 技术准备应符合下列要求：

    1 施工技术资料的准备应符合本标准第 3.1.1 条第 1 款的规定。

    2 技术人员应熟悉施工图、设计说明和设计变更文件，以及风机与空气处理设备安装有关技术资料和施工质量验收规范。

    3 技术交底执行本标准第 3.1.2 条第 2 款和第 7.2.1 条第 6 款的规定

4 设备开箱检验已按本标准第 4.4 节的规定实施，并做好设备开箱检验记录。

5 大型设备的现场搬运与吊装应编制转运方案，并制定详细的安全保证措施。利用建筑结构吊装时，必须进行详细的结构承载力计算，并应征得原建筑结构设计单位同意。吊装方案应提交监理工程师书面签认。

6 净化空调设备和洁净室安装应制定合理的施工程序和工艺方法，确保系统的洁净度和严密性。

7 对新技术、新工艺等，必须对操作人员进行培训。

8.2.2 作业条件应符合下列要求：

1 现场应有设备安装作业条件。

2 设备基础、预留孔和预埋件的尺寸与位置正确并通过验收，基础强度达到设备安装要求。

3 施工现场的准备还应执行本标准第 3.2.2 条和 3.2.3 条的规定。

4 设备运输和作业人员通道畅通，并有可靠的安全保证措施。

5 现场组装的空气处理设备（如装配式洁净室、袋式除尘器、电除尘器等），还应根据施工要求准备构、部件的矫正、组装和倒运场地。

6 设备安装符合施工组织设计的程序，相关分项工程满足设备安装要求。

7 安全、防护措施执行本标准第 5.2.2 条第 11 款的规定。

8.2.3 施工材料应符合下列要求：

1 风机与空气处理设备安装的材料进场验收应符合本标准第 3.3 节的规定。

2 减振器（垫）应使用设备配套产品。无配套产品时，选用的减振器（垫），其规格、材质和单位面积承载力应满足使用环境及设备工作荷载的要求，并应征得监理工程师的同意。

3 密封材料应根据设计和设备技术文件的要求，核对材质和物理及化学性能指标；垫板和密封条的厚度或直径应均匀，表面无皱皮和裂痕。

4 粘结胶与密封胶的技术参数应符合设计和设备技术文件的要求，并应在有效期内使用。

5 清洗剂应根据被清洗件的材质和被去除物的性质选用，并满足现场劳动和环境保护的要求。

6 擦拭净化空调设备的清洗剂不能腐蚀设备表面涂料。擦拭布料应使用不掉纤维的白色长丝纺织材料。

8.2.4 风机与空气处理设备安装的施工机具及检测工具应包括内容：

1 主要施工机具应包括空气压缩机、电钻、冲击电钻、手提砂轮机、台式砂轮机、台钻、电焊设备、气焊设备、卷扬机、门式提升架、液压升降平台、桅杆、叉车、平板车、拖排、滑轮、倒链、皮老虎、钢丝钳、钢锯、手锤、木槌、各种吊索具、各种扳手等。

2 主要测量检验工具应包括游标卡尺、百分表、千分表、塞尺、经纬仪、水准仪、液体连通器、角尺、钢直尺、钢卷尺、框式水平尺、等高块、线坠等。

3 单元式空调机安装需要进行制冷系统吹扫、试压、抽真空、检漏等工序时，还应配置压力表、大气压力表、真空泵、测温计、U 型压力计、卤素检漏仪等机具及检测工具。

4 现场施工机具及检测工具的使用应符合本标准第 3.4 节的规定。

8.3 施工工艺

I 通风机安装工艺

8.3.1 通风机安装应按图 8.3.1 的工序进行。

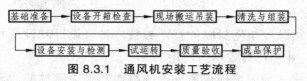

图 8.3.1 通风机安装工艺流程

8.3.2 基础准备应符合下列规定：

1 采用垫铁和地脚螺栓固定的风机，垫铁和地脚螺栓的使用应符合设备技术文件和本标准第 4.2 节的规定。斜垫铁的斜度宜为 1/20 ~ 1/10，同组垫铁之间的接触应良好。

2 当风机采用减振方式安装时，基础抹面应平整，并与减振器（垫）底面接触良好。

3 对可调型减振器，基础标高必须保证设备安装定位后，减振器还有调节余量。

4 排烟系统与通风系统共用的风机应使用不燃材料的减振装置。不同种类的风机临近安装时，不得有风短路的现象。

5 在墙洞内安装的轴流风机，应在土建施工时按设计位置和标高配合做好预留孔洞和预埋件。

6 屋顶轴流风机的基础必须高出屋面，并应采用预埋地脚螺栓。基础施工应做好防渗漏处理。

8.3.3 设备开箱检查验收应符合下列要求：

1 风机的结构型式，进、出风口方向，叶轮旋转方向，以及主要安装尺寸均应与设备技术文件和施工图一致。整体出厂的风机，风口应有盖板遮盖。

2 风机外露各加工面应无锈蚀，主要零部件和机壳应无碰伤和明显变形。

3 核对风机配套电动机的规格与型号，应符合设备技术文件的规定。

8.3.4 现场搬运与吊装应符合下列要求：

1 整体运输的风机，搬运和吊装的吊、索具不得捆扎在风机轴或机壳及轴承上盖的吊环上。与机壳边缘接触的吊、索具，在棱角处应垫柔软材料，防止磨损机壳和切断绳索。

2 解体运输的风机，吊、索具捆扎不得损伤机件表面。叶轮和轴的安装配合表面，轴颈、轴封及测振部位等处均不得作为捆扎位置。

3 搬运时不应将叶轮和转子直接在地面上滚动或移动，其他部件也不得直接在地面上拖动。

4 搬运、吊装风机叶轮和薄壁壳体等构件应防止变形。

8.3.5 清洗与组装应符合下列规定：

1 需要现场拆装的风机，拆卸、清洗、检查和组装应符合设备技术文件及现行国家标准《机械设备安装工程施工及验收通用规范》GB 50231 和《风机、压缩机、泵安装工程施工及验收规范》GB 50275 的规定。

2 对滚动轴承中变质变硬的润滑脂应剔除，并用煤油清洗干净，严禁使用硬物剔刮划伤滚道和滚动体。清洗后的风机滚动轴承应转动轻快。

3 风机轴承现场安装应符合设备技术文件和现行国家标准《机械设备安装工程施工及验收通用规范》GB 50231 的规定。风机滑动轴承的装配技术要求可执行本标准附录 C 的规定。

4 输送特殊介质的风机叶轮和机壳的内表面如果涂有保护层，应严加保护，在搬运、拆卸、清洗、检查和装配过程中均不得损伤。

5 用汽油和碱水清洗后的切削加工面应涂机油防锈。复验中发现的轻度损伤和锈蚀应予以修复。

6 风机的润滑、密封和冷却系统管路应清洗干净，系统受压部分应按设备技术文件规定作严密性试验。现场配制的管道应先除锈并清洗干净后再连接。

7 离心式风机集流器与叶轮的间隙应均匀，集流器与机壳结合牢固、严密。集流器与叶轮的轴向重叠段 a 值和径向间隙 b 值应符合设备技术文件的规定（图 8.3.5），无规定时，a 值应为叶轮外径的 8‰ ~ 12‰，b 值应为叶轮外径的 1.5‰ ~ 4‰，且分别均匀。高温风机应按设备技术文件的要求预留热膨胀量。

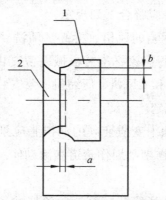

图 8.3.5 集流器与机壳安装间隙示意图

1—叶轮；2—集流器

8　轴流风机应使用 5 倍以上放大镜检查动叶片根部，不得有裂纹等无损伤；叶片的紧固螺母应无松动，叶片的安装角度应符合设备技术文件的规定，其偏差不应大于 ±2°。拆、装叶片均应按标记进行，不得装错和互换。风机转子部件的连接螺栓应按设备技术文件规定的力矩拧紧。

9　轴流风机叶轮与机壳的径向间隙应均匀，其值应为叶轮直径的 1.5‰～3.5‰。叶片的手动和自动调节范围应符合设备技术文件的规定；可调动叶片在关闭状态下与机壳间的径向间隙应符合设备技术文件的规定；无规定时，其间隙值宜为转子直径的 1‰～2‰。

10　轴流风机清洗后的可调叶片调节机构应动作灵活，并在静态下检查其调节功能。调节角度范围、安全限位和角度指示，应符合设备技术文件的要求。叶片角度指示刻度与叶片实际角度的允许偏差为 ±1°。

11　风机重新装配后，手动转动叶轮应平稳、轻快，与机壳不发生摩擦。每次转动后叶轮不应停止在同一个位置上。

12　风机使用的润滑剂应符合设备技术文件的规定。

8.3.6　风机安装固定应符合下列规定：

1　风机的安装精度应符合表 8.3.6 的规定，风口位置和方向应与施工图一致。轴流风机安装水平度偏差和垂直度偏差均不应大于 1‰。

表 8.3.6　通风机安装允许偏差

项次	项目		允许偏差	检验方法
1	中心线的平面位移		10 mm	经纬仪或拉线和尺量检查
2	标高		±10 mm	水准仪或水平仪、直尺、拉线和尺量检查
3	皮带轮轮宽中心平面偏移		1 mm	在主、从动皮带轮端面拉线和尺量检查
4	传动轴水平度		纵向 0.2‰ 横向 0.3‰	在轴或皮带轮 0°和 180°的两个位置上，用水平仪检查
5	联轴器	两轴芯径向位移	0.05 mm	采用百分表圆周法或塞尺四点法检查验证
		两轴线倾斜	0.2‰	

2　风机直接在基础上安装时，垫铁与基础、机座，以及垫铁之间应接触良好。地脚螺栓孔和基础二次灌浆应符合设备技术文件和本标准第 4.2 节的规定。

3　风机采用减振方式安装时可执本标准第 4.3 节的安装工艺。

4　安装在室外的电动机必须设置防雨罩，防雨罩应能保护电动机输出轴与机体的间隙不受任何方向的雨淋和雨水渗入。

5　固定风机的地脚螺栓必须拧紧并有防松装置。防松装置可以使用防松螺母、双螺母或加装弹簧垫圈。

6　风机的进、出口风管应由支、吊架承重，重量不应落在风机上。支、吊架应与基础或其他建筑结构连接稳固。风管与风机应采用柔性短风管连接。

7　风机用支架在墙、柱上安装时，支架应按施工图或标准图制作和固定。严禁用膨胀螺栓固定支架。安装时支架横梁用水平尺找平，位置和标高应符合图纸设计要求。风机与支架之间应按设计要求使用减振器，或垫 4 mm～5 mm 的橡胶垫板。

8 吊装安装的风机，应配合土建施工，使减振吊架的吊杆座与建筑稳固固定，严禁使用铅直方向的膨胀螺栓固定吊杆座。

8.3.7 风机传动装置安装应符合下列规定：

1 用三角皮带传动的风机，其电动机和滑轨的找正找平应以安装好的风机为基准。电动机和滑轨的安装固定应符合设备技术文件的规定，滑轨的安装方向不能装反。用方水平仪在电机轴上或横跨滑轨上表面测量横向水平度，允许偏差应不大于 0.1‰。

2 风机轴和电机轴中心线的平行度及两个皮带轮轮宽中央平面的重合度采用拉线法测量（图 8.3.7）。拉线通过风机皮带轮轮缘上 A、B 两点，调整滑轨位置使电动机皮带轮轮缘上 C、D 两点与 A、B 两点在一条直线上，测量 a 值应不大于 1 mm；$\tan\theta$ 应不大于 0.5‰。测量时应对两轮皮带槽与轮边边缘宽度的偏差进行修正。

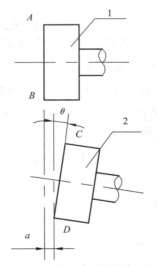

图 8.3.7 皮带轮安装找正示意图

1—基准轮；2—调整轮

3 滑轨的地脚螺栓二次灌浆后，二次灌浆混凝土达到设计强度的 75%以上之后才能拉紧传动皮带。

4 风机与电动机用联轴器传动时，两轴线的倾斜和径向位移应符合本标准表 8.3.6 的规定。测量方法可参照本标准附录 B。

5 通风机传动装置外露部分的防护罩，风机直通大气的进、出口处的防护网或其他安全保护装置，应安装稳固。

6 风机附属控制设备和仪表安装应符合设备技术文件的要求。

Ⅱ　组合式空调机组安装工艺

8.3.8 组合式空调机组安装应按图 8.3.8 的工序进行。

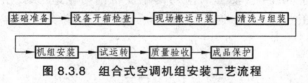

图 8.3.8　组合式空调机组安装工艺流程

8.3.9 基础准备应符合下列要求：

1 基础四周宜设置浅排水明沟，在最低处引至排水管或地漏。基础在地坪上的高度应满足水封安装要求。

2 空调机组采用垫铁和地脚螺栓在基础上安装时，垫铁和地脚螺栓的设置应符合设备技术文件和本标准第 4.2 节的规定。

3 机组采用减振器（垫）安装时，基础应符合设备技术文件和本标准第 4.3 节的规定。

4 基础四周应留有检修通道。在操作面与外接管一侧应有满足安装和维修的足够空间。

8.3.10 设备开箱检查验收应符合下列要求：

1 对照设备安装图，根据操作和配管位置核对接管方向。

各段功能、规格和排列顺序应与图纸和空气处理工艺流程相吻合。

2 段体内安装的设备与部件应无缺损和锈蚀。与段体分离运输的设备和部件，其安装尺寸应与段体内安装位置一致。

3 对消声段和已装有滤料的过滤段，检查验收合格后应及时安装，对暂不安装的消声段和过滤段，应使用塑料薄膜封闭敞口。

4 段体内安装的风机，应取下活动面板，或打开检查门进入段体内检查。风机的清洗与检查执行本标准第 8.3.5 条的规定。风机的减振装置，风机与风口之间的柔性连接风管应安装可靠。

5 段体开箱检查时宜保留包装底座，以便现场搬运与吊装。

8.3.11 现场搬运与吊装应符合下列要求：

1 段体不得采用在地面拖拉或撬杠撬动的方式水平移动，可采用板车或拖排运输。

2 吊装时吊、索具应绑扎在段体专用吊点上，无专用吊点时绑扎点应设在底座上。斜吊时应设置水平拖绳。

3 搬运与吊装均不得使段体变形，不得损坏设备表面和内部机件。

8.3.12 表面式换热器复验应符合下列要求：

1 表面式换热器应有出厂合格证书，如果在设备技术文件规定的保证期内，外表面无损伤，安装前可以不做水压试验，否则应做水压试验。水压试验的压力应符合设备技术文件的规定。

2 表面式换热器与段体框架之间、或表面式换热器相互之间的缝隙应使用密封材料封堵压紧，防止漏风。换热器上碰歪的翅片应予以校正。用于加热器的密封垫料应使用设备技术文件指定的耐热不燃或难燃材料。

3 表冷段凝水盘应作灌水试验，凝水盘与凝结水排出管的连接应可靠无渗漏，凝水管排水应畅通。

8.3.13 喷淋段复验应符合下列要求：

1 对有喷淋段的空调机组，喷淋段前后挡水板的折角、折数，喷水管和喷嘴的排列、方向、规格等应符合设备技术文件的规定，喷嘴不得漏装。

2 喷淋段水池安装前应做煤油渗漏试验或灌水试验，试验合格后应按设备技术文件的要求进行防锈处理。

3 喷淋段内壳体壁板与壁板之间、壁板与水池之间的拼接应顺水流方向，严密不渗水。

4 挡水板安装稳固，无变形和破坏，挡水板与喷淋段内壁板之间应接合严密，防止漏风带水。

8.3.14 过滤器复验应符合下列规定：

1 过滤器滤料应无破坏和污染，过滤器边框与段体安装框之间垫片应完好不漏风，垫片接缝应采用梯形或榫形方式拼接。垫料应符合设备技术文件的规定，无规定时可采用闭孔海绵橡胶板或氯丁橡胶板。垫料压缩率为 25% ~ 30%。

2 自动卷绕过滤器的卷绕机构应转动灵活。段体内部和挡料栏、滤料滑槽等部件应清扫擦拭干净。挡料栏应平滑无飞边毛刺。

3 自动卷绕过滤器的上下料筒安装应平行，滤料安装后应平整并松紧适度。

8.3.15 机组安装应符合下列规定：

1 各段体安装前应清扫干净。换热器和微穿孔板消声器用压缩空气吹净。其他部位可采用压缩空气吹扫，或采用擦拭方法清洁。清扫过滤段应取下滤料。

2 先安装施工图设计给出定位尺寸的段体，然后分左右逐一将各段体抬上基础或机座后找正找平。

3 有喷淋段的空调机组，以水泵基础定位，先安装喷淋段，再组装两侧其他功能段。

4 段体在型钢底座上安装时，应先对型钢底座找正找平，变形的底座应先矫正。对已经与段体连接的底座，拼接时应首先保证段体接缝的质量。

5 各段体在基础上的安装位置、标高和固定方式应符合设计和设备技术文件的规定。多套空调机组安装时，不得将各机组的段体和机内设备互换装错。

6 各段体之间的密封垫料应使用随机提供或设备技术文件指定的材料。电加热器段与相邻段之间的密封垫料应采用耐热不燃材料。

7 机内过滤器的安装方向应正确。舒适性空调系统的机内过滤器，宜在风机试运行之后，风量测试与调节之前安装。

8 安装完的空调机组各功能段之间连接应牢固、严密，整体应平直，检查门开启灵活，关闭严密。

9 机组新、回风调节阀和机内风阀的动作和行程应符合设备技术文件的规定，传动与调节灵活可靠。

10 段体与段内设备分别包装运输的大型装配式空调机组，安装时宜先将空段体组装就位再安装段内设备。设备复验与安装宜配合进行。

11 机组与风管采用柔性短管连接时，应执行本标准第 7.3.7 条的规定。使用的柔性短管应符合设计对风管系统的防火与绝热性能要求。

12 机组与水管宜采用橡胶柔性短管连接；机组冷凝水排出管应按设备技术文件的要求设置水封。

13 现场组装的空调机组应做漏风检测试验，检测应符合现行国家标准《通风与空调工程施工质量验收规范》GB 50243 的规定。漏风量及漏风率应符合现行国家标准《组合式空调机组》GB/T 14294 的规定。通用机组在 700 Pa 静压下，漏风率不应大于 2%；净化空调系统机组在 1000 Pa 静压下，漏风率不应大于 1%。

Ⅲ　单元式空调机安装工艺

8.3.16 单元式空调机安装应按图 8.3.16 的工序进行。

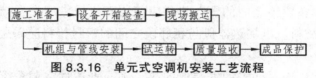

图 8.3.16　单元式空调机安装工艺流程

8.3.17 施工准备应符合下列规定：

1 详细了解空调机内的设备组成、性能特点和工作流程。熟悉设备技术文件对空调机的安装技术要求。

2 空调机的基础构造和固定方式应符合设备技术文件的要求。安放减振垫的基础平台抹面应平整。沿平台对角线测量，水平度偏差应不大于 5‰，全长应不大于 10 mm。

3 分体式空调机的室外机宜避开西晒，附近不应有强热源和其他设备的排气口，机组遮阳不应影响散热。风冷式机组排风口 3 m 范围内不应有阻挡吹出气流的障碍物。在盛行季风的地区，室外机排风口应与主导风向垂直。

4 室内机按照设计规定，或根据机型和用户要求确定安装位置，并保证室内有良好的气流形态。室内机不应受到阳光直射。

5 机组四周空间，室内机与室外机的高度差和距离，均应符合设备技术文件的规定。

8.3.18 设备开箱检查

1 机组应尽量靠近安装地点开箱。分体式空调机或分段装箱运输的机组，开箱检查与安装应同时进行。

2 机组的操作面板与风口，冷却水和热媒进、出管口，分体式空调机的室内机与室外机的制冷剂液管、气管口，冷凝水管口等，其方位均应与设计一致。

3 制冷系统充有保护性气体时，应检查压力表的示值判定有无泄露情况。若表压低于设备技术文件规定值时，说明保护气体泄漏，应进行检漏。

4 检查机箱内设备和部件的减振和固定装置，应安装可靠，不得有漏装、错装和松动等故障。

5 检查电机与风机传动系统。用手转动风机，风机叶轮应转动灵活，不得与机壳发生摩擦。

6 分体式空调机的室内机和室外机，或分段运输的机组压缩冷凝段与蒸发段，其制冷剂液管、气管连接口的管堵必须在连接时才能打开。

8.3.19 现场搬运应符合下列要求：

1 空调机在搬运过程中应小心轻放，防止剧烈冲击和震动，其倾斜角度不得超过设备技术文件的规定。

2 机组搬运与吊装不得使箱体变形，应防止损坏机内设备和破坏机内系统的严密性与洁净度。

3 屋顶式空调机吊装应与土建单位协调，尽量利用塔吊吊装就位。当必须在屋顶设置吊装机具时，应仔细计算建筑结构受力点的强度并获得土建单位与监理工程师的认可。

8.3.20 机组与管线安装应符合下列规定：

1 分体式空调机应根据室内外机制冷剂液管、气管的接管位置，以保护套管的外径钻出墙孔。墙孔室外孔口应比室内孔口低 5 mm ~ 7 mm，以防雨水进入。套管下料应使墙外侧略伸出 5 mm ~ 10 mm，套管与墙体之间的缝隙应密封，内侧装好护板。

2 分段装箱运输的机组，压缩冷凝段与蒸发段的制冷剂液管、气管连接应在压缩冷凝段与蒸发段段体连接并找正找平固定后进行。

3 当室内机和室外机的上下高度差较大时，应按照设备技术文件的要求，在回气管上设置存油弯和回气管水平段坡向压缩机的坡度。

4 充氮气保护机组的室内机与室外机（或压缩冷凝段与蒸发段）的制冷剂液管、气管连接前，应按规定压力用干燥的氮气对冷凝器和蒸发器进行吹扫，无规定时吹扫压力为 0.6 MPa。连接管也应清洗并用氮气吹扫干净。

5 制冷剂液管、气管应按设备技术文件规定的方式连接，连接后应进行的系统气密性试验、真空试验和制冷剂检漏，技术数据应符合产品技术文件和国家现行标准的有关规定。

6 已充注制冷剂的机组，室内机或蒸发段排出空气应按照设备技术文件的规定操作。不得随意利用放制冷剂排空气。

7 VRV 系统的制冷剂液管、气管使用的铜管不得有压扁、折弯和超过管壁厚度 5%的划痕。分支接头或集管应设置在易于检修的位置。配管应整齐，应排列有序，并尽量缩短长度。

8 紫铜管连接宜使用专用承口管件和弯头。紫铜管退火扩制承口或热弯后应去除管内壁氧化膜。弯制铜管不得出现折弯和皱褶，扩制承口应保持同心，并不得开裂。

9 配管切断后的端口应去毛刺，粉末不得进入管内。安装前管内应清洁除污。清洁后的端口应及时用塑料膜包裹保护。

10 与室内分机连接的配管，分支接头或集管的规格应严格按设备技术文件的规定使用。

11 分支接头或集管的引入管侧和出口管侧，均应有不小于 500 mm 的直管段，分支集管必须水平安装。

12 铜管配管采用钎焊连接的接口，其间隙和插入深度应符合钎焊的工艺要求。无要求时执行本标准表 9.3.29-2 的规定。

13 铜管扩口应迎介质来向，钎焊时宜先用氮气置换配管内空气，然后在保持不大于 0.02 MPa 的送气状态下焊接，直至作业完成后，焊点温度降至常温。

14 制冷剂铜管配管的同时应按设备技术文件的规定进行绝热施工，连接部位绝热施工应在管道气密性试验合格后进行。

15 制冷剂配管超过机组规定长度时，应根据配管增加的长度，按设备技术文件的规定增补制冷剂和润滑油。

16 机外冷却水管和热媒管道必须冲洗干净后才能与机组管口相连，应采用金属软管减振和调节对口偏差。

17 风管的重量不得由机组承担。机组进、出风口与风管之间宜设置软风管连接。

18 冷凝水排出管不得有中部凹型，并以不小于 8‰的坡度坡向排水点。当长度超过 3 m 时应设置管支架。冷凝水排出管应按设备技术文件要求设置水封。冷凝水排出管安装后应做通水试验，合格后按要求设置绝热层。

Ⅳ 空气热湿交换设备安装工艺

8.3.21 空气热湿交换设备安装应按图 8.3.21 的工序进行。

开箱检查 → 设备安装 → 试运转 → 质量验收 → 成品保护

图 8.3.21　空气热湿交换设备安装工艺流程

8.3.22　转轮式换热器安装应符合下列规定：

1　转轮式换热器开箱检查，其规格和型号应与设计一致。箱体不得有变形和锈蚀，轮芯无破损、污染和偏斜。

2　转轮与外壳及清洗扇（扇形器）应无摩擦。分隔板安装稳固、严密。仔细检查装于圆周方向及中间隔断的密封，应有效地限制气流旁通或气流间的相互串风。

3　换热器安装位置和接口方向应符合设计规定。转轮式换热器的清洗扇应在送风、回风侧（图 8.3.22），不得装反。

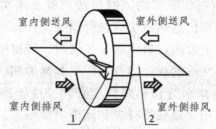

室内侧送风　　　室外侧送风

室内侧排风　　　室外侧排风

1　　　2

图 8.3.22　转轮式换热器清洗扇位置图

1—清洗扇；2—分隔板

4　传动皮带与转轮和电机的皮带轮槽应贴合良好，松紧适度无斜拉。试运行之前应先脱开传动装置，手动检查转轮，应转动灵活，与外壳、分隔板无摩擦、卡塞等现象。

5　电机试运行 10 min～15 min，应无异常现象。电机试运行后将传动装置复位。第一次试运行时间 3 min～5 min，电机工作电流应正常，传动机构工作平稳，无异常振动和声响。

6　在清洗扇一侧，应使转轮由回、排风区转向新、送风区

208

（图 8.3.22）。根据使用回风情况，按照设计和设备技术文件要求调定新、排风比例。

7 第一次试运转后应停机检查传动装置和连接及紧固部位，无异常后连续运转 1 h～2 h，电机的运行功率及轴承温升均应符合设备技术文件的规定。

8 转轮式换热器转轮驱动电机与排风风机有连锁装置时，应试验连锁装置。对编程控制的机组，单机试运行及系统非设计满负荷条件的联合试运转调试与参数设定，应在设备供应商的专业技术人员指导下进行。

8.3.23 转轮除湿机安装应符合下列要求：

1 转轮除湿机本体可执行本标准第 8.3.22 条第 1 款、第 2 款的规定开箱检查。

2 处理风机与电机、再生风机与电机、处理空气过滤器、再生空气过滤器、再生空气加热器等设备，其规格、型号应与设备技术文件和装箱清单一致，且无损坏。

3 组装式转轮除湿机应先装转轮段体，然后安装两侧段体和设备。机组安装位置和接口方向应符合设计规定。安装时应保护转轮纸芯不受损坏和污染。处理空气与再生空气分隔板应尽量靠近转轮，间隙均匀无摩擦。

4 转轮除湿机试运行可执行本标准第 8.3.22 条第 4 款、第 5 款、第 7 款的规定。

8.3.24 热管式热回收装置安装应符合下列要求：

1 热管式热回收装置安装前应核查型号和性能参数。检查热管应无损坏和工质泄漏；冷、热端之间的隔板安装稳固，密封良好。

2 热管式热回收装置水平安装时，应按照设备技术文件的规定调整高、低温侧的高度差。

8.3.25 板式热交换器安装应符合下列规定：

1 板式热交换器安装前检查流程组合与接管位置，应符合设计要求。

2 板式热交换器吊装应在设备技术文件指定的专门吊耳上受力，吊、索具不得挂在接管、定位横梁、夹紧螺栓或导杆上。

3 水管与板式热交换器连接前应进行清洗，风管连接前应进行吹扫。

4 压紧板接管法兰密封面应垂直于接管中心线，其偏差不得超过法兰外径的 1%（法兰外径小于 100 mm 时，按 100 mm 计算），且不大于 3 mm。

5 运行前检查板式热交换器压紧尺寸，应符合设备技术文件规定。调节螺栓夹紧活动压紧板时，两压紧板间的平行度偏差应不大于设备技术文件规定值。

8.3.26 空气热湿交换设备安装完毕后的停顿期应封闭设备所有孔口。

8.3.27 蒸汽加湿器安装应符合下列要求：

1 蒸汽加湿器在空调机上的安装应符合设备技术文件的规定，与空调机壁板安装孔稳固固定，密封良好。

2 在风管上安装时，加湿器喷汽管宜水平安装。加湿器应设独立支架，或对风管壁板采取加厚和加固措施。

3 蒸汽管必须在试压、冲洗或扫管后才能与加湿器连接。蒸汽管试压应符合设计和现行国家标准《建筑给水、排水及采暖工程施工质量验收规范》GB50242 的规定。

V 风机盘管安装工艺

8.3.28 风管盘管机组安装应按图 8.3.28 的工艺进行。

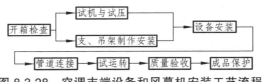

图 8.3.28 空调末端设备和风幕机安装工艺流程

8.3.29 风机盘管机组开箱检查外观无损伤和锈蚀，机壳绝热层无破坏，供、回水管管端螺纹完好，风机、电机及凝水盘等部件在箱体上安装稳固。

8.3.30 风机盘管机组进场时应进行见证取样送检复验，复验应符合现行国家标准《建筑节能工程施工质量验收规范》GB 50411 的规定。

8.3.31 风机盘管机组安装前宜进行单机三速试运转及水压检漏试验。试运转及检漏试验应符合以下规定：

1 试运转之前用绝缘电阻仪测量绝缘电阻，应符合设备技术文件的规定，无规定时，绝缘电阻不得小于 2 MΩ。

2 试运转时风机盘管机组临时固定应可靠。试运转依照手动、点动、运行的步骤进行。在所有风机转速挡上各启动运转 2 次 ~ 3 次，在高速挡运转应不少于 10 min，每次启动应在电动机停止转动后再进行。

3 在所有风机转速档上，要求均能正常启动运转，风机与电机运转平稳，方向正确，无异常噪音。电机启动电流和工作电流符合设备技术文件的规定。

4 盘管应按设计和设备技术文件规定进行水压试验。无规定时，试验压力应为系统工作压力的 1.5 倍，试验观察时间应为 2 min，不渗漏为合格。

8.3.32 风机盘管机组搬运和安装均不得在供、回水管管端、风机外壳和电机上着力。

8.3.33 风机盘管机组支、吊架安装应牢固。找正找平后，吊杆与托梁采用双螺母固定。

8.3.34 风机盘管机组安装还应符合下列规定：

1 风机盘管机组安装前，风管和水管干管应安装完毕，支管引至风机盘管安装位置，预留管口标高符合要求。

2 风机盘管机组定位和连接管道的布置应保证柔性短管及阀件的安装位置和足够的检修空间。

3 风机盘管机组的进、出风口与风管连接时，均应设置柔性短管。

4 盘管与水系统管道连接宜采用金属柔性短管，水系统管道必须清洗排污和试压合格后才能与盘管接通。

5 盘管水系统管道及金属柔性短管和阀门应按要求做绝热处理。

6 风机盘管机组与冷凝水管连接时，宜设置长度不大于 150 mm 的透明胶管，胶管连接应使用喉箍紧固严密；安装时应控制凝水盘坡向并作排水试验，保证凝结水能顺畅流向凝水排出管。

7 与风机盘管机组连接的水管、风管和回风箱的重量均不得由风机盘管机组承受。

8 安装后风机盘管机组的接地电阻应符合设备技术文件的规定。无规定时，风机盘管机组外露金属部分与接地端之间的电阻值应不大于 0.1 Ω。

Ⅵ 变风量末端装置与风幕机安装工艺

8.3.35 变风量末端装置与风幕机安装可参照图 8.3.28 的工艺进行。

8.3.36 变风量箱的绝热及消声层不得损坏，控制器及执行与调节机构安装正确，箱体和机件无锈蚀；并联风机型变风量箱的一次风与回风风道不得串风。

8.3.37 变风量末端装置安装前应根据其类型进行下列试验：

1 装有热水盘管的变风量箱，热水盘管应按设备技术文件的规定进行水压试验，无规定时，试验压力为系统工作压力的 1.5 倍，并不低于 0.6 MPa，试验观察 5 min～10 min，不渗漏为合格。

2 带风机的变风量箱，风机试运转应符合设备技术文件的要求。

3 传感器、控制器及执行与调节机构应由专业人员进行模拟动作试验。

8.3.38 变风量箱安装前，风管干管应安装完毕。与变风量箱相连的引入管和引出管应有不小于两倍管径的直管段。引入管和引出管的转弯半径应不小于两倍管径，转弯不宜超过两处。装有热水盘管的变风量箱，热水支管也应引至变风量箱安装位置。

8.3.39 水管、风管内传感器的安装及安装位置前后直管段的长度应符合设计和传感器产品技术文件的规定。

8.3.40 安装后的变风量箱，电气及控制系统的绝缘与接地电阻应符合设备技术文件的规定。

8.3.41 风幕机安装应符合下列规定：

1 风幕机开箱检查，规格型号和安装尺寸应符合设计要求。送风口长度（或多台并列送风口总长度）应略大于门洞安装位置的长度尺寸。检查箱体表面无损坏和锈蚀，风口条缝格栅平直无损伤，喷口角度符合设计要求。

2 带冷、热媒盘管的风幕机，安装前应进行水压试验，试验压力应符合设计和设备技术文件的规定，无规定时，为系统工作压力的 1.5 倍，并不低于 0.6 MPa，试验观察时间为 5 min ~ 10 min，不渗漏为合格。

3 风幕机的龙骨或安装底板与门框应安装稳固，并按设备技术文件要求安装减振元件。风幕机水平或垂直安装时，水平度或垂直度允许偏差不得大于 2‰。

4 有喷口角度的风幕机，喷口角度应与设计一致，无规定时，喷口角度应朝向空气压力大的一侧。成排安装的风幕机组出风口平面允许偏差应为 5 mm。

5 风幕机的安装不得影响回风口过滤网的拆卸和清洗。

6 安装后风幕机的电气系统绝热与接地电阻应符合设备技术文件的规定。无规定时绝缘电阻不得小于 2 MΩ，接地电阻应不大于 0.1 Ω。

7 风幕机冷、热媒管道及金属柔性短管和阀门应按要求做绝热处理。

Ⅶ 辐射供冷末端安装工艺

8.3.42 施工方案应根据辐射供冷末端的类型、材料和与建筑结构形成顶棚的构造形式制定施工工艺细则，并与土建、装饰及水电等施工单位协商工艺衔接点。

8.3.43 辐射供冷部件宜储存在温度不超过 40 ℃ 且通风良好和干净的库房内；存放和施工过程中均应防止油漆、沥青或其他化学溶剂接触辐射供冷部件。

8.3.44 安装前核查辐射供冷部件的材质和规格，应符合设计技术文件的规定。换热盘管、毛细管网的管子内外表面应光滑、平整，不应有明显的划伤、折痕和影响使用功能的缺陷，管内部无杂质。

8.3.45 安装辐射供冷末端时，应根据相关专业标记的位置，留出装饰件、灯位、传感器、消防喷头等安装位置和空间。冷辐射吊顶龙骨标高应与装饰工程协调，宜以装饰一米线为基准测定。

8.3.46 冷辐射吊顶的龙骨安装应平整，龙骨布置及吊杆之间的距离，应符合冷辐射吊顶模块安装的技术要求，无要求时应保证承载能力不小于 30 kg/m²。

8.3.47 辐射供冷部件在存放、运输及安装中，均不得损坏绝热层和防潮层。现场施工的绝热层、防潮层，其绝热层和防潮层的材料、位置、厚度等应符合设计和现行行业标准《辐射供暖供冷技术规程》JGJ 142 的规定。

8.3.48 辐射供冷末端的换热盘管连接、毛细管网连接，换热盘管、毛细管网与管道之间的连接，应符合设计及设备技术文件的规定。采用热熔连接的塑料管应为同材质，热熔连接时的环境温度不宜低于 5 ℃。

8.3.49 辐射供冷末端在隐蔽前应进行水压试验，试验压力应符合设计和设备技术文件的要求。无要求时执行现行国家标准《建筑给水排水及采暖工程施工质量验收规范》GB 50242 和行业标准

《辐射供暖供冷技术规程》JGJ 142 的规定。

8.3.50 辐射供冷末端水压试验应以分、集水器之间的每一回路为试压单元,逐回路进行。在有冻结可能的情况下试压和带压施工时,应采取防冻措施。

8.3.51 辐射供冷末端在隐蔽及隐蔽后的整个施工过程中均应保持工作压力,并随时监测,后续施工时如有破损应及时发现并予以修复;修复后应重做水压试验。

8.3.52 冷媒水管网必须冲洗并通过合格验收后,才能与辐射供冷末端相连。冬季施工期间,对已施工完毕的管道及末端管网,应及时将试压水、冲洗水排出。

8.3.53 系统水力平衡的初调节,应在冷媒水温度高于环境露点温度条件下进行;系统运行调试时,应保证室内湿度达到设计要求,具备运行调试的条件,避免冷辐射表面结露。

8.3.54 绘制竣工图应准确标注供冷部件敷设位置及传感器安装地点。对修复换热盘管增加的接头位置,或因毛细管漏水而剪断后热熔焊死点,也应在竣工图上准确标注。

8.3.55 毛细管网供冷末端湿式安装还应符合下列规定:

1 毛细管网湿式安装时,安装基面的水平度、平整度和承载力应符合安装要求。无要求时,在长、宽两个方向上,水平度允许偏差和平整度允许偏差均不得大于 10 mm,基面承载力不得小于 20 kg/m^2。

2 湿式安装基面上涂刷界面剂应符合毛细管网技术文件的要求。用卡钉固定毛细管网时应采用防锈卡钉,用粘结法时应确保胶粘剂对毛细管网无腐蚀作用,使用塑料排扣时毛细管应全部卡入塑料排扣的卡槽内。毛细管网铺装应平整,毛细管网的端部宜增加固定点。

8.3.56 混凝土结构楼板埋管供冷末端安装还应符合下列规定：

1 换热盘管在混凝土结构楼板内的敷设，应根据设计要求固定在指定的钢筋网上。当固定在保护钢筋网上时，保护钢筋网的规格形式应根据换热盘管的布置面积和间距等参数进行深化设计。

2 设置保护钢筋网应与土建协调施工工艺。保护钢筋网布置应留足换热盘管的安装空间。换热盘管不得在保护钢筋和结构钢筋之间强行穿过和受到挤压。

3 换热盘管安装应防止扭曲，盘管弯曲部位不应出现死折，弯曲半径应不小于 6 倍管外径。换热盘管在结构楼板内不允许有接头。

4 盘管的固定宜采用尼龙带绑扎，不得使用金属丝固定，在回转弯曲顶点及两端应设固定点。换热盘管固定点的间距，直管段宜不大于 500 mm，弯曲管段宜不大于 300 mm。

5 换热盘管安装时，应尽量避开结构钢筋接头和绑扎节点，经过结构钢筋接头处，应加硬质 PVC 套管保护，套管两端距结构钢筋接头宜为 150 mm ~ 200 mm。

6 换热盘管的环路不应穿越建筑伸缩缝。引出结构楼板处，应预留足够的长度，确保换热盘管的后续施工要求。

7 换热盘管引出结构楼板处应加硬质柔性波纹套管保护，套管宜引出楼板面 150 mm ~ 200 mm；直线穿越结构梁处应加硬质 PVC 套管保护，套管两端伸出结构梁 150 mm ~ 200 mm。

8 换热盘管安装前应根据电气设计图纸标记灯具安装位置及灯位区边框尺寸，盘管与灯位区边框距离宜为 150 mm ~ 200 mm。盘管边界与外墙内表面的距离应符合设计要求，设计无要求时宜为 300 mm。

9 换热盘管敷设后，敷设区内不宜再有电焊作业。必须电焊时应局部移开盘管，并对附近区采用湿防火布覆盖保护。电焊机接地线接地应牢固不虚接。

10 浇筑混凝土板时不应用铁锹铲刮混凝土，振捣应采用平板式表面振动器，局部振捣时应避免碰触损坏换热盘管。

Ⅷ 地板送风单元安装工艺

8.3.57 按地面送风施工平面图核查地板送风单元的型号和件数，应符合设计文件的规定。

8.3.58 配有盘管的地板送风单元，安装前应按设备技术文件的规定对盘管进行水压试验。

8.3.59 安装架空地板前检查地面及墙体表面，平整度及刷涂的涂料，应符合架空地板基座安装和防尘、防水与密封的要求。

8.3.60 架空地板格挡测量放线应同时测量和定位地板下各种管线设施的位置。

8.3.61 地板送风单元安装格挡位置与边框尺寸应与地板送风单元安装要求一致，地板送风单元应能在地板支架上可靠固定。

8.3.62 地板送风单元安装的送、回风口方位应符合设计规定。带有盘管的地板送风单元，配管后应按照设备技术文件的要求进行水压试验，无规定时执行现行国家标准《建筑给水排水及采暖工程施工质量验收规范》GB 50242 的规定。

8.3.63 活动地板安装前应对地面和地板以下管线设施等再次进行清扫，沾灰表面可用湿布擦拭。

IX 除尘器安装工艺

8.3.64 除尘器安装工艺流程应符合下列要求：

1 整体式除尘器安装可按图 8.3.64-1 的工艺进行。

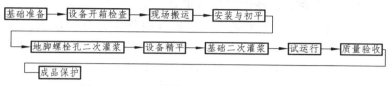

图 8.3.64-1 整体式除尘器安装工艺流程

2 除尘器现场组装可按图 8.3.64-2 的工艺进行。

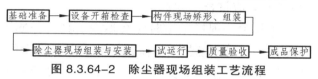

图 8.3.64-2 除尘器现场组装工艺流程

8.3.65 基础准备应符合下列规定：

1 对有沉降试验要求的除尘器基础，应检查沉降试验记录，合格后才能安装。

2 按照施工图在基础上放出除尘器安装定位轴线、标高基准线、支座（或支架、立柱）中心线及其他辅助线。

3 核对除尘器安装位置及方向，应与设计一致。除尘器的排尘阀、卸料阀和排泥阀前面应有足够操作空间。

4 除尘器安装在钢支架上时，应先进行钢支架的制作与安装。钢支架用地脚螺栓与基础稳固固定。支撑横梁水平度偏差应不大于 2‰，标高允许偏差为 ±3 mm。钢支架应作防腐预处理。

8.3.66 设备开箱检查验收应符合下列要求：

1 除尘器的型号、规格、进出风口方向应符合设计要求，配套件应与主机规格一致。

2 除尘器箱体应平整，焊缝饱满，整体与配套件均不得有影响使用功能的缺陷和损坏。轻微的损伤应修复，严重损坏应做详细记录，并通知设备供应商负责更换。

3 散装运输的大型袋式除尘器和电除尘器开箱检查，应严格按照发货及装箱清单清点组装件和检查质量。检查验收后对梁、柱、杆、板、壳及框架类构件的存放应防止变形。

4 除尘器的电气与控制设备的检查验收应由专业电气人员进行，电除尘器应按高压和低压系统分类检查验收和存放。

8.3.67 现场搬运应符合下列规定：

1 整体式除尘器现场搬运时应在运输工具上稳固固定，防止翻滚和撞击损坏设备。吊装不得使箱体和内部机件变形或损坏。

2 散装运输的除尘器，梁、柱、杆、板、壳及框架类构件的吊装应选好吊点，水平放置时应选好支撑点，防止受过大力矩产生永久变形。

3 除尘器现场组装时应按照成套安装组件有计划分批运输，当天不安装的设备与部件不应运到安装点。

8.3.68 除尘器安装应符合下列规定：

1 除尘器安装允许偏差应符合设计和设备技术文件的规定，无明确规定时按表 8.3.68-1 的要求控制和检测。

表 8.3.68-1　除尘器安装允许偏差和检验方法

项次	项目		允许偏差/mm	检验方法
1	平面位移		≤10	用经纬仪或拉线、尺量检查
2	标高		±10	用水准仪、直尺、拉线和尺量检查
3	垂直度	每米	≤2	吊线和尺量检查
		总偏差	≤10	

2 除尘器在钢支架上安装时使用的垫铁，在除尘器定位后应与钢支架用定位焊固定。

3 除尘器的进口和出口方向应符合设计要求。人孔盖及检查门关闭应严密，不得漏风。

4 旋风除尘器若壳体内部壁面涂有耐磨涂料，吊装应防止壳体变形，安装不得撞击、敲打除尘器，防止涂料层脱落。

5 对预留地脚螺栓孔的安装方式，除尘器初平后应及时进行地脚螺栓孔二次灌浆。除尘器精平后应及时拧紧地脚螺栓。垫铁检查合格后用定位焊固定，并及时进行基础二次灌浆。

6 除尘器各部位连接法兰的密封垫料应使用设备技术文件指定的材料，垫料应在螺栓内侧形成封闭环。

7 除尘器各种阀门必须开启灵活、关闭严密，并便于操作和维修。传动机构应动作正确，无卡、擦现象。各润滑点应先清洗再加入润滑剂。

8 大型袋式除尘器和电除尘器现场组装应根据施工图、设备技术文件、国家与行业现行有关标准和规程编制详细的施工方案，应对本标准第 8.3.64 条第 2 款中"除尘器现场组装与安装"工序进行细化设计，并制定严格的质量保证措施和中间检验验收标准。

9 在框架式高基础上安装的除尘器，其部件的地面组对、吊装和高空组装，还应制定周密的操作程序和质量及安全保证措施。除尘器高空组装时采用的临时缆风系统应稳固可靠，并不应与构件吊装发生冲突。

10 对梁、柱、杆类细长构件和板、壳及框架类构件，安装前应检测和矫正其变形，并依照装配关系逐件编号，安装时按编号组对，防止装错。施工中应严格控制组装件的形状与位置偏差。

11 现场组装的除尘器壳体应做漏风量检测，漏风检测应符合现行国家标准《通风与空调工程施工质量验收规范》GB50243的规定，在设计工作压力下允许漏风量应小于 5%，其中离心式除尘器应小于 3%。

12 电除尘器的现场组装还应符合下列规定：

1）除尘器灰斗的现场组焊应在平台上采用定位装置控制灰斗大口尺寸和平面度。组焊应采用点焊、检测、焊接的程序。灰斗大、小口对角线尺寸和平面度偏差应符合设备技术文件的规定和安装要求。

2）采用分段安装的灰斗，组焊上段灰斗时应将下段灰斗的大口与上段灰斗小口用卡具对口；安装时先将下段灰斗吊放在灰斗安装位置的下方，待上段就位后再吊起下段与上段组焊。

3）灰斗组焊成型后应对焊缝进行外观和严密性检查，严密性检查可采用煤油渗透法。发现有漏焊、气孔、咬肉等缺陷应进行补焊。切割内、外壁临时焊接件后的突起物和焊瘤应使用砂轮机磨平。

4）有膨胀要求的电除尘器支座及构件，安装必须符合设备技术文件和设计的规定。固定及单向和双向活动支座安装时应仔细核对位置和位移方向，不得装错。焊接活动支座时应防止焊接温度过高，造成非金属材料滑板损坏。

5）电除尘器支座、底梁、灰斗、立柱、箱体、支架、顶板、大梁等安装后应分次对安装质量进行中间检查验收，合格后才能继续安装。

6）除尘器本体安装完毕后应对箱体、风道等焊缝做仔细检查，对气密性焊缝重点检查。检查可采用煤油渗透法，或将所有孔口封闭后，采用箱体内发烟送风加压检漏法，发现缺陷应进行补焊。

7）阳极板和阴极线大、小框架安装前的变形检查应在悬挂状态下进行，应在专门平台上矫正，组装应严格控制形状及位置偏差。现场组装电除尘器的组合允许偏差和安装允许偏差应符合表 8.3.68-2 的规定。

表 8.3.68-2 现场组装电除尘器的组合允许偏差和安装允许偏差

项 目	平面度允许偏差/mm	对角线允许偏差/mm	阴、阳极间距允许偏差/mm
组合后的阳极排	5	10	—
组合后阴极小框架主平面	5	10	—
阴极大框架	15	10	—
阳极板高度小于或等于 7 m			5
阳极板高度大于 7 m			10

8）检查阴极框架支撑绝缘子及瓷件，若有破损应予以更换。绝缘子及瓷件应按设备技术文件的规定进行耐压试验。由设备供应商完成的耐压试验，应验收试验文件。

9）阴极大框架悬吊杆安装时应先将瓷套管固定。悬吊杆与瓷套管、防尘罩中心的允许偏差为 ±5 mm。对支撑梁式悬吊系统，各支撑绝缘子（瓷支座）上部支承板平面高度偏差应不大于 1 mm（宜使中间绝缘子偏高）。

10）悬吊梁放在支承板上，待阴极框架找正定位，瓷套管密封盖等安装完毕后，再将悬吊梁与支承板焊接固定，最后调整瓷套管密封垫。

11）阴极线在小框架上的安装，预紧力和预紧顺序应符合设备技术文件的规定，预紧应松紧一致。芒刺线的每个芒刺，应按设备技术文件的要求，以大致相同的角度面对阳极板。阴极线小框架预装阴极线后应处于悬挂状态。

12）组装的阴极小框架和阳极板排应依次吊入电场，每安装一片阴极小框架或阳极板排，均应检测其平面度和阴、阳极间距，最后吊入的靠墙板阳极板排应在间距尺寸补偿调节范围内。阴极小框架和阳极板排全部装入后还应全面检测极间距，检测方法和要求应符合设备技术文件和有关国家现行标准的规定。

13）安装振打装置，振打轴同轴度应符合设备技术文件的规定，振打锤的位置应与振打顺序一致，振打锤与撞击杆的中心偏移量应与膨胀补偿一致。同一振打系统振打砧铁安装应采用拉线法找正。振打锤锤头与振打砧之间应保持良好的线接触状态，接触长度应大于锤头厚度的 70%。

14）手动盘动振打轴，振打锤动作应灵活、准确，动作时支座不得晃动，防脱落装置安装正确可靠。振打锤与振打砧之间应保持良好的线接触状态，接触位置偏差不得大于设备技术文件的规定。

15）在电除尘器内使用电、气焊应严格遵守安全操作规程。氧、乙炔管必须无泄漏。在电场区内焊接应对阳极板和阴极线等构件做好保护，焊接中产生的飞溅和废物应及时清除。焊缝的尖角、毛刺、飞边应锉平。

16）阳极和阴极系统安装不得使用长螺栓替代设备技术文件规定的短螺栓。经中间检验验收合格后，所有定位件和固定件应按设备技术文件的规定焊接牢固。所有螺栓螺帽应按规定采取防松措施或止退焊，焊接时应对所有焊接位置做好记录。

17）电除尘器及辅助设备必须可靠接地，接地网与接地点设置，以及接地电阻值均应符合设备技术文件的规定，无规定时接地电阻值应不大于 2 Ω。

18）电除尘器的电气系统应由电气安装人员负责安装与调试，设备安装人员应做好协调与配合工作。

19）电除尘器进行电气系统调试前，应对电除尘器全系统进行检查，确认符合试运行调试的条件，并做好安全防护措施；设备安装现场人员必须撤离到安全区域，确认无人后方可通电调试。

13 袋式除尘器的现场组装还应符合下列规定：

1）除尘器支座、支架、立柱、底梁、灰斗的安装可执行本标准第 8.3.68 条第 12 款的规定。

2）除尘器本体安装后对箱体、风道等焊缝的检漏，可执行本标准第 8.3.68 条第 12 款的规定。

3）压缩空气管路安装后应先吹扫除污和试压，试压压力应符合设备技术文件的规定,无规定时试压压力为工作压力的 1.5 倍。对不参加吹扫和试压的仪表、部件及设备，应采取有效的保护措施。

4）除尘器的阀门、驱动及运转机构，应按设备技术文件的要求安装和调试，动作灵活到位。回转反吹除尘器在反吹旋臂的喷嘴上设置的屏蔽拖板，应保证正常上下升降，始终能贴在花板上滑动。

5）滤袋搬运和存放时应防止与周围硬物、尖角物件接触碰剐，不得脚踩和重压。滤袋吊挂前应对表面及缝合处进行检查，不得使用破损的滤袋。

6）滤袋安装应在除尘器全部安装工作完成后（包括防腐绝热施工）进行。安装前检查与滤袋接触的短管、管架、袋帽、抱箍等，应光滑无毛刺。滤袋上下端应按设备技术文件的规定安装固定，接口应牢固、严密。安装时滤料起毛的一面应在迎气流方向。

7）滤袋安装时应上、下端拉直，不得扭曲。每条滤袋的拉紧力应符合设备技术文件的规定，无规定时，拉紧力应为30 N/m±5 N/m。每安装完一条滤袋，均应检查安装质量并记录。

8）除尘器的壳体、检查门及辅助设备接地应可靠，接地电阻值应符合设备技术文件的规定，无规定时应不大于 4 Ω。

14 除尘器的绝热层，如发现破损应予以修复。绝热层现场施工应符合设备技术文件和设计的要求。在除尘器壁板上焊接绝热层的固定螺栓或钩钉，不得焊穿壁板。

15 除尘器的防腐和绝热现场施工应在漏风量检测合格后进行。现场绝热层施工前，除尘器表面应按设备技术文件的要求进行防腐处理。

X 空气净化设备安装工艺

8.3.69 净化空调系统安装应根据设计、设备技术文件和现行国家标准《洁净室施工及验收规范》GB 50591 的规定编制施工方案。

8.3.70 安装高效过滤器（包括亚高效过滤器），以及装有高效过滤器的设备，洁净室必须达到规定的净化要求，安装人员应穿与洁净室洁净度等级相适应的洁净工作服操作。

8.3.71 空气净化设备安装前应对现场进行全面检查和清扫，并应满足下列条件：

1 空气净化设备安装应符合现行国家标准《洁净室施工及验收规范》GB 50591 的施工程序，并与土建、装饰及水电等工程协调，防止交叉施工和工序颠倒造成污染。

2 除与空气净化设备连接的少量短风管和柔性风管外，大部分风管系统应安装完毕，并按规定完成漏光量、漏风量检测和清扫工作。

3 需要绝热的管道，在空气净化设备安装前应完成主要管道绝热施工，尽量减少后续施工的产尘量。

4 现场已进行彻底清扫，空调系统安装范围内无尘源。

8.3.72 净化空调设备应按包装箱的标志方向存放和搬运。存放环境应干燥、干净，地面应铺垫塑料薄膜，包装箱上也应覆盖塑料薄膜。设备搬运和开箱应避免剧烈碰撞和震动。净化空调设备必须在安装时才能开箱检查验收。

8.3.73 空气吹淋室安装应符合下列规定：

1 围护结构的门洞位置应正确，门洞尺寸和连接立面应符合安装要求。安装地面应水平、平整，空气吹淋室与地面因减振层产生的缝隙应封闭。

2 吹淋室安装应符合设备技术文件的规定。搬运与吊装应防止结构变形和损坏表面。安装应避免对吹淋室造成污染。

3 现场组装吹淋室和吹淋通道，其设备和部件的保护膜不得随意除去，组装不得使内壁受到污染。

4 与土建配合密封与围护结构连接的接缝，施工时应防止污染空气吹淋室。安装后应及时封闭吹淋室所有与外部相通的孔口，整体用塑料薄膜覆盖保护。空气吹淋室的水平度允许偏差应为 2‰。

5 洁净室的安装与检测要求人员穿洁净工作服进入室内

时，应及时进行空气吹淋室试运行，保证人员能在空气吹淋室内对工作服吹淋除尘。

6 空气吹淋室试运行前，进风口应加装临时过滤装置。空气吹淋室与洁净室应同时进行清扫和擦拭，清扫可采用配有超净滤袋的吸尘器。

7 吹淋室试运行前应检查与围护的连接和密封，试运行之后复检吹淋室与围护的连接和密封，应无异常。

8 通电试运行前检查电气系统绝缘和接地应符合设计和设备技术文件规定。风机运行的启动和工作电流，以及运行噪声和振动应符合设备技术文件的规定。

9 试运行检查吹淋室两门的电气或机械互锁装置、风机与电加热器连锁装置，吹淋室工作模式等，应符合设备技术文件的规定。

10 检查和调整喷嘴型或条缝型喷口的方位、扫描范围和风速，应符合设备技术文件的规定。

11 风速测量为最后工序，测量时可拆去临时过滤装置，但测量人员应穿洁净工作服操作。

8.3.74 余压阀安装应符合下列规定：

1 余压阀的安装位置应符合设计规定。在洁净室围护结构上安装应稳固，阀体应与地面垂直，活动阀板的转轴应水平。非工作状态时余压阀应关闭。

2 余压阀与围护结构的安装缝密封应符合设备技术文件的要求，无明确规定时可采用中性胶密封安装缝，采用半径不小于30 mm 的圆角封闭安装缝。

8.3.75 传递窗安装应符合下列规定：

1 传递窗在洁净室围护结构上的安装应稳固。安装缝密封应符合设备技术文件的要求，无明确规定时可执行本标准第8.3.74条第2款的规定。

2 传递窗的内、外窗门连锁装置、窗内气闸装置、消毒设备等应调试使其正常工作。

8.3.76 层流罩安装应符合下列规定：

1 层流罩安装应在车间内部装修和设备安装全部完成，非单向流洁净系统安装完毕，经过清扫擦拭且处于试运行状态，车间内部环境达到规定的洁净要求后进行。

2 层流罩应按设计和设备技术文件的规定安装。采用悬挂方式安装时，应设独立吊杆，并有防晃动的措施，不得利用生产设备或壁板作为支撑。安装多个层流罩阵列，应对顶棚框架找平，水平度允许偏差应为1‰，高度允许偏差应为1 mm。

3 层流罩与顶棚框架之间，以及顶棚与四周围壁之间应按设计和设备技术文件的规定做好密封。

4 外接风机的层流罩，风机检查与安装应保持洁净，必要时应擦拭除尘，防止运行时吹出灰尘污染高效过滤器。

5 层流罩安装完成后应进行不少于1 h的连续试运转。

8.3.77 高效过滤器安装应符合下列规定：

1 高效过滤器安装前，空气净化系统和工艺设备安装应全部完成。净化系统、洁净室及设备除尘清扫后，粗、中效过滤器也应安装到位。

2 安装前必须对洁净室进行全面清扫擦净。净化空调系统内部如有积尘，应再次清扫、擦净，达到洁净要求。如在技术夹层或吊顶内安装高效过滤器，则技术夹层或吊顶内也应进行全面清扫、擦净。

3 净化空调系统全面清扫擦拭后应连续运行12 h以上清

吹。系统清吹时宜采用循环风，并在回风口设置相当于中效的预滤装置，全风量空吹完毕后撤除预滤装置。

4 系统清吹后应立即再次擦拭洁净室，并以白色长丝纺织材料擦拭检查无污迹为合格。然后开箱检查过滤器，合格后立即安装。

5 高效过滤器必须在安装时才能开箱拆除内密封包装。搬入洁净室之前应对内包装全面擦拭，不得将灰尘带入洁净室。搬运、开箱和安装均不得损坏和污染过滤器滤芯。

6 过滤器技术参数应符合设计要求，并有出厂检漏合格记录。外观检查滤芯无破损、漏胶和霉变。金属边框表面无锈斑，边框平整，用拉线和尺量检查过滤器边框与支撑框架，每台过滤器的安装框架的平整度允许偏差应为 1 mm。框架两条对角线在中心交叉点的间隔距离应不大于 0.5 mm。如果过滤器边框与支撑框架承压面的间隙不均匀，无法保证密封垫料的压缩率时，应修整支撑框架，过滤器框架不得修整。

7 过滤器外框上的箭头应与气流方向一致。用波纹板组合的高效过滤器，竖直安装时波纹板必须垂直于地面，不能装错方向。

8 过滤器应依照设计与设备技术文件的要求固定稳固并做好密封。固体密封一般采用闭孔海绵橡胶板或氯丁橡胶板，下料拼接应采用榫形方式，垫料定位粘贴在过滤器边框上，榫形缝用硅胶填封。密封垫料的厚度应为 6 mm～8 mm，压缩率应为 25%～30%。

9 过滤器与支撑框架采用双环密封条时，粘贴密封条不应把环腔上的孔眼堵住；双环密封、负压密封、动态气流密封都应保持负压或正压管、槽畅通。

10 高效过滤器安装后的扫描检漏应符合现行国家标准《洁净室施工及验收规范》GB 50519 及《通风与空调工程施工质量验收规范》GB 50243 的规定。

11 高效过滤器密封液槽安装可执行下列工艺：

1）将液槽框架在洁净室地面预组装，核对吊杆、墙面支点、灯具的安装位置。检查液槽框架边安装尺寸，应与过滤器边框刀架一致。

2）液槽框架的吊杆、吊点和墙面支点的安装应符合设计和设备技术文件的规定，具有可靠的承载能力。

3）将液槽框架在地面组装成大片后提升到安装高度，依次与吊杆和墙面支点稳固连接，完成全部液槽框架网的组装工作。

4）调节节点吊杆，用拉线法控制液槽底部水平度并控制纵、横液槽直线度。液槽水平度偏差应不大于 2‰，且全长应不大于 5 mm。标高允许偏差为 ±2 mm，全长直线度偏差应不大于 2 mm。

5）安装后液槽接头应严密，液槽清洁无水分。液槽与洁净室围护的密封良好，不得漏风。

6）液槽内注入熔点宜高于 50 ℃、不高超过 2/3 槽深的密封液后，过滤器从液槽框孔中倾斜提至液槽平面以上，然后缓慢将刀架落入液槽内。调整位置时应先稍提起过滤器再水平移动，不得用力横推。

8.3.78 风机过滤器安装应符合下列要求：

1 风机过滤器单元（FFU、FMU）安装应符合本标准第 8.3.77 条第 1 款～第 4 款的规定。

2 风机过滤器单元的高效过滤器应检查出厂检漏及合格记录。拆除内密封包装和检查应在洁净环境进行，外观检查不应有变形、锈蚀、破损和脱漆，检查合格后应立即安装。

3 安装后风机过滤器单元应整体平整。高效过滤器与吊顶框架、风机箱体与高效过滤器的密封应符合设备技术文件的规定，采用自然压紧时密封垫应受力均匀。

4 风机过滤器阵列的试运行及控制系统调试由电气控制技术人员负责，空调技术人员配合。

5 风机过滤器阵列试运行宜安排与洁净室风量测定与调试同时进行。依据试运行方案的调试程序做好风量测定调试和高效过滤器检漏的准备工作。

6 除去风机过滤器机体上方空气吸入口及下方风口的保护膜，电气控制技术人员按照系统设计的程序进行主机通电检查和模式设置，并进行故障排查和调试。

7 全部风机过滤器单元运行正常后，空调检测人员在洁净室内进行送风量和工作区风速不均匀度测定，并指示电气控制技术人员调节局部或分区风机过滤器，使气流组织满足单向流要求。

8 风机过滤器安装后的扫描检漏应符合设备技术文件和现行国家标准《洁净室施工及验收规范》GB 50519 及《通风与空调工程施工质量验收规范》GB 50243 的规定。

8.3.79 静电空气过滤器安装应符合下列要求：

1 静电空气过滤器开箱检查应整体完好，风管接口封堵严密。搬运和吊装必须按规定方向放置，并应避免震动和撞击。

2 安装必须符合设备技术文件的规定，并在基础或机架上固定稳固。过滤器与风管宜采用柔性短管连接。

3 静电空气过滤器通电试运行之前，应对电气系统进行检测与调试，其技术参数必须符合设备技术文件的要求。

XI 装配式洁净室安装工艺

8.3.80 装配式洁净室安装应按图 8.3.80 的工序进行。

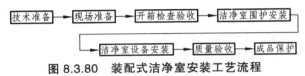

图 8.3.80 装配式洁净室安装工艺流程

8.3.81 技术交底应使施工人员详细领会安装操作的特殊技术要求和质量保证措施，防止因操作不当损坏和污染净化设备，以及后续施工或返工破坏已完毕工程的洁净度和严密性。

8.3.82 现场准备应符合下列规定：

1 安装洁净室的车间要求建筑主体和装饰工程施工全部完工，车间内全空间围护结构的内表面必须清扫干净。

2 洁净室安装地面必须干燥、平整、水平，无疏松、麻面等缺陷。局部凸起用手提砂轮机或角磨机磨平，局部下凹和打磨缺陷后的下凹可采用原子灰修补，修补后应打磨平整。

3 洁净室的格栅地板应满足围护结构的安装要求。每块格栅地板块应相互锁紧并在支架上可靠固定，在任何方向均能吸收行走所产生的冲击和振动。

4 沿洁净室墙板（或下马槽）安装线和对角线测量地面水平度，偏差应不大于 1‰。用 1 m 钢尺棱边和塞尺检查，地面不平整度每米应不大于 1 mm。

5 按照洁净室装配施工图放出安装定位线和辅助线。洁净室平面位置纵、横轴线允许偏差应符合设计规定，无规定时为±20 mm。辅助线为墙板（或下马槽）内沿线；隔墙板（或下马槽）宽度线；门、传递窗、余压阀、风口等孔口的安装轴线和宽度线。

6 对洁净室围护有二次排板设计要求时，二次设计后应向设备供应商提供详细的设计图，并注意与设备供应商协调配合，控制加工件的尺寸偏差和累积偏差。

7 完成所有钢构件的防腐处理，挂装吊杆组件后应对现场进行再清扫。

8.3.83 开箱检查与验收应符合下列要求：

1 开箱前应对外包装进行清扫和擦拭，开箱检查验收应在清洁的房间内进行。

2 洁净室净化设备与围护构件应在安装时分类开箱检查验收，暂不安装的设备与部件不宜过早开箱。开箱后暂不安装的设备与部件应及时恢复包装保护。洁净室墙板应立放或水平立放，防止变形和翘曲。

8.3.84 由吊梁吊挂顶棚的洁净室，可执行下列工艺安装顶棚吊梁：

1 根据顶棚骨架施工图在地面划出顶棚骨架吊点中心十字线，根据吊点中心划出顶棚吊梁的地面投影轴线，并将其向安装墙面上引，根据吊梁设计标高在上引线上定出吊梁安装锚固点位置，用液体连通器校正各锚固点支承面（吊梁下表面）标高，允许偏差为±2 mm。

2 安装吊梁锚固点和吊梁，使其与建筑主体结构牢固连接。用方水平仪在吊梁上表面或下表面测量，吊梁轴向水平度允许偏差应小于 2‰，全长应小于 10 mm。用拉线法控制各吊梁横向水平度和高度差，横向水平度允许偏差应小于 2‰，全宽应小于 10 mm，各吊梁最大高度差应小于 5 mm。

8.3.85 洁净室围护安装应符合下列规定：

1 洁净室围护构件安装前应清洁擦拭，擦拭时不得除去内保护膜并应防止构件材料受潮生霉。

2 洁净室墙板安装可执行下列工艺：

1）对有上下马槽的墙板安装，应先将下马槽沿安装线预拼装检测，合格后才能安装。

2）按产品安装技术文件的要求做好下马槽接缝和马槽与地面的密封，并与地面固定稳固。

3）从墙角 L 型墙板开始，依次安装各墙板，墙板接缝应与马槽接缝错开。墙板与马槽之间，墙板与墙板之间的凹凸接缝应按设备技术文件规定做好密封。

4）墙板拼接应使上边缘平齐，带传递窗、余压阀、风口、门窗、电源接线盒、水、气管引入套管的墙板位置应正确。设备、门窗和孔口的轴线允许偏差为 ± 20 mm。

5）墙板拼接中应及时安装上下墙卡。待墙板拼接到一定长度后，应预装一根上马槽，增加墙板刚度。墙板宜在转角处合拢。

6）墙板合拢后预装上马槽与墙角线，要求接缝与墙板错开，预装合格后编号定位。取下上马槽与墙角线，安装密封材料后按编号重新与墙板连接固定。

7）安装后检测墙板的垂直度允许偏差，不得大于 2‰。顶板水平度与每个单间的长、宽尺寸允许偏差应为 2‰。

3 单层密封顶棚安装可执行下列工艺：

1）顶棚骨架框安装宜从洁净室一侧开始，可以在地面用十字连接板分片组装，校正顶棚骨架框纵横尺寸，应与顶棚盲板尺寸一致。

2）将组装的骨架提升超过墙板上沿后与吊杆挂装连接，依此在洁净室宽度方向组装，并按设备技术文件要求与上马槽连接，同时做好墙角线和密封。

3）宽度方向组装完成后，将顶棚骨架沿纵向组装延伸，安装形成完整顶棚骨架网。安装时应随时测量校正骨架网格各边尺寸及形状。吊点位置通过吊杆上端滑钳调整，吊点高度通过吊杆上的花篮螺栓调整。骨架宜在洁净室宽度方向起拱 0.5‰~1‰。

4）按照设计要求在骨架与顶棚盲板接触面之间垫入密封垫，将顶棚盲板嵌入骨架框内，并从上方用压卡压紧顶棚盲板，使密封垫料产生 20%~50%压缩量。

5）设有静压箱的顶棚，宜在洁净室墙板组装前，先将静压箱吊装就位，静压箱的平面位置应在地面放线确定，使其与顶棚的安装位置一致，待顶棚骨架安装完毕后再与顶棚骨架连接。

6）静压箱与顶棚框架的密封应符合设备技术文件的规定，盲板安装与单层密封顶棚安装工艺相同。

7）对允许上人的顶棚，当顶棚骨架直接在建筑顶棚上吊装时，顶棚骨架吊杆锚固点不得使用铅直安装的膨胀螺栓固定。

施工时顶棚承载重量不得超过规定值。

4 顶棚、墙板等构件的表面保护膜，除因安装需要除去的位置外，其余的在安装中应妥善保护，不得撕去。洁净室围护去膜应与安装后的清洁擦拭和打胶同步进行。

5 所有安装中形成的拼装缝均应按照设备技术文件的规定封闭，无规定时可采用密封胶嵌缝、薄膜粘贴压缝等方法封闭。

8.3.86 洁净室设备安装应符合下列要求：

1 洁净室余压阀安装应符合本标准第 8.3.74 条的规定。

2 洁净室传递窗安装应符合本标准第 8.3.75 条的规定。

3 洁净室高效过滤器安装应符合本标准第 8.3.77 条的规定。

4 洁净室风机过滤器安装应符合本标准第 8.3.78 条的规定。

8.3.87 洁净室质量验收应符合设计、设备技术文件和现行国家标准《洁净室施工及验收规范》GB 50519 及《通风与空调工程施工质量验收规范》GB 50243 的规定。

8.3.88 洁净室安装完成后，应及时做好室内洁净环境保护工作，并应防止后续施工的污染和对洁净室结构的破坏。对已安装高效过滤器的洁净室，不得有产生粉尘的作业。

XII 电加热器安装工艺

8.3.89 电加热器安装前检查规格、型号、功率和安装尺寸，应与设计一致，观察检查质量良好。

8.3.90 电加热器与风管连接或在钢支架上安装时，绝热层必须使用耐热不燃材料，材料工作温度应符合设计的规定。在电加热器热影响区内的所有法兰垫片、密封垫料和绝热材料也必须使用耐热不燃材料。热影响区范围应根据电加热器功率由设计确定，无规定时，热影响区为距电加热器安装位置 0.8 m 范围。

8.3.91 电加热器金属外壳必须良好接地，接地电阻不得大于 4 Ω。电加热器的外露接线柱必须安装安全保护罩。电加热器的电气绝缘应符合设备技术文件的规定，无规定时冷态绝缘电阻不得小于 2 MΩ。

8.3.92 电加热器应与风机连锁，必须在风机启动运行，保证通风的条件下才能接通电加热器。

XIII　紫外线与离子空气净化装置安装工艺

8.3.93 安装前核查装置的型号和件数，应符合设计技术文件的规定；模块式空气净化装置的安装位置和空间，应满足模块按设计方位排列的要求。

8.3.94 紫外线消毒装置的紫外线辐照区，过滤器滤料和密封垫料等应使用受紫外线辐照不降解的材料。

8.3.95 紫外线消毒装置在搬运和安装中应防止损坏紫外线灯管；若发现灯管破损，运行的空调机组应立即停机，空调机组应打开所有检修门，机房打开门窗，30 min 后才能进入清理和更换。

8.3.96 离子空气净化装置的安全保护及过流过压自动保护系统，应由专业人员检查与调试，连锁保护功能应符合设备技术文件要求，运行可靠。

XIV　过滤吸收器安装工艺

8.3.97 过滤吸收器安装必须符合设计、设备技术文件和现行国家标准《人民防空工程施工及验收规范》GB 50134 的规定。

8.3.98 过滤吸收器进、出口的柔性短风管，其材质和制作质量必须符合要求，并不得漏风。

8.3.99 过滤吸收器进、出口的封闭装置应安装稳固，动作灵活、准确，关闭严密。

8.4 质量标准

Ⅰ 主控项目

8.4.1 风机及风机箱的安装应符合下列规定：

1 产品的性能、技术参数应符合设计要求，出口方向应正确。

2 叶轮旋转应平稳，每次停转后不应停留在同一位置上。

3 固定设备的地脚螺栓应紧固，并应采取防松动措施。

4 落地安装时，应按设计要求设置减振装置，并应采取防止设备水平位移的措施。

5 悬挂安装时，吊架及减振装置应符合设计及产品技术文件的要求。

检查数量：按Ⅰ方案。

检查方法：依据设计图纸核对，盘动，观察检查。

8.4.2 通风机传动装置的外露部位以及直通大气的进、出风口，必须装设防护罩、防护网或采取其他安全防护措施。

检查数量：全数检查。

检查方法：依据设计图纸核对，观察检查。

8.4.3 单元式与组合式空气处理设备的安装应符合下列规定：

1 产品的性能、技术参数和接口方向应符合设计要求。

2 现场组装的组合式空调机组应按现行国家标准《组合式

空调机组》GB/T 14294 的有关规定进行漏风量的检测。通用机组在 700 Pa 静压下，漏风率不应大于 2%；净化空调系统机组在 1 000 Pa 静压下，漏风率不应大于 1%。

3 应按设计要求设置减振支座或支、吊架，承重量应符合设计及产品技术文件的要求。

检查数量：通用机组按 Ⅱ 方案，净化空调系统机组 N7 级 ~ N9 级按 Ⅰ 方案，N1 级 ~ N6 级全数检查。

检查方法：依据设计图纸核对，查阅测试记录。

8.4.4 空气热回收装置的安装应符合下列规定：

1 产品的性能、技术参数等应符合设计要求。

2 热回收装置接管应正确，连接应可靠、严密。

3 安装位置应预留设备检修空间。

检查数量：按 Ⅰ 方案。

检查方法：依据设计图纸核对，观察检查。

8.4.5 空调末端设备的安装应符合下列规定：

1 产品的性能、技术参数应符合设计要求。

2 风机盘管机组、变风量与定风量空调末端装置及地板送风单元等的安装，位置应正确，固定应牢固、平整，便于检修。

3 风机盘管的性能复验应按现行国家标准《建筑节能工程施工质量验收规范》GB 50411 的规定执行。

4 冷辐射吊顶安装固定应可靠，接管应正确，吊顶面应平整。

检查数量：按 Ⅰ 方案。

检查方法：依据设计图纸核对，观察检查和查阅施工记录。

8.4.6 除尘器的安装应符合下列规定：

1 产品的性能、技术参数、进出口方向应符合设计要求。

2 现场组装的除尘器壳体应进行漏风量检测，在设计工作压力下允许漏风量应小于 5%，其中离心式除尘器应小于 3%。

3 布袋除尘器、静电除尘器的壳体及辅助设备接地应可靠。

4 湿式除尘器与淋洗塔外壳不应渗漏，内侧的水幕、水膜或泡沫层成形应稳定。

检查数量：按 I 方案。

检查方法：依据设计图纸核对，观察检查和查阅测试记录。

8.4.7 在净化系统中，高效过滤器安装应在洁净室（区）完成清洁工作，系统中末端过滤器前的所有空气过滤器已安装完毕，且系统连续试运转 12 h 以上后进行；应在现场拆开包装并进行外观检查，合格后立即安装。高效过滤器安装方向应正确，密封面应严密，并应按《通风与空调工程施工质量验收规范》GB 50243 附录 D 的要求进行现场扫描检漏，且应合格。

检查数量：全数检查。

检查方法：查阅检测报告，或实测。

8.4.8 风机过滤器单元的安装应符合下列规定：

1 安装前，应在清洁环境下进行外观检查，且不应有变形、锈蚀、漆膜脱落等现象。

2 安装位置、方向应正确，且应方便机组检修。

3 安装框架应平整、光滑。

4 风机过滤器单元与安装框架接合处应采取密封措施。

5 应在风机过滤器单元进风口设置功能等同于高中效过滤器的预过滤装置后，进行试运行，且应无异常。

检查数量：全数检查。

检查方法：观察检查或查阅施工记录。

8.4.9 洁净层流罩的安装应符合下列规定：

1 外观不应有变形、锈蚀、漆膜脱落等现象。

2 应采用独立的吊杆或支架，并应采取防止晃动的固定措施，且不得利用生产设备或壁板作为支撑。

3 直接安装在吊顶上的层流罩，应采取减振措施，箱体四周与吊顶板之间应密封。

4 安装后，应进行不少于 1 h 的连续试运转，且运行应正常。

检查数量：全数检查。

检查方法：尺量、观察检查和查阅施工记录。

8.4.10 静电式空气净化装置的金属外壳必须与 PE 线可靠连接。

检查数量：全数检查。

检查方法：核对材料、观察检查或电阻测定。

8.4.11 电加热器的安装必须符合下列规定：

1 电加热器与钢构架间的绝热层必须采用不燃材料，外露的接线柱应加设安全防护罩。

2 电加热器的外露可导电部分必须与 PE 线可靠连接。

3 连接电加热器的风管的法兰垫片，应采用耐热不燃材料。

检查数量：全数检查。

检查方法：核对材料、观察检查，查阅测试记录。

8.4.12 过滤吸收器的安装方向应正确，并应设独立支架，与室外的连接管段不得有渗漏。

检查数量：全数检查。

检查方法：观察检查和查阅施工或检测记录。

Ⅱ 一般项目

8.4.13 风机及风机箱的安装应符合下列规定：

1 通风机安装允许偏差应符合本标准表 8.3.6 的规定，叶轮转子与机壳的组装位置应正确。叶轮进风口插入风机机壳进风口或密封圈的深度，应符合设备技术文件要求或应为叶轮直径的 1%。

2 轴流风机的叶轮与筒体之间的间隙应均匀，安装水平偏差和垂直度偏差均不应大于 1‰。

3 减振器的安装位置应正确，各组或各个减振器承受荷载的压缩量应均匀一致，偏差应小于 2 mm。

4 风机的减振钢支、吊架，结构形式和外形尺寸应符合设计或设备技术文件的要求。焊接应牢固，焊缝外部质量应符合本标准第 10.4.11 条第 3 款的规定。

5 风机的进、出口不得承受外加的重量，相连接的风管、阀件应设置独立的支、吊架。

检查数量：按Ⅱ方案。

检查方法：尺量、观察或查阅施工记录。

8.4.14 空气风幕机的安装应符合下列规定：

1 安装位置及方向应正确，固定应牢固可靠。

2 机组的纵向垂直度和横向水平度的允许偏差均应为 2‰。

3 成排安装的机组应整齐，出风口平面允许偏差应为 5 mm。

检查数量：按Ⅱ方案。

检查方法：尺量、观察检查。

8.4.15 单元式空调机组的安装应符合下列规定：

1 分体式空调机组的室外机和风冷整体式空调机组的安装固定应牢固可靠，并应满足冷却风自然进入的空间环境要求。

2 分体式空调机组室内机的安装位置应正确，并应保持水平，冷凝水排放应顺畅。管道穿墙处密封应良好，不应有雨水渗入。

检查数量：按Ⅱ方案。

检查方法：观察检查。

8.4.16 组合式空调机组、新风机组的安装应符合下列规定：

1 组合式空调机组各功能段的组装应符合设计的顺序和要求，各功能段之间的连接应严密，整体外观应平整。

2 供、回水管与机组的连接应正确，机组下部冷凝水管的水封高度应符合设计或设备技术文件的要求。

3 机组与风管采用柔性短管连接时，柔性短管的绝热性能应符合风管系统的要求。

4 机组应清扫干净，箱体内不应有杂物、垃圾和积尘。

5 机组内空气过滤器（网）和空气热交换器翅片应清洁、完好，安装位置应便于维护和清理。

检查数量：按Ⅱ方案。

检查方法：观察检查。

8.4.17 空气过滤器的安装应符合下列规定：

1 过滤器框架安装应平整牢固，方向应正确，框架与围护结构之间应严密。

2 粗效、中效袋式空气过滤器的四周与框架应均匀压紧，不应有可见缝隙，并应便于拆卸和更换滤料。

3 卷绕式空气过滤器的框架应平整，上、下筒体应平行，展开的滤料应松紧适度。

检查数量：按Ⅱ方案。

检查方法：观察检查。

8.4.18 蒸汽加湿器的安装应符合下列规定：

1 加湿器应设独立支架，加湿器喷管与风管间应进行绝热、密封处理。

2 干蒸汽加湿器的蒸汽喷口不应朝下。

检查数量：按Ⅱ方案。

检查方法：观察检查。

8.4.19 紫外线与离子空气净化装置的安装应符合下列规定：

1 安装位置应符合设计或产品技术文件的要求，并应方便检修。

2 装置应紧贴空调箱体的壁板或风管的外表面，固定应牢固，密封应良好。

3 装置的金属外壳应与 PE 线可靠连接。

检查数量：按Ⅱ方案。

检查方法：观察检查、查阅试验记录，或实测。

8.4.20 空气热回收器的安装位置及接管应正确，转轮式空气热回收器的转轮旋转方向应正确，运转应平稳，且不应有异常振动与声响。

检查数量：按Ⅱ方案。

检查方法：观察检查。

8.4.21 风机盘管机组的安装应符合下列规定：

1 机组安装前宜进行风机三速试运转及盘管水压试验。试验压力应为系统工作压力的 1.5 倍，试验观察时间应为 2 min，不渗漏为合格。

2 机组应设独立支、吊架，固定应牢固，高度与坡度应正确。

3 机组与风管、回风箱或风口的连接，应严密可靠。

检查数量：按Ⅱ方案。

检查方法：观察检查、查阅试验记录。

8.4.22 变风量、定风量末端装置安装时，应设独立的支、吊架，与风管连接前宜做动作试验，且应符合产品的性能要求。

检查数量：按Ⅱ方案。

检查方法：观察检查、查阅试验记录。

8.4.23 除尘器的安装应符合下列规定：

1 除尘器的安装位置应正确，固定应牢固平稳，除尘器安装允许偏差和检验方法应符合本标准表 8.3.67-1 的规定。

2 除尘器的活动或转动部件的动作应灵活、可靠，并应符合设计要求。

3 除尘器的排灰阀、卸料阀、排泥阀的安装应严密，并应便于操作与维护修理。

检查数量：按Ⅱ方案。

检查方法：尺量、观察检查及查阅施工记录。

8.4.24 现场组装静电除尘器除应符合设备技术文件外，尚应符合下列规定：

1 阳极板组合后的阳极排平面度允许偏差应为 5 mm，对角线允许偏差应为 10 mm。

2 阴极小框架组合后主平面的平面度允许偏差应为 5 mm，对角线允许偏差应为 10 mm。

3 阴极大框架的整体平面度允许偏差应为 15 mm，整体对角线允许偏差应为 10 mm。

4 阳极板高度小于或等于 7 m 的电除尘器，阴、阳极间距允许偏差应为 5 mm。阳极板高度大于 7 m 的电除尘器，阴、阳极间距允许偏差应为 10 mm。

5 振打锤装置的固定应可靠，振打锤的转动应灵活。锤头方向应正确，振打锤锤头与振打砧之间应保持良好的线接触状态，接触长度应大于锤头厚度的 70%。

检查数量：按Ⅱ方案。

检查方法：尺量、观察检查及查阅施工记录。

8.4.25 现场组装布袋除尘器的安装应符合下列规定：

1 外壳应严密，滤袋接口应牢固。

2 分室反吹袋式除尘器的滤袋安装应平直。每条滤袋的拉紧力应为 30 N/m ± 5 N/m，与滤袋连接接触的短管和袋帽不应有毛刺。

3 机械回转扁袋式除尘器的旋臂，转动应灵活可靠；净气室上部的顶盖应密封不漏气，旋转应灵活，不应有卡阻现象。

4 脉冲袋式除尘器的喷吹孔应对准文氏管的中心，同心度允许偏差应为 2 mm。

检查数量：按Ⅱ方案。

检查方法：尺量、观察检查及查阅施工记录。

8.4.26 洁净室空气净化设备的安装应符合下列规定：

1 机械式余压阀的安装时，阀体、阀板的转轴应水平，允许偏差应为 2‰。余压阀的安装位置应在室内气流的下风侧，且不应在工作区高度范围内。

2 传递窗的安装应牢固、垂直，与墙体的连接处应密封。

检查数量：按Ⅱ方案。

检查方法：尺量、观察检查。

8.4.27 装配式洁净室的安装应符合下列规定：

1 洁净室的顶板和壁板（包括夹芯材料）应采用不燃材料。

2 洁净室的地面应干燥平整，平面度允许偏差应为 1‰。

3 壁板的构、配件和辅助材料应在清洁的室内进行开箱，安装前应严格检查规格和质量。壁板应垂直安装，底部宜采用圆弧或钝角交接；安装后的壁板之间、壁板与顶板间的拼缝应平整严密，墙板垂直度的允许偏差应为 2‰，顶板水平度与每个单间的几何尺寸的允许偏差应为 2‰。

4 洁净室吊顶在受荷载后应保持平直，压条应全部紧贴。当洁净室壁板采用上、下槽形板时，接头应平整严密。洁净室内的所有拼接缝组装完毕后，应采取密封措施，且密封应良好。

检查数量：按Ⅱ方案。

检查方法：尺量、观察检查及查阅施工记录。

8.4.28 空气吹淋室的安装应符合下列规定：

1 空气吹淋室的安装应按工程设计要求，定位应正确。

2 外形尺寸应正确，结构部件应齐全、无变形，喷头不应有异常或松动等现象。

3 空气吹淋室与地面之间应设有减振垫，与围护结构之间应采取密封措施。

4 空气吹淋室的水平度允许偏差应为2‰。

5 对产品进行不少于1 h的连续试运转，设备连锁和运行性能应良好。

检查数量：按Ⅱ方案。

检查方法：尺量、观察检查，查验产品合格证和进场验收记录。

8.4.29 高效过滤器与层流罩的安装应符合下列规定：

1 安装高效过滤器的框架应平整清洁，每台过滤器的安装框架的平整度允许偏差应为1 mm。

2 机械密封时，应采用密封垫料，厚度宜为6 mm～8 mm，密封垫料应平整。安装后垫料的压缩应均匀，压缩率宜为25%～30%。

3 采用液槽密封时，槽架应水平安装，不得有渗漏现象，槽内不应有污物和水分，槽内密封液高度不应超过2/3槽深。密封液的熔点宜高于50 ℃。

4 洁净层流罩安装水平度的偏差应为 1‰，高度允许偏差应为 1 mm。

检查数量：按Ⅱ方案。

检查方法：尺量、观察检查。

8.5 成品保护

8.5.1 设备开箱后安装现场应封闭，禁止闲人进入现场。开箱验收后暂不安装的设备及配件应分类登记保存，防止损坏、锈蚀，错乱和丢失。贵重小件、材料和专用工具应入库存放。

8.5.2 在空调机段体内安装设备或部件时，要注意保护好底板和壁板。手提砂轮、电钻等工具不得直接放在底板上。

8.5.3 在设备内部施工时，施工人员带进的工具及零件应事先清点记数，设备安装中应防止机内落入异物和遗留工具，落入应立即取出。施工完毕后撤离时，应清点工具和剩余零件，防止遗留。设备封闭时，施工人员必须再次进行检查。

8.5.4 安装中暂不连接的孔口应遮盖封闭，设备安装后的停顿期，所有敞口均应封闭，整体用塑料薄膜覆盖。

8.5.5 施工中不得踩、踏、攀、爬管线和设备，不得破坏管线及设备的外保护（或绝热）层及涂料层。严禁利用管道和设备作为牵引、吊装和部件制作时的受力点。

8.5.6 冬季施工，当环境温度低于 5 ℃ 时，盘管水压试验后应及时将水排放干净，以防冻坏盘管。

8.5.7 电除尘器和袋式除尘器的安装应保持内部干燥，室外安装应做好防雨、雪、雾措施。

8.5.8 安装设备后的房间应设专人管理。做好与土建和装饰工程的配合，后续施工应防止损坏设备和遗失部件。

8.6 安全及环境保护

8.6.1 设备安装前，应由专业技术人员和安全管理人员进行安全交底，操作人员应充分理解施工过程中的安全保护，以及发生危险后的应对措施。

8.6.2 室外吊装作业应选择晴朗无风的天气进行，严禁在有雨、雾和 5 级以上大风天气时从事室外吊装作业。室内吊装应光线充足。

8.6.3 设备搬运和吊装前应进行班组技术交底，吊装应设专人指挥。吊装大型设备应编制吊装专项方案，并经建设、监理单位审核通过后方可实施。

8.6.4 设备吊装必须先试吊检查。在起吊和下落时，要缓慢行动，并注意周围环境，防止损坏建筑物、设备和发生伤人事故。

8.6.5 高空吊装应在设备的对称部位拴两根棕绳进行牵引，防止设备晃动和打转；斜吊时应设置水平拖绳牵引，防止设备离地时突然水平移动。

8.6.6 高处作业应执行本标准第 7.6.2 条 ~ 第 7.6.6 条的规定。

8.6.7 在吊顶内作业时，切勿踏在非承重的地方，也不得依靠非承重点着力。严禁上人到非承重载人的顶棚内施工。

8.6.8 现场脚手架搭设应执行本标准第 7.6.11 条的规定。

8.6.9 袋式除尘器的滤袋安装过程中禁止吸烟，严禁任何形式，任何部位的电、气焊和切割工作，断电情况下严禁用打火机、火柴等取火照明。

8.6.10 在密闭空间或设备内焊接作业时，应有良好的通排风措施，并设专人监护。

8.6.11 在高温、有导电灰尘、比较潮湿或灯具离地面高度低于 2.5 m 等场所的照明，电源电压不应大于 36 V；在潮湿和易触及带电体场所的照明，电源电压不得大于 24 V；在特别潮湿场所、导电良好的地面或金属容器内的照明，电源电压不得大于 12 V。

8.6.12 设备开箱后的外包装应及时清理出施工现场或定点堆放，防止污染环境和避免包装板上的钉子伤人。

8.6.13 水压试验完毕后，试压用水应排至现场专门的排水系统。排放不达标的废水应制定专项方案，严禁污染环境。

8.6.14 清洗剂应按环保有关规定回收，不得倒入建筑排水系统。

8.6.15 现场还应根据施工具体情况，执行本标准第 5.6 节有关条文的规定。

8.7 质量记录

8.7.1 质量记录应包括下列内容：

1 施工日志 SG-003；

2 技术核定单 SG-004；

3 图纸会审记录 SG-007；

4 技术交底 SG-006；

5 混凝土设备基础工程检验批质量验收记录 SG-T045；

6 通风机安装工程检验批质量验收记录 SG-A051；

7 通风与空调设备安装工程检验批质量验收记录（通风系统）SG-A052；

8 通风与空调设备安装工程检验批质量验收记录（净化空

调系统）SG-A053；

  9 通风与空调设备安装检验批质量验收记录（空调系统）SG-A054。

8.7.2 本标准第 8.7.1 条中未涵盖的质量记录表格，可参照现行国家标准《通风与空调工程施工质量验收规范》GB 50243 或四川省《建筑工程施工质量验收规范实施指南》表格的格式自行设计。

9 空调用冷（热）源与辅助设备安装

9.1 一般规定

9.1.1 制冷设备、制冷附属设备、管道、管件及阀门的技术参数必须符合设计要求，设备机组的外表应无损伤，密封良好，随机技术文件和配件应齐全。

9.1.2 燃油、燃气机组的施工图已通过消防部门的审批，与制冷机组配套的蒸汽、燃油、燃气供应系统和蓄冷系统的安装，还应符合设计、消防标准及产品技术文件的规定。

9.1.3 制冷设备现场运输和吊装的实施，应符合本标准第 8.1.3 条～第 8.1.5 条和第 8.2.1 条第 5 款的规定。

9.1.4 设备基础应符合本标准第 4.1 节的有关规定及设备技术文件的要求进行检查验收，合格后才能进行设备安装。

9.1.5 设备的开箱检查应符合本标准第 4.4 节的有关规定，并根据设备特点确定专门检查项目。

9.2 施工准备

9.2.1 技术准备应符合下列要求：

1 施工技术资料的准备应符合本标准第 3.1.1 条第 1 款的规定。

2 技术人员应熟悉施工图、设计说明和设计变更文件，详细了解制冷系统的工作原理、设备类型和技术特点，以及设备与管道安装有关技术资料和质量验收规范。

3 按照施工图所示设备、管道的位置和标高测量放线。支、吊架及预埋件的位置应符合设计及安装要求。

4 技术交底和操作人员的培训执行本标准第 7.2.1 条第 6 款和第 8.2.1 条第 7 款的规定。

9.2.2 作业条件应符合下列要求：

1 土建主体已完工，后续施工不会对设备和系统造成污染或损坏。

2 设备基础应符合本标准第 8.2.2 条第 2 款的要求。

3 管道穿过建筑结构的孔洞已配合预留，满足制冷管道施工的要求。

4 施工现场的准备还应执行本标准第 8.2.2 条第 3 款、第 4 款的规定。

5 制冷系统设备安装还应符合本标准第 8.2.2 条第 6 款的规定。

6 道路、水源、电源、蒸汽、压缩空气和照明等满足设备安装要求。

7 安全、防护措施执行本标准第 5.2.2 条第 11 款的规定。

9.2.3 施工材料应符合下列要求：

1 制冷系统安装的材料进场验收应符合本标准第 3.3 节的规定。

2 设备地脚螺栓、垫铁的使用执行本标准第 4.2 节的规定。减振器（垫）的使用执行本标准第 4.3 节和第 8.2.3 条第 2 款的规定。

3 制冷系统的各类阀件必须采用专用产品，验收应按设计和设备技术文件的要求核对技术参数。

4 无缝钢管内外表面应光洁，无明显锈蚀，无裂纹、重皮及凹凸不平等缺陷；铜管内外壁均应光洁，不应有疵孔、裂纹、结疤、层裂或气泡等缺陷。

5 用于法兰、螺纹等处的密封材料，应符合设备技术文件的规定，应与管内的介质性能相适应，密封材料应选用金属石墨垫、聚四氟乙烯带、聚丁烯密封液或甘油—氧化铝；除磷青铜外，与制冷剂氨接触的管道、附件、阀门及填料，不得使用铜和铜合金材料，管内不得镀锌。与制冷剂接触的铝密封垫片应使用纯度高的铝材。

6 与乙二醇溶液接触的管道系统不得使用镀锌管道及配件。

7 不锈钢管搬运和存放时，不应与其他金属管道直接接触。

8 防腐绝热材料应符合环保及防火要求。

9.2.4 施工机具及检测工具应包括下列内容：

1 主要施工机具应包括空气压缩机、空气过滤干燥器、真空泵、砂轮切割机、磨光机、压力工作台、电钻、冲击电钻、手提砂轮、台钻、坡口机、电焊设备、气焊设备、卷扬机、门式提升架、桅杆、叉车、小拖车、平板车、拖排、滚杠、滑轮、倒链、铜管扳边器、套丝板、管钳、钢丝钳、钢锯、手锤、木槌、各种吊索具、各种扳手等。

室外大型设备和部件的吊装可采用汽车起重机或履带起重机。

2 主要测量工具应包括经纬仪、水准仪、半导体测温计、水银温度计、大气压力计、压力表、卤素检漏仪、U 型压力计、平尺、游标卡尺、百分表、千分表、液体连通器、角尺、法兰角尺、钢直尺、钢卷尺、框式水平仪、等高块、塞尺、线坠等。

3 现场施工机具及检测工具的使用应符合本标准第 3.4 节的规定。

9.3 施工工艺

I 制冷机组安装工艺

9.3.1 制冷机组和压缩机组安装应根据设备具体情况制定施工工艺流程，采用地脚螺栓固定（基础预留地脚螺栓孔）的机组，可按图9.3.1的工序进行。

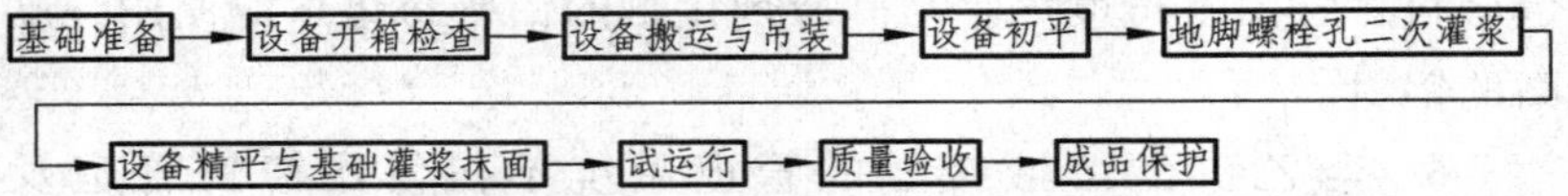

基础准备 → 设备开箱检查 → 设备搬运与吊装 → 设备初平 → 地脚螺栓孔二次灌浆 → 设备精平与基础灌浆抹面 → 试运行 → 质量验收 → 成品保护

图9.3.1 采用地脚螺栓固定的制冷机组和压缩机组安装工艺流程

9.3.2 基础准备应符合下列要求：

1 基础检查验收与放线执行本标准第4.1节的规定。

2 型钢或混凝土基础的规格和尺寸应与机组匹配。

3 基础应坚固，强度经检测满足机组运行时的荷载要求。

4 混凝土基础预留螺栓孔的位置、深度、垂直度应满足螺栓安装要求；基础预埋件应无损坏，表面光滑平整。

5 基础位置应满足操作及检修的空间要求。基础四周应有排水设施。

6 地脚螺栓与垫铁的使用应符合设备技术文件和本标准第4.2节的规定。垫铁使用还应符合下列要求：

1）每一垫铁组应放置整齐平稳，垫铁与垫铁之间、垫铁与基础之间接触良好。

2）当垫铁施工采用坐浆法或压浆法时，可执行本标准附录A的规定。

7 减振器的基础准备和减振器的使用应符合设备技术文件和本标准第4.3节的规定。

9.3.3 设备开箱检查与验收除应符合本标准第 4.4 节的相关规定外，还应检查设备所有接口封闭是否良好。充有保护性气体的机组，应测试和记录其压力。安装前应清洗外部表面并进行复验，复验合格后方可安装。

9.3.4 设备搬运与吊装可利用铲车、平板车、吊车、桅杆或其他运输和吊装机械。搬运与吊装还应符合下列要求：

1 应核实设备与运输通道的尺寸，保证设备运输通道畅通。

2 应复核设备重量与运输通道的结构承载能力，确保结构梁、柱、板的承载安全。

3 设备搬运与吊装应平稳，并采取防振、防滑、防倾斜等安全保护措施。

4 采用的吊、索具应能承受吊装设备的整个重量，钢丝绳与机体的接触处应衬垫软质材料，严禁吊、索具与设备管路、仪表、阀门（包括手柄、手轮）、绝热层及其他附件接触。

5 设备应捆扎稳固，主要受力点应高于设备重心，吊装有公共底座（盘）的机组，应在专用吊点受力，不得使机组连接及公共底座（盘）变形受损。

6 采用滚杠运输机组时，机组应始终处在滚动的垫木或拖排上，直到运至预定位置后，将减振软垫放于机组底座与基础之间，并校准水平后，再去掉滚动垫木或拖排。

9.3.5 设备初平应符合下列规定：

1 设备找正可利用撬杠移动设备，吊线锤检查，使设备安装纵、横中心线与基础中心线对正，设备的平面位置允许偏差为10 mm。利用平垫铁或斜垫铁对设备进行初平，可使用千斤顶微调升降，标高偏差为 ± 10 mm。当调整高度超过斜垫铁的调整量时，应改换厚平垫铁或增加薄平垫铁，但每组垫铁不超过 3 块。

设备初平后，斜垫铁应留足精平的调整量。

2 使用减振器的设备找正应符合本标准第 4.3 节的规定。

3 使用框式水平仪在底座的水平加工面、直立气缸压缩机的直立气缸端面，或其他安装后应处于水平或垂直状态的加工面上测量机组安装纵、横水平度。机组纵、横水平度偏差应符合设备技术文件的规定，无规定时不应大于 1‰。

4 使用水平仪检测水平度应修正仪器误差。第一次读数后应将水平仪转过 180°再读一次，并规定气泡向一个方向偏移为正，取两次读数的算术平均值为测量结果。

5 采用铅垂线找平（图 9.3.5）时，挂铅垂线后在飞轮正上方用塞尺测量间距 a_1；再使飞轮该点转至正下方，测量 a_2。调整机组水平，应使 a_1 与 a_2 的差值与上下测点距离之比不得大于 1‰。

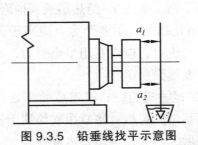

图 9.3.5　铅垂线找平示意图

6 机组找正时应注意各接管管口方向符合设计与施工图的要求，必要时在设备基础上放出管口辅助中心线检查。

9.3.6 机组初平后进行地脚螺栓孔二次灌浆，地脚螺栓孔灌浆应符合本标准第 4.2.4 条的规定。

9.3.7 机组精平与基础灌浆抹面应符合下列规定：

1 地脚螺栓孔二次灌浆混凝土强度达到 75%以上后才能进

行机组精平。

2 用水平仪复测和调整设备的纵、横水平度及垂直度，其偏差均不应大于1‰。

3 精平后拧紧地脚螺栓和对垫铁的检查应符合本标准第4.2.11条的规定。

4 拧紧地脚螺栓后同组垫铁的定位焊和基础二次灌浆应符合本标准第4.2.12和第4.2.13条的规定。机组底座外的灌浆层上表面抹面应略有坡度，抹面砂浆应压密实、表面光滑美观。

5 精平后，设备的平面位置允许偏差为10 mm，标高偏差为±10 mm。

9.3.8 安装减振器（垫）的机组，减振器（垫）的规格、数量和安装位置应符合设备技术文件的规定，不得擅自改变，每个减振器的压缩量应均匀，偏差不应大于2 mm。采用弹簧减振器时，应设有防止机组运行时水平位移的定位装置。

9.3.9 制冷压缩机组的拆卸、清洗和装配应符合下列规定：

1 制冷压缩机组的拆卸、清洗和装配应采取劳动保护，以及防火、防毒、防爆等安全措施。

2 压缩机内部严禁用明火查看。

3 用油封的制冷压缩机组，若在设备技术文件规定的防锈保证期内，且外观良好、无损坏和锈蚀时，可不作压缩机的解体清洗，仅做检查性清洗。检查性清洗应符合设备技术文件的规定，或参照下列规定：

1）活塞式制冷压缩机可只拆洗缸盖、吸气阀、排气阀和吸气过滤器，检查气缸内壁镜面及连杆螺栓固定情况。清洗曲轴箱和油过滤器。

2）螺杆式制冷机组宜清洗油箱和油粗、精过滤器及机外油管。

3）离心式制冷机组清洗可参照螺杆式机组的清洗要求。机组在连接压缩机进气管前，应从吸气口观察导向叶片和执行机构、叶片开度与指示位置，按设备技术文件的要求调整一致并定位，最后连接电动执行机构。

4　充保护性气体或制冷工质的机组，若在设备技术文件规定的保证期限内，充气压力无变化，且外观完好，可不作压缩机的内部清洗，但外部清洗和安装时应严禁混入水分。

5　凡超过防锈保证期，或虽在防锈保证期内，但外观检查有明显损坏、锈蚀，以及保护性气体泄漏的机组，应解体清洗检查。制冷压缩机组拆卸、清洗和装配除应符合设备技术文件的规定外，还应符合下列要求：

1）拆卸前，操作人员应认真阅读机组设备装配图和技术文件，明确需要拆卸和不必拆卸的零部件，切实掌握拆卸部位的配合关系和拆卸顺序。

2）机组的解体清洗检查宜在安装就位之前进行，应制定拆卸、清洗、检查和装配实施方案或工艺卡，以及准备检测数据记录表格和零部件标记牌。拆卸应按先外后内，先拆部件后拆零件的顺序进行。

3）清洗检查场地应清洁、宽敞，具有良好的采光和照明条件。机具、工具及储油、清洗和零部件存放器具准备妥当，满足拆卸与装配的需要。防火设施符合消防的规定。

4）拆卸应按照确定的顺序，先移出润滑油，充制冷剂的机组应先移出制冷剂。拆卸时不得损坏零部件，并应保护密封及轴封的完好。对拆下的水管、油管、气管等，清洗后用塑料薄膜封住孔口，防止进入污物。

5）机组拆卸、清洗、检查的同时应测量并记录原始装配数据和检查结果。部件解体清洗检查后的零件应及时回装；凡不能及时回装的零、部件，应在其上做出标记或挂好标记牌，注明装配位置和方向。机体油道清洗后用压缩空气吹净，如不及时安装应用塑料薄膜或木塞封闭孔口。用汽油清洗的零部件，清洗后必须涂上一层机油，防止锈蚀。

6）机组装配应按先内后外，先装部件后总装的顺序，依照拆卸时的标记回装，装配时零部件应涂冷冻机油。装配应保证所有油道畅通、干净，滤油器完好、清洁。机内不得遗留工具和异物。

7）机组装配运动部件时，应装一件，盘动一次，经检测合格后，再安装下一件。机组装配后应盘动灵活。

8）装配间隙应按设备技术文件的要求调整，并应记录部位和间隙值。机组滑动轴承和滚动轴承的安装应符合设备技术文件和现行国家标准《机械设备安装工程施工及验收通用规范》GB 50231的规定，滑动轴承的装配技术要求可执行本标准附录C的规定。

9）装配中对检查不合格的零件和损坏的密封垫等应予以更换，对更换的零件应记录并说明其部位，更换的密封垫材质、规格应与原装相同。

10）装配中所有的紧固件应均匀紧固。凡设备技术文件规定了拧紧力矩的螺栓，紧固时必须施加规定的力矩。所有锁紧件应锁紧，开口销、防松铁丝、失效的弹簧卡等均应按原规格更换。

9.3.10 活塞式制冷机组的解体清洗检查，还应清洗检查活塞连杆组件、气缸、油泵、曲轴及能量调节系统。

9.3.11 螺杆式制冷机组解体应清洗检查机内润滑油路系统,主、从动转子轴承及推力轴承,平衡活塞及油缸,能量指示及调节系统等。

9.3.12 离心式制冷机组解体应清洗检查进口导叶及传动执行机构,叶轮转子及径向与推力轴承,增速器齿轮副及轴承,油泵及油路,机内密封,抽气回收装置等。

9.3.13 机组安装后,电动机与压缩机的联轴器必须重新对中,对中后的两轴心径向位移、两轴线倾斜及端面间隙应符合设备技术文件和现行国家标准《机械设备安装工程施工及验收通用规范》GB 50231 的规定。检测方法可参照本标准附录 B。电动机与压缩机之间的联轴器在装配前,宜先试电动机,检查电动机的运转和转向,应符合要求。

9.3.14 凡解体清洗装配和部分检查性拆卸的压缩机,必须进行压缩机单机试运转。试运转应严格执行设备技术文件和现行国家标准《制冷设备、空气分离设备安装工程施工及验收规范》GB 50274 有关条文的规定。

9.3.15 吸收式制冷机组安装应符合设备技术文件的规定及下列规定:

1 吸收式分体制冷机组到货后,应及时运入机房进行组装、清洗和抽真空。

2 安装前检查机组的内压,应符合设备技术文件规定的出厂压力,不能满足时应会同建设、监理以及设备供应商协商解决方案。

3 当机组直接放置在基础上时,应先对基础支撑面钢板找平。各支撑钢板标高应符合安装要求,高度差应不大于 1 mm,水平度偏差应不大于 1‰。

4 基础支撑面按设计要求垫橡胶板，无明确要求时选用厚度 10 mm 的硬橡胶板。

5 机组按设计位置吊装就位，就位后在设备技术文件规定的基准面找正找平，要求安装纵、横向水平度偏差均不应大于 1‰，水平度偏差的测量可采用液体连通器或其他方法。

6 真空泵就位后应找正找平。抽气连接管宜采用直径与真空泵进口直径相同的金属管，采用橡胶管时应采用真空胶管，并对管接头处采取密封措施，宜尽量缩短设备与真空泵之间的管长。真空泵安装后应进行抽气性能试验。在泵的吸入管上安装真空度测量仪，并关闭真空泵与制冷系统连接的阀门，启动真空泵，将压力抽至 0.0133 kPa 以下，然后停泵观察真空度测量仪，应无泄漏。当有泄漏时，应查找泄漏的原因，排除故障。

7 屏蔽泵就位后应找正找平。屏蔽泵的电线接头处应做防水密封。

8 吸收式机组安装后，应按设备技术文件规定对设备内部进行清洗。

9 燃油或燃气直燃型制冷机组及附属设备的安装还应符合现行国家标准《建筑设计防火规范》GB 50016 的相关要求。直燃型制冷机组的排烟管出口应按设计要求设置防雨帽、避雷针和防风罩等。

10 燃油吸收式制冷机组安装还应符合下列规定：

1）油箱上不得采用玻璃管式油位计。

2）燃烧重油的吸收式制冷机组就位安装时，轻、重油油箱的相对位置应符合设计要求。

3）燃油系统油泵就位后在设备技术文件规定的基准面找正找平，纵、横向水平度允许偏差应为 1‰，联轴器两轴芯轴向倾斜允许偏差应为 0.2‰，径向允许位移不应大于 0.05 mm。

9.3.16 模块式冷水机组安装应符合下列规定：

1 安装前应对机组进行复验，若发现质量问题应与建设、监理以及设备供应商协商解决。

2 设备基础平面的水平度和外形尺寸应满足设备技术文件的规定。基础抹面应平整，不平整度应允许偏差不大于 1‰。用液体连通器或用水准仪检查，沿基础长边和对角线的水平度允许偏差应不大于 1‰，全长应不大于 5 mm。

3 设备安装时，在基础上垫以厚度为 10 mm 橡胶减振块。多台机组并联组合时，应在基础上增加型钢底座。

4 机组吊装必须保持平衡，防止因重心偏高而倾倒。吊装不得使机体和内部设备、管道及连接受到损伤。

5 模块机组的安装程序和工艺应符合设备技术文件的规定。安装应保证进、出水管连接位置正确，严密不漏。组合后接口应牢固、严密不漏，机体应平整完好无扭曲无损伤。

6 同规格模块机组成排安装时，排列应整齐，位置允许偏差应符合设备技术文件的规定。

7 风冷模块式冷水机组的周围，应按设备技术文件要求留出通风空间。

9.3.17 大、中型热泵机组应符合下列规定：

1 机组的复验执行本标准第 9.3.16 条第 1 款的规定。

2 机组设置减振垫安装时，应有定位措施，防止设备运行时发生位移。

3 蒸发器进、出水管必须按设备技术文件的规定进行连接、支撑和安装过滤器，并按要求设置绝热层。

4 水流开关必须安装在机组的进水管道上，两侧宜各有长度为 4 倍管径及以上的直管段，并应与制冷机的启动开关连锁。

5 热交换器进、出管接口，水泵进、出管接口之间应安装柔性接头。进、出水管道上应装有套管式温度计（或套管式水银玻璃管温度计）和压力表。

6 水系统中所有的低点应设排水装置，所有高点应设排气装置。

7 空气源热泵机组安装还应符合下列规定：

1） 空气源热泵机组安装位置应符合设计要求，同规格设备成排就位时，排列应整齐，允许偏差不应大于 10 mm。

2） 机组安装在屋面或室外平台上时，机组与基础间的减振装置应符合设计要求，并应采取可靠的防雷措施及接地措施。

3） 机组配管与室内机安装应同步进行。

4） 机组周围应按设备技术文件的要求留出通风空间与检修空间，不得有影响机组正常运行通风要求的设备设施。设备的进风通道的宽度不应小于 1.2 倍的进风口高度，当两个及以上机组送风口共用一个进风通道时，间距宽度不应小于 2 倍的进风口高度。

8 多联机空调机组安装还应符合下列要求：

1） 室外机和室内机的安装位置、高度应符合设计及设备技术文件的规定。

2） 制冷剂应根据工程管路系统的实际情况，通过计算后进行充注。

3） 安装在户外的室外机组应可靠接地，并应采取防雷保护措施。

4） 室外机的通风应通畅，不应有短路现象；风管式室内机的送、回风口之间，不应形成气流短路。

9 机组供、回水管侧应留出足够的检修距离。

Ⅱ 制冷附属设备安装工艺

9.3.18 制冷系统附属设备包括冷凝器、储液器、油分离器、中间冷却器、集油器、空气分离器、蒸发器和制冷剂泵等，应根据设备结构特点制定安装工艺流程。

9.3.19 制冷附属设备基础根据设备基础施工图和本标准第9.3.2条的规定进行验收和准备。

9.3.20 设备开箱检查与验收除应符合本标准第4.4节的有关规定外，还应检查设备所有接口的位置和封闭情况。对未密封或密封不良的容器，应使用压缩空气吹扫，检查内部锈蚀情况。

9.3.21 容器类附属设备的安装除应符合设计和设备技术文件规定外，尚应符合下列规定：

1 设备安装前应用干燥的压缩空气或氮气进行单体吹扫和气密性试验。吹扫压力可取 0.5 MPa ~ 0.6 MPa（表压），在吹扫后期，用干净白布或白纸贴在木板上制成白靶，放置在距排污口300 mm ~ 500 mm 处检查，5 min 内靶上无污物时为合格。合格后进行气密性试验，试验方法和压力应符合设计和设备技术文件的要求，试验压力可执行表9.3.21的规定。试验合格后才能安装。

表 9.3.21 附属设备气密性试验压力

制冷剂	试验压力/MPa
R22、R404A、R407C、R502、R717、R410A	≥1.8
R134a	≥1.2

2 卧式设备安装的水平度偏差和立式设备的垂直度偏差均

应不大于 1‰。安装带有集油器的卧式设备时，应有 1‰坡度并坡向集油器。

3 所有设备安装的位置、标高和进、出管口方位，应符合工艺流程、设计和设备技术文件的规定。安装应判明设备管口的接管属性，防止设备管口方位错误。

4 安装低温设备时，设备的支撑和与其他设备接触处，应垫设不小于绝热层厚度的垫木或绝热材料，垫木应经防腐处理。

5 严禁使用设备的连接管作为吊点或找正找平的着力点。

6 制冷剂泵的安装，除应符合现行国家标准《压缩机、风机、泵安装工程施工及验收规范》GB 50275 的有关规定外，还应符合下列要求：

1）泵的轴线标高应低于循环储液桶的最低液面标高，其间距应符合设备技术文件的规定。

2）泵的进、出口连接管管径应大于泵的进、出口直径，两台及两台以上泵的进液管应单独敷设，不得并联安装。

3）泵不应在无介质和有气蚀的情况下运转。

9.3.22 蒸发器的安装还应符合下列规定：

1 立式蒸发器安装应符合下列规定：

1）立式蒸发器安装前，水箱应做注水检漏试验，保持满水 8 h～12 h，以不渗漏为合格。安装前应按设备技术文件规定对内外表面进行防腐处理。

2）基础表面应平整，绝热层施工应符合设计的规定。基础与绝热层之间应有防潮层，水箱支架或枕木的放置不得损坏防潮层。支架或枕木上表面以 1‰的坡度，坡向水箱泄水口。

3）吊装水箱时应在水箱内设置木撑或采用专用吊架，使水箱壁不受横向力，防止吊装时水箱壁内凹变形。

4）严密性试验合格的蒸发器管组，应除锈补刷防腐涂料后再安装。并应以 1‰的坡度坡向集油器。蒸发器管组在水箱中组装和固定应牢固。

5）在水箱内组装的蒸发器管组，应整体按本标准第 9.3.21条第 1 款的要求进行气密性试验。

6）搅拌机安装前应清洗检查，加好润滑剂，调整好填料，用手拨动，转动应轻便且不碰外壳。

7）安装后的所有孔口均应及时封闭。水箱侧壁板的保温，应在全部附件安装完毕，检验合格，孔口封闭和上盖盖合后进行。

2 卧式蒸发器安装应符合下列规定：

1）应使用水平仪在设备技术文件规定的找平基准面（线）上进行找平，若无明确规定时，可在蒸发器壳体上部，分三处测量（图 9.3.22），取读数的平均值为测量结果。

2）蒸发器支腿与基础或钢支架之间，应垫 50 mm ~ 100 mm 厚经防腐处理的木块（图 9.3.22）。

3）蒸发器支腿的安装应考虑蒸发器的热胀冷缩，支腿一端固定，一端采用 Z 形角销等形式的滑动支座（图 9.3.22）。

4）卧式蒸发器的绝热层施工应在制冷系统气密性试验合格后进行。

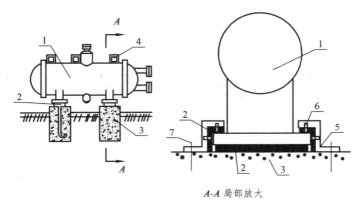

A-A（局部放大）

图 9.3.22　卧式蒸发器找平示意图

1—蒸发器；2—垫木；3—基础；4—方水平仪；5—Z 形角销；
6—防腐垫木或其他硬质绝热材料；7—Z 形角销地脚螺栓中心线

9.3.23　冷凝器的安装还应符合下列规定：

1　卧式冷凝器的找平方法同卧式蒸发器。卧式冷凝器在钢架上安装时，找平的钢垫片应加在横梁与立柱支托之间，并与支托定位焊固定，不应加在冷凝器支腿与横梁之间。

2　立式冷凝器安装找正，应使各管口位置符合设计要求。立式冷凝器的垂直度偏差测量，应在冷凝器两个垂直方向的侧面放垂线，测量冷凝器本体与垂线在上、中、下三个测点的间距，任意两个测点的测量值差与测点间距之比均应不大于 1‰。

3　焊接冷凝器的钢梯和平台，不得损伤冷凝器本体。

9.3.24　卧式储液器的安装可执行本标准第 9.3.23 条第 1 款的方法。

9.3.25　油分离器、中间冷却器、集油器、空气分离器等设备必须按设计的位置安装，稳固固定。

Ⅲ 制冷剂管道系统安装工艺

9.3.26 制冷剂管道系统安装应按图 9.3.26 的工序进行。

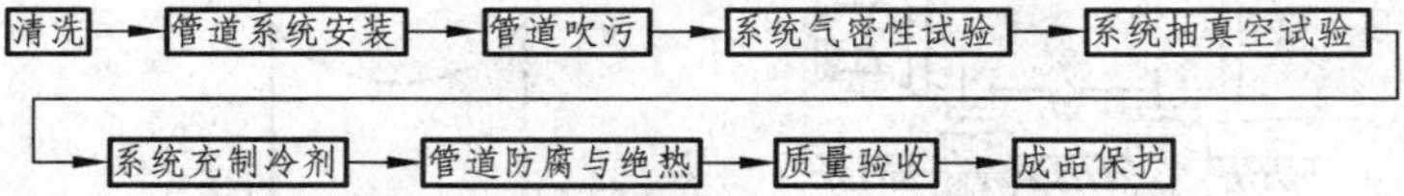

清洗 → 管道系统安装 → 管道吹污 → 系统气密性试验 → 系统抽真空试验 →
系统充制冷剂 → 管道防腐与绝热 → 质量验收 → 成品保护

图 9.3.26 制冷剂管道系统安装工艺流程

9.3.27 制冷剂管道清洗应符合下列要求：

1 清洗应使管内壁显现金属光泽；钢管外壁符合防腐涂料施工要求。

2 钢管清洗应符合下列要求：

1）机械或人工方法：用钢丝刷在管内来回擦刷，直到将管内壁的污物和铁锈彻底清除，然后用干净纱布浸煤油将管道内壁擦净。对于小口径的管道、弯管或管件，可直接用抹布浸煤油擦洗干净。

2）化学清洗法：对于大直径的钢管，按现行国家标准《机械设备安装工程施工及验收通用规范》GB 50231 中的清洗溶液和清洗方法进行清洗，直到氧化皮被完全清除为止。清洗后必须经过光泽处理，光泽处理后用水冲洗干净。

3）钢管清洗完毕，经干燥后封闭管口待用。管道的存放应保持内外壁干燥。

3 紫铜管清洗应符合下列要求：

1）拉洗法：将干净的纱布绑在铁丝上，浸上汽油，从管子的一端穿入再从另一端拉出，纱头要在管内进行多次拉洗，每拉一次都要将纱头在汽油中清洗后再用，直到管内壁擦洗干净为止，最后用干纱头擦一次。

2）化学清洗法：按现行国家标准《机械设备安装工程施工及验收通用规范》GB50231 中的清洗溶液和清洗方法，将紫铜管放在清洗溶液中进行清洗，取出后用清水冲洗。

3）清洗干净的铜管烘干后应及时封闭管口。

9.3.28 阀门检验应符合下列规定：

1 对具有产品合格证并在设备技术文件规定的保证期内，外观无损伤、锈蚀等现象，进、出口密封良好的阀门，可只清洗密封面。对不符合上述条件的阀门，应拆卸清洗，并按阀门的要求更换填料和垫片。

2 阀门安装前均应进行单体强度试验和严密性试验，试验压力应符合设计和设备技术文件的规定。无规定时，强度试验压力应为阀门公称压力的 1.5 倍，时间不得少于 5 min；严密性试验压力应为阀门公称压力的 1.1 倍，持续时间 30 s 不漏为合格。

3 凡试验不合格的阀门应进行检修。对阀芯与阀座密封面之间的泄漏，可加冷冻机油研磨。研磨后洗净组装，重做强度试验和严密性试验。检修后仍无法达到质量要求的应予以更换。

4 强度试验和严密性试验合格后应保持阀体内的干净和干燥，阀口应封闭。

5 浮球阀、浮球式液面指示器、电磁阀等，安装前应进行单体动作试验，并检验其严密性。

6 出厂铅封良好的安全阀，若外观完好，且在质量保证期内，可不必拆洗。不符合上述条件时应拆卸、清洗和重新调整。安全阀的调整设定应由有计量检验资格的单位和人员进行，并应符合国家有关规定和制冷系统运行的要求。

9.3.29 制冷剂管道安装应符合下列规定：

1 制冷剂管道支架应按要求制作和安装。

2 管道安装的位置、坡度及坡向应符合设计要求。当设计无要求时，应符合表 9.3.29-1 的规定。

表 9.3.29-1　　制冷剂管道坡度、坡向

管道名称	坡向	坡度
压缩机吸气水平管（氟）	压缩机	≥10‰
压缩机吸气水平管（氨）	蒸发器	≥3‰
压缩机排气水平管	油分离器	≥10‰
冷凝器水平供液管	储液器	1‰～3‰
油分离器至冷凝器水平管	油分离器	3‰～5‰

3 制冷剂管道支吊架埋设应牢固，水平管道支吊架的间距不应大于 1.5 m，垂直管道不应大于 2.0 m；连接制冷机的吸、排气管道应设独立支架；管径小于或等于 40 mm 的铜管道，在与阀门连接处应设置支架。管道穿越墙体或楼板时，应加装套管。

4 管道的下料切断，其切口应平整，不得有毛刺、凹凸等缺陷，切口允许倾斜偏差应为管径的 1%；管道扩口时用力应均匀不得偏心，管扩口应保持同心，不得有开裂及皱槽，并应有良好的密封面。切割粉末应清除干净。

5 紫铜管宜采用冷弯，不得采用充砂弯制。钢管采用充砂热弯后，必须有确保砂粒被完全清除的后处理方法。制冷剂管道弯管弯曲半径不应小于管道直径的 3.5 倍，弯制后最大外径与最小外径之差应不大于 8% 的管道直径。管件制作后应按本标准第 9.3.27 条的有关规定清洗。紫铜管热煨或退火后，必须除去内壁形成的氧化层。制冷剂管道弯管不应使用焊接弯管及皱褶弯管。

6 吸、排气管道敷设时，其管道外壁之间的间距应大于 200 mm；管道上、下平行敷设时，吸气管应敷设在排气管下方。

7 管道与三通连接时，应将支管按制冷剂流向弯成弧形再进行焊接[图 9.3.29-1（a）]，不宜使用弯曲半径小于 1.5 倍管道直径的压制弯头；当支管与干管直径相同且管道内径小于 50 mm 时，需在干管的连接部位换上大一号管径的管段，再按以上规定进行焊接[图 9.3.29-1（b）]。不同管径管子对接焊接时，应采用同心异径管。

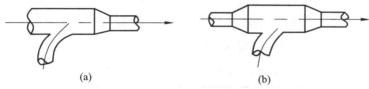

图 9.3.29-1　支管与主管的连接示意图

8 在液体管上接支管，应从主管的底部或侧部接出；在气体管上接支管，应从主管的上部或侧部接出；有两根以上的支管从干管引出时，连接部位应错开，间距不应小于支管管径的 2 倍，且不应小于 200 mm；供液管不应出现向上凸起的弯曲现象，以免形成气囊；吸气管除氟利昂制冷系统专门设置的回油管外，不应出现下凹的弯曲现象，以免形成液囊。

9 管道焊接应符合下列规定：

1）紫铜管的连接宜采用承插焊接或套管式焊接，承口的扩口深度应不小于管直径，承插焊接的承口方向应迎介质流向[图 9.3.29-2（a）]。紫铜管与螺纹接头的插接焊如图 9.3.29-2（b），紫铜管的承插焊接的插接深度应符合表 9.3.29-2 的规定，套管式焊接的插接深度不应小于表 9.3.29-2 中最小承插连接的规定。当采用对接焊接时，管道内壁应平齐，错边量不应大于 10%的壁厚，且不得大于 1 mm。

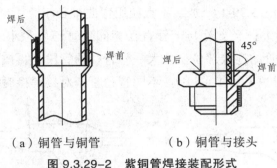

（a）铜管与铜管　　　　（b）铜管与接头

图 9.3.29-2　紫铜管焊接装配形式

表 9.3.29-2　铜管承、插口深度

铜管规格	≤ DN15	DN20	DN25	DN32	DN40	DN50	DN65
承口的扩口深度/mm	9～12	12～15	15～18	18～20	21～24	24～26	26～30
最小插入深度/mm	7	9	10	12	13	14	
间歇尺寸/mm	0.05～0.27				0.05～0.35		

2）紫铜管现场连接焊接宜采用本标准第 8.3.20 条第 7 款～第 13 款的方法。

3）紫铜管焊接连接的焊口需要补焊时，应先清除接口表面的油污、氧化层等污物，用纱布擦净。原为铜焊的可用银合金焊料补焊，原为银合金焊料的仍用银合金焊料补焊，原为磷青铜焊的只能用磷青铜料补焊。

4）输送制冷剂的碳素钢管道的焊接，宜采用氩弧焊的焊接工艺，不应采用气焊。现场采用电焊时，应执行现行国家标准《现场设备、工业管道焊接工程施工规范》GB 50236 的有关规定。

5）钢管焊缝探伤、检验及质量评定应符合现行国家标准《工业金属管道工程施工规范》GB 50235 和《现场设备、工业管道焊接工程施工规范》GB 50236 的有关规定。

6）钢管、铜管管道的焊缝返修均不得超过两次，否则应切去换管重焊。

10　管道螺纹连接应符合下列要求：

1）管道螺纹必须完整，不得有乱丝和倒丝，配合松紧适度，拧紧后应有 1 扣～2 扣余量。

2）管道螺纹连接时，应先用汽油或煤油清洗丝扣上的油污，擦干后抹上填料，填料在连接时不能挤入管口中。用于高温管段螺纹连接的填料，应使用高温密封剂。

3）紫铜管用于螺纹连接的喇叭口不能有裂纹。制作喇叭口的管端应先退火，退火后应擦去氧化层。

11　管道法兰连接应符合下列规定：

1）管径大于或等于 32 mm 的管道，与设备和阀门的法兰连接应采用凸凹法兰。

2）管端在法兰的插入深度，应使管端平面至法兰密封面有 1.3 倍～1.5 倍管壁厚的距离。管子与法兰双面满焊，内口焊缝不得凸出法兰密封面。

3）管径小于或等于 300 mm 管道与焊接法兰的垂直度允许偏差为 1 mm，当管径大于 300 mm 时，允许偏差为 2 mm。

4）法兰连接螺栓长度应一致，螺母应在同侧均匀拧紧。拧紧螺母后螺栓露出螺母的长度应为螺栓直径的 1/3～1/2。

5）法兰连接的填料应与管内制冷剂的性能相适应。

12 管道的法兰、焊缝和管路附件等不应埋于墙内或不便检修的地方，管道穿越墙面或楼板处应设钢套管，管道的接缝不得置于套管内，管道与套管之间的空隙用不燃的绝热材料填塞。但排气管在穿墙处与套管宜留 10 mm 间隙，且不得填充材料。

13 绝热管道与支、吊架及设备接触处之间应垫与绝热层厚度相同的绝热衬垫或经过防腐处理的木衬。

14 阀门安装应符合下列要求：

1）阀门安装前应复核其技术参数，阀门的密封材料应与管内的制冷剂性能相适应。

2）阀门安装的位置、方向、高度应符合设计要求，单向阀应按制冷剂流向安装，不得装反。电磁阀、调节阀、升降式止回阀等的阀头均应向上。

3）安全阀安装前应检查出厂合格证书、定压测试报告和铅封情况，但不得随意拆启。安全阀、溢流阀或超压保护装置，应单独按设备技术文件的规定进行调整和试验，其动作正确无误后，再安装在规定的位置上。

4）安全阀应垂直安装在便于检修的位置，排气管的出口应朝向安全地带，排液管应装在泄水管上。水平管道上阀门的手柄不应向下。

5）安全阀与设备之间若设关断阀门，在运转中必须处于全开位置，并予以铅封。

6）安全阀安装完成后，在制冷系统投入运行前，应对其进行调试校核，开启和回座压力应符合设备技术文件要求。

15 氟利昂制冷系统热力膨胀阀的安装应符合下列规定：

1）安装前应检查感温包、毛细管和密封盖，外观应完好，严密无泄漏，不合格应进行修理、试压和校验，经检定合格后才能安装。

2）连接阀体与感温包的毛细管，在安装时应小心回直，不得弯折出现内凹、死角和损坏。

3）热力膨胀阀感温包的安装应符合设计和设备技术文件要求。感温包与回气管的接触面氧化皮应清除干净，直到露出金属本色并刷上铝漆，用两块厚度 0.5 mm 的紫铜片将感温包与回气管紧密绑扎牢固，最后密封包扎在厚度与管道绝热层相同的绝热层隔热材料中。当吸气管直径小于或等于 25 mm 时，可将感温包绑扎在吸气管上面，当吸气管直径大于 25 mm 时，可将感温包绑扎在吸气管水平轴线以下与水平线成 30°左右的位置上。

4）热力膨胀阀的安装位置应高于感温包。

16　浮球阀的安装高度必须符合设计要求。

17　仪表安装应符合下列规定：

1）所有测量仪表均应按设计要求采用专用产品，并应有合格证书和有效的检测报告，压力测量仪表须用标准压力表进行校正，温度测量仪表须用标准温度计校正，校正后应做好记录。

2）所有仪表应安装在光线良好、便于观察、不妨碍操作和检修的地方。

3）压力继电器和温度继电器应安装在不受振动的地方。

4）压力表距阀门位置不宜小于 200 mm。

18　分体式空调制冷剂管道安装应符合设计要求及设备技术文件的规定，并应符合下列要求：

1）制冷剂配管安装时，应尽量减少钎焊接头和转弯。

2）分歧管应依据室内机负荷大小进行选用。分歧管应水平安装，安装时不应改变其定型尺寸和装配角度。

9.3.30　系统吹污应符合下列规定：

1　系统吹扫排污应采用表压力为 0.5 MPa ～ 0.6 MPa 的干燥

压缩空气或氮气。氟利昂系统宜使用氮气进行吹扫。

2 吹扫前应选择在系统的最低点设排污口,如系统较长可分设几个排污口分段吹扫。应将孔板、喷嘴、滤网、阀门的阀芯等拆掉,妥善保管或采取流经旁路方法。

3 吹扫时不参加吹扫工作的仪表及管道附件应采取安全可靠的隔离措施。

4 吹扫前可使用木塞塞紧管端的排污口,木塞应用铁丝或尼龙绳与管子相连。管内升压到 0.6 MPa 时击落木塞,反复多次。吹扫中可用木槌沿吹扫管段轻击,振落管内壁上的焊渣和杂物。吹扫后期,用干净白靶放置在距排污口 300 mm ~ 500 mm 处检查,5 min 内靶上无污物时为合格。

5 系统吹扫干净后应拆卸清洗可能积存污物的阀门。吹扫前拆除的仪表、阀门应回装。

9.3.31 系统气密性试验应符合下列规定:

1 制冷剂管道系统吹扫合格后应对整个系统进行气密性试验。

2 制冷剂为氨的系统,可采用干燥的压缩空气进行试验;制冷剂为氟利昂的系统,应采用瓶装压缩氮气进行试验,较大的制冷系统可采用经干燥处理后的压缩空气进行试验。

3 系统气密性试验压力应符合设计和设备技术文件的规定,无规定时,应符合表 9.3.31 的规定。

表 9.3.31　制冷系统气密性试验压力　　　单位:MPa

制冷剂	R717/R502	R22	R134A	R123
低压系统	1.8	1.8	1.2	0.3
高压系统	2.0	2.5	1.6	0.3

注:1　低压系统:指自节流阀起,经蒸发器到压缩机吸入口;
　　2　高压系统:指自压缩机排出口起,经冷凝器到节流阀。

4 充气至规定的试验压力，在 6 h 以后开始记录压力表读数，记录压力数值时，应每隔 1 h 记录一次室温和压力值，经稳压 24 h 后观察压力值，因环境温度变化而引起的试验终止时计算压力值 P_{2S} 应按式（9.3.31-1）计算。试验终止时压力变化值 ΔP 应按式（9.3.31-2）计算，对于蒸汽压缩式制冷系统，试验终止时，压力变化值 ΔP 等于零为合格。

$$P_{2S} = \frac{273 + t_2}{273 + t_1} P_{1C} \qquad （9.3.31\text{-}1）$$

式中 P_{1C}——试验开始时系统中气体的实测绝对压力（MPa）；

P_{2S}——试验终止时系统中气体的计算绝对压力（MPa）；

t_1——试验开始时系统中气体的温度（℃）；

t_2——试验终止时系统中气体的温度（℃）。

$$\Delta P = |P_{2S} - P_{2C}| = \left| \frac{273 + t_2}{273 + t_1} P_{1C} - P_{2C} \right| \qquad （9.3.31\text{-}2）$$

式中 ΔP——试验终止时压力变化值（MPa）；

P_{2C}——试验终止时系统中气体的实测绝对压力（MPa）。

5 当高、低压系统区分有困难时，在检漏阶段，高压部分应按高压系统的试验压力进行；保压时，可按低压系统的试验压力进行。

6 吸收式制冷系统气密性试验的压力应符合设计和设备技术文件的要求，无要求时，气密性试验正压为 0.2 MPa，检查设备和管道有无泄漏时，应保持压力 24 h，按本标准公式（9.3.31-1）修正后，压力变化值 ΔP 按本标准公式（9.3.31-2）计算，压力变化值 ΔP 不大于 66.5 Pa 为合格。

7 系统保压期间，使用肥皂水或其他发泡剂对系统所有焊缝、阀门、法兰等连接部位进行仔细涂抹检漏，应无泄漏现象。

　　8　试验过程中如发现泄漏应做好标记，必须在泄压后才能检修，严禁带压修补。修补后，应重新试验直至合格。

9.3.32　系统抽真空试验应符合下列规定：

　　1　系统抽真空试验应符合设计和设备技术文件的规定，无规定时应符合下列规定：

　　　　1）氟利昂系统的剩余压力应小于 5.3 kPa，保持 24 h，按本标准公式（9.3.31-1）修正后，压力变化值ΔP 按本标准公式（9.3.31-2）计算，压力变化值ΔP 不大于 0.53 kPa 为合格。

　　　　2）氨系统剩余压力不应大于 8 kPa，保持 24 h，按本标准公式（9.3.31-1）修正后，压力变化值ΔP 按本标准公式（9.3.31-2）计算，压力变化值ΔP 不发生变化为合格。

　　　　3）吸收式制冷系统内绝对压力抽至 66.5 Pa，关闭真空泵上的抽气阀门，保持压力 24 h，按本标准公式（9.3.31-1）修正后，压力变化值ΔP 按本标准公式（9.3.31-2）计算，压力变化值ΔP 不应大于 25 Pa 为合格。

　　　　4）达不到上述要求时应进行检漏，找出泄漏点并进行检修。检修后的系统应重做气密性试验和抽真空试验，直至合格。

　　2　开启式制冷压缩机可利用系统压缩机或利用真空泵抽真空。活塞式压缩机抽真空时，应符合下列规定：

　　　　1）应关闭排气阀，并开启放气通孔，启动压缩机进行抽真空。

　　　　2）曲轴箱压力应迅速抽至 0.015 MPa（绝对压力），油压不应低于 0.1 MPa（绝对压力）。

　　3　氨制冷系统的真空试验应采用真空泵进行。无真空泵时，应将压缩机的专用排气阀（或排气口）打开，抽空时将气体抽至大气，通过压缩机的吸气管道使整个系统抽空。

9.3.33 系统充制冷剂应符合下列规定：

1 系统充制冷剂时，应保证冷冻水、冷却水系统或冷凝器风机能正常工作。

2 可采用由压缩机低压吸气阀侧充灌制冷剂或在加液阀处充灌制冷剂。

3 氟利昂系统充注时，制冷剂钢瓶与注液阀之间的连接管应加干燥过滤器。氨系统宜加过滤器。

4 由压缩机低压吸气阀侧充灌制冷剂时，应先在压缩机吸气阀多用通道口接上三通接头，一端接真空压力表，另一端通过紫铜管与制冷剂钢瓶连接。稍打开制冷剂阀门，使紫铜管内充满制冷剂。再稍拧松三通接头上的接头螺母，将紫铜管内的空气排出。拧紧接头螺母，并开大制冷剂钢瓶阀门，在磅秤上读出重量，做好记录。开启吸气多用通道，使多用通道与低压吸气端处于连通，制冷剂即可进入系统。

5 在加液阀处充灌制冷剂时，出液阀应关闭，其他阀门均应开启，操作方法与低压吸气阀侧充灌制冷剂相同。

6 当系统内的压力升至 0.2 MPa 时，应对系统进行全面检漏，氨系统使用酚酞试纸，氟利昂系统使用卤素检漏仪。如有泄漏应在泄压后修理，确认无泄漏后再继续充制冷剂至规定量。

7 当系统压力与钢瓶压力相同时，方可开动压缩机，加快制冷剂充入速度，并按要求向冷凝器供冷却水和向蒸发器供载冷剂。

8 制冷剂充入的总量应符合设计或设备技术文件的规定。多余的充注量应采用回收装置回收，不得向大气直接排放。

9.3.34 管道防腐与绝热应符合下列要求：

1 制冷管道、支吊架等金属制品必须做好除锈防腐处理，安装前可在现场集中进行除锈和底漆涂刷。在系统制冷剂检漏合格后，进行各连接处底漆补刷和面漆涂刷。

2 管道应按要求进行防腐和绝热施工。涂刷油漆的种类、颜色，应符合设计和有关规范的要求。

3 乙二醇系统管道内壁需作环氧树脂防腐处理。

Ⅳ 燃油、燃气系统管路安装工艺

9.3.35 燃油、燃气系统管路安装应符合现行行业标准《石油化工剧毒、可燃介质钢制管道工程施工及验收规范》SH 3501 和国家标准《汽车加油加气站设计与施工规范》GB 50156 的规定。

9.3.36 系统管路应明装敷设在便于安装和检查的地方，不得穿越易燃易爆品存放区、配电间、变电室等部位。

9.3.37 系统管道上的阀门在安装前应按现行行业标准《阀门检验与安装规范》SY/T 4102 的要求，逐个进行强度试验和严密性试验。试验合格的阀门应及时排尽内部积水，并吹干，密封面和阀杆等处应涂防锈油。强度试验不合格的产品严禁使用。严密性试验不合格的产品，必须解体检查；解体复检仍然不合格的产品，不得采用。阀门的操作机构应进行清洗检查，操作应灵活可靠，不得有卡涩现象。

9.3.38 与储罐连接的管道安装应在储罐安装就位经注水沉降稳定后进行。

9.3.39 燃油系统管路安装应符合下列规定：

1 机房内油箱的容量不得大于 1 m³，油位应高于燃烧器 0.10 m ~ 0.15 m，油箱顶部应安装带阻火器的呼吸阀，油箱还应设置油位指示器。

2 在管路系统中应安装过滤器，一般可设在油箱的出口处和燃烧器的入口处。油箱的出口处可采用 60 目的过滤器，而燃烧器的入口处则应采用 140 目的过滤器。

3 油管道系统应设置可靠的防静电接地装置，其管道法兰应采用镀锌螺栓连接或在法兰处用铜导线进行跨接，且接合良好。油管道与机组的连接不应采用非金属软管。

4 燃油管道的最低点应设置排污阀，最高点应设置排空阀。

5 无日用油箱的供油系统，应在储油罐与燃烧器之间安装空气分离器，并应靠近机组。

9.3.40 当燃气管路的设计压力大于机组使用压力范围时，应在进机组之前增加减压装置。燃气管路进入机房后，应按设计要求配置阀门、压力表、过滤器、流量计和放散管。放散管管径应大于 20 mm，管口应高出屋顶 1 m 以上，并采取防雨措施。

9.3.41 燃气系统管道与机组的连接不得使用非金属软管。

9.3.42 燃油、燃气系统管路焊接及质量检查还应符合现行国家标准《现场设备、工业管道焊接工程施工规范》GB 50236 的规定。当燃气供气管道压力大于 5 kPa 时，焊缝无损检测应按设计要求执行；当设计无规定时，应对全部焊缝进行无损检测并合格。

9.3.43 管道系统安装完成后应进行压力试验。油管道系统的压力试验可用洁净水进行，试验压力应为设计压力的 1.5 倍。燃气管道系统采用压缩空气或氮气压力试验，严禁采用水，并应有经施工单位技术总负责人批准的安全措施，试验压力为设计压力的 1.15 倍。压力试验的环境温度不得低于 5 ℃。

9.3.44 压力试验过程中若发现泄漏，必须卸压后修理。缺陷消除后应重新试压。

9.3.45 管道系统试压合格后，燃油管道应用洁净水或空气进行冲洗或吹扫；燃气管道的吹扫应采用空气或氮气，严禁采用水。吹扫压力不得超过设备和管道系统的设计压力，空气流速不得小于 20 m/s。水冲洗流速不得小于 1.5 m/s。

9.3.46 试压、冲洗或吹扫中应对阀门、仪表等采取保护措施。不参与试压、冲洗或吹扫的设备应隔离。

9.3.47 管道系统水冲洗应目测排出口的水色和透明度，以出、入口水色和透明度一致为合格；空气吹扫时应在排出口设白色靶检查，以 5 min 内靶上无铁锈及其他杂物颗粒为合格。经冲洗或吹扫合格的管道，应及时恢复原状。

9.3.48 当系统采用水作为介质试压和冲洗时，合格后应及时用干燥的压缩空气将管路中的水分吹干。

9.3.49 管道系统应以最大工作压力进行严密性试验，试验介质应为压缩空气或氮气。

9.3.50 管道系统必须按照设计和有关规范做好防静电和防雷接地装置。

9.4 质量标准

Ⅰ 主控项目

9.4.1 制冷机组及附属设备的安装应符合下列规定：

　　1 制冷（热）设备、制冷附属设备产品性能和技术参数应符合设计要求，并应具有产品合格证书、产品性能检验报告。

　　2 设备的混凝土基础应进行质量交接验收，且应验收合格。

　　3 设备安装的位置、标高和管口方向应符合设计要求。采用地脚螺栓固定的制冷设备或附属设备,垫铁的放置位置应正确,接触应紧密,每组垫铁不应超过 3 块;螺栓应紧固,并应采取防松动措施。

检查数量:全数检查。

检查方法:观察、核对设备型号、规格;查阅产品质量合格证书、性能检验报告和施工记录。

9.4.2 制冷剂管道系统应按设计要求或产品要求进行强度、气密性及真空试验,且应试验合格。

检查数量:全数检查。

检查方法:观察、旁站、查阅试验记录。

9.4.3 直接膨胀蒸发式冷却器的表面应保持清洁、完整,空气与制冷剂应呈逆向流动;冷却器四周的缝隙应堵严,冷凝水排放应畅通。

检查数量:全数检查。

检查方法:观察检查。

9.4.4 燃油管道系统必须设置可靠的防静电接地装置。

检查数量:全数检查。

检查方法:观察、查阅试验记录。

9.4.5 燃气管道的安装必须符合下列规定:

1 燃气系统管道与机组的连接不得使用非金属软管。

2 当燃气供气管道压力大于 5 kPa 时,焊缝无损检测应按设计要求执行;当设计无规定时,应对全部焊缝进行无损检测并合格。

3 燃气管道吹扫和压力试验的介质应采用空气或氮气,严禁采用水。

检查数量:全数检查。

检查方法：观察、查阅压力试验与无损检测报告。

9.4.6 组装式的制冷机组和现场充注制冷剂的机组，应进行系统管路吹污、气密性试验、真空试验和充注制冷剂检漏试验，技术数据应符合产品技术文件和国家现行标准的有关规定。

检查数量：全数检查。

检查方法：旁站观察，查阅试验及试运行记录。

9.4.7 蒸汽压缩式制冷系统管道、管件和阀门的安装应符合下列规定：

1 制冷系统的管道、管件和阀门的类别、材质、管径、壁厚及工作压力等应符合设计要求，并应具有产品合格证书、产品性能检验报告。

2 法兰、螺纹等处的密封材料应与管内的介质性能相适应。

3 制冷循环系统的液管不得向上装成"Ω"形，除特殊回油管外，气管不得向下装成"ひ"形。液体支管引出时，必须从干管底部或侧面接出；气体支管引出时，应从干管顶部或侧面接出；有两根以上的支管从干管引出时，连接部位应错开，间距不应小于2倍支管直径，且不应小于200 mm。

4 管道与机组连接应在管道吹扫、清洁合格后进行。与机组连接的管路上应按设计要求及产品技术文件的要求安装过滤器、阀门、部件、仪表等，位置应正确、排列应规整；管道应设独立的支吊架；压力表距阀门位置不宜小于200 mm。

5 制冷设备与附属设备之间制冷剂管道的连接，制冷剂管道坡度、坡向应符合设计及设备技术文件的要求。当设计无要求时，应符合本标准表9.3.29-1的规定。

6 制冷系统投入运行前，应对安全阀进行调试校核，开启和回座压力应符合设备技术文件要求。

7 系统多余的制冷剂不得向大气直接排放，应采用回收装置进行回收。

检查数量：按Ⅰ方案。

检查方法：核查合格证明文件，观察、尺量，查阅测量、调试校核记录。

9.4.8 氨制冷机应采用密封性能良好、安全性好的整体式冷水机组。除磷青铜材料外，氨制冷剂的管道、附件、阀门及填料不得采用铜或铜合金材料，管内不得镀锌。氨系统管道的焊缝应进行射线照相检验，抽检率应为10%，以质量不低于Ⅲ级为合格。

检查数量：全数检查。

检查方法：观察检查、查阅探伤报告和试验记录。

9.4.9 多联机空调（热泵）系统的安装应符合下列规定：

1 多联机空调（热泵）系统室内机、室外机产品的性能、技术参数等应符合设计要求，并应具有出厂合格证、产品性能检验报告。

2 室内机、室外机的安装位置、高度应符合设计及产品技术的要求，固定应可靠。室外机的通风条件应良好。

3 制冷剂应根据工程管路系统的实际情况，通过计算后进行充注。

4 安装在户外的室外机组应可靠接地，并应采取防雷保护措施。

检查数量：按Ⅰ方案。

检查方法：旁站、观察检查和查阅试验记录。

9.4.10 空气源热泵机组的安装应符合下列规定：

1 空气源热泵机组产品的性能、技术参数应符合设计要求，并应具有出厂合格证、产品性能检验报告。

2 机组应有可靠的接地和防雷措施，与基础间的减振应符合设计要求。

3 机组的进水侧应安装水力开关，并应与制冷机的启动开关连锁。

检查数量：全数检查。

检查方法：旁站，观察和查阅产品性能检验报告。

9.4.11 吸收式制冷机组的安装应符合下列规定：

1 吸收式制冷机组的产品的性能、技术参数应符合设计要求。

2 吸收式机组安装后，设备内部应冲洗干净。

3 机组的真空试验应合格。

4 直燃型吸收式制冷机组排烟管的出口应设置防雨帽、防风罩和避雷针，燃油油箱上不得采用玻璃管式油位计。

检查数量：全数检查。

检查方法：旁站、观察、查阅产品性能检验报告和施工记录。

Ⅱ 一般项目

9.4.12 制冷（热）机组与附属设备的安装应符合下列规定：

1 设备与附属设备安装允许偏差和检验方法应符合表9.4.12的规定。

表 9.4.12 制冷设备与制冷附属设备安装允许偏差和检验方法

项次	项目	允许偏差/mm	检验方法
1	平面位移	10	经纬仪或拉线和尺量检查
2	标高	±10	水准仪或经纬仪、拉线和尺量检查

2 整体组合式制冷机组机身纵、横向水平度的允许偏差应为 1‰。当采用垫铁调整机组水平度时，应接触紧密并相对固定。

3 附属设备的安装应符合设备技术文件的要求，水平度或垂直度允许偏差应为 1‰。

4 制冷设备或制冷附属设备基（机）座下减振器的安装位置应与设备重心相匹配，各个减振器的压缩量应均匀一致，且偏差不应大于 2 mm。

5 采用弹性减振器的制冷机组，应设置防止机组运行时水平位移的定位装置。

6 冷热源与辅助设备的安装位置应满足设备操作及维修的空间要求，四周应有排水设施。

检查数量：按Ⅱ方案。

检查方法：水准仪、经纬仪、拉线和尺量检查，查阅安装记录。

9.4.13 模块式冷水机组单元多台并联组合时，接口应牢固、严密不漏，外观应平整完好，目测无扭曲。

检查数量：全数检查。

检查方法：尺量、观察检查。

9.4.14 制冷剂管道、管件的安装应符合下列规定：

1 管道、管件的内外壁应清洁干燥，连接制冷机的吸、排气管道应设独立支架。管径小于或等于 40 mm 的铜管道，在与阀门连接处应设置支架。水平管道支架的间距不应大于 1.5 m，垂直管道不应大于 2.0 m。管道上、下平行敷设时，吸气管应在下方。

2 制冷剂管道弯管的弯曲半径不应小于 3.5 倍管道直径，最大外径与最小外径之差不应大于 8%的管道直径，且不应使用焊接弯管及皱褶弯管。

3 制冷剂管道的分支管，应按介质流向弯成 90°与主管连接，不宜使用弯曲半径小于 1.5 倍管道直径的压制弯管。

4 铜管切口应平整，不得有毛刺、凹凸等缺陷，切口允许倾斜偏差应为管径的 1%；管扩口应保持同心，不得有开裂及皱褶，并应有良好的密封面。

5 铜管采用承插钎焊焊接连接时，应符合本标准表 9.3.29-2 的规定，承口应迎着介质流动方向。当采用套管钎焊焊接连接时，插接深度不应小于本标准表 9.3.29-2 中最小承插连接的规定，当采用对接焊接时，管道内壁应齐平，错边量不应大于 10%的壁厚，且不大于 1 mm。

6 管道穿越墙体或楼板时，应加装套管；管道的支吊架和钢管的焊接应按本标准第 10 章的规定执行。

检查数量：按Ⅱ方案。

检查方法：尺量、观察检查。

9.4.15 制冷剂系统阀门的安装应符合下列规定：

1 制冷剂阀门安装前应进行强度和严密性试验。强度试验压力应为阀门公称压力的 1.5 倍，时间不得少于 5 min；严密性试验压力应为阀门公称压力的 1.1 倍，持续时间 30 s 不漏为合格。

2 阀体应清洁干燥、不得有锈蚀，安装位置、方向和高度应符合设计要求。

3 水平管道上阀门的手柄不应向下，垂直管道上阀门的手柄应便于操作。

4 自控阀门安装的位置应符合设计要求。电磁阀、调节阀、热力膨胀阀、升降式止回阀等的阀头均应向上；热力膨胀阀的安装位置应高于感温包，感温包应装在蒸发器出口处的回气管上，与管道应接触良好、绑扎紧密。

5 安全阀应垂直安装在便于检修的位置，排气管的出口应朝向安全地带，排液管应装在泄水管上。

检查数量：按Ⅱ方案。

检查方法：尺量、观察检查、旁站或查阅试验记录。

9.4.16 制冷系统的吹扫排污应采用压力为 0.5 MPa～0.6 MPa（表压）的干燥压缩空气或氮气，应以白色（布）标识靶检查 5 min，目测无污物为合格。系统吹扫干净后，系统中阀门的阀芯拆下清洗应干净。

检查数量：全数检查。

检查方法：观察、旁站或查阅试验记录。

9.4.17 多联机空调系统的安装应符合下列规定：

1 室外机的通风应通畅，不应有短路现象，运行时不应有异常噪声。当多台机组集中安装时，不应影响相邻机组的正常运行。

2 室外机组应安装在设计专用平台上，并应采取减振与防止紧固螺栓松动的措施。

3 风管式室内机的送、回风口之间，不应形成气流短路。风口安装应平整，且应与装饰线条一致。

4 室内外机组间冷媒管道的布置应采用合理的短捷路线，并应排列整齐。

检查数量：按Ⅱ方案。

检查方法：尺量、观察检查。

9.4.18 空气源热泵机组除应符合本标准第9.4.12条的规定外，尚应符合下列规定：

1 机组安装的位置应符合设计要求。同规格设备成排就位时，目测排列应整齐，允许偏差不应大于 10 mm。水力开关的前端宜有 4 倍管径及以上的直管段。

2 机组四周应按设备技术文件要求，留有设备维修空间。设备进风通道的宽度不应小于 1.2 倍的进风口高度；当两个及以上机组进风口共用一个通道时，间距宽度不应小于 2 倍的进风口高度。

3 当机组设有结构围挡和隔音屏障时，不得影响机组正常运行的通风要求。

检查数量：按 Ⅱ 方案。

检查方法：尺量、观察检查、旁站或查阅试验记录。

9.4.19 燃油系统油泵和蓄冷系统载冷剂泵安装时，纵、横向水平度允许偏差应为 1‰，联轴器两轴芯轴向倾斜允许偏差应为 0.2‰，径向允许位移不应大于 0.05 mm。

检查数量：全数检查。

检查方法：尺量、观察检查。

9.4.20 吸收式制冷机组安装除应符合本标准第 9.4.12 条的规定外，尚应符合下列规定：

1 吸收式分体机组运至施工现场后，应及时运入机房进行组装，并应清洗、抽真空。

2 机组的真空泵到达指定安装位置后，应进行找正、找平。抽气连接管应采用直径与真空泵进口直径相同的金属管，当采用橡胶管时，应采用真空用的胶管，并应对管接头处采取密封措施。

3 机组的屏蔽泵到达指定安装位置后，应进行找正、找平，电线接头处应采取防水密封措施。

4 机组的水平度允许偏差应为 2‰。

检查数量：按 Ⅱ 方案。

检查方法：观察检查，查阅泵安装和真空测试记录。

9.5 成品保护

9.5.1 设备开箱后的保护执行本标准第 8.5.1 条的规定。

9.5.2 制冷机组和附属设备安装完毕后，所有接管阀门应关闭，未连接管口用塑料管帽封闭，整体用塑料薄膜覆盖，机房洒水后清扫干净。

9.5.3 安装后的设备不应作为其他受力的支点。

9.5.4 管道与设备连接后，不宜再进行焊接和气割，必须进行焊接和气割时，应拆下管道或采取必要的措施，防止焊渣进入管道系统内或损坏设备。

9.5.5 管道预制加工、防腐、安装、试压等工序应紧密衔接，若施工有间断，应及时将敞开的管口封闭。

9.5.6 施工中对设备的保护执行本标准第 8.5.5 条的规定。

9.5.7 室内粉饰及其他工程施工期间，应设专人监护已安装完毕的管道、阀件、仪表等，防止损坏。

9.6 安全及环境保护

9.6.1 安全交底执行本标准第 8.6.1 条的规定。

9.6.2 现场焊接施工时须戴好防护眼镜、面罩及手套；应采取措施防止电弧光对相邻工区人员产生伤害。在密闭空间或设备内焊接作业时应执行本标准第 8.6.10 条规定。

9.6.3 采用电动套丝机进行套丝作业时，操作人员不得戴手套操作。

9.6.4 现场脚手架搭设应执行本标准第 7.6.11 条的规定。

9.6.5 高处作业应执行本标准第 7.6.2 条 ~ 第 7.6.6 条的规定。

9.6.6 管道吹扫时，排放口应接至安全地点，不得对向人和设备。吹扫不得污染已安装的设备及周围环境。

9.6.7 试压中对管道加压时，应有专人观察压力表，防止超压。

9.6.8 水压试验和水冲洗后的排水应符合本标准第 8.6.13 条的要求。

9.6.9 充注制冷剂应戴手套操作，严禁违规加热制冷剂瓶。充注应尽量减少制冷剂的泄漏。

9.6.10 管道和支吊架油漆时应符合本标准第 7.6.12 条的要求。

9.6.11 清洗剂处理应符合本标准第 8.6.14 条的要求。

9.6.12 油品等废料应统一收集和处理。

9.6.13 设备开箱后外包装料处理应符合本标准第 8.6.12 条的要求。

9.6.14 现场还应根据施工具体情况，执行本标准第 5.6 节各相关条文的规定。

9.7 质量记录

9.7.1 质量记录应包括下列内容：

1 施工日志 SG-003；

2 技术核定单 SG-004；

3 图纸会审记录 SG-007；

4 技术交底 SG-006；

5 混凝土设备基础工程检验批质量验收记录 SG-T045；

6 阀门试验检查记录 SG-A002；

7 设备管道吹洗（扫）记录 SG-A004；

8 管道工程隐蔽验收记录（燃油、燃气等系统）SG-A006；

9 空调制冷系统安装工程检验批质量验收记录 SG-A055。

9.7.2 本标准第 9.7.1 条中未涵盖的质量记录表格，可参照现行国家标准《通风与空调工程施工质量验收规范》GB50243 或四川省《建筑工程施工质量验收规范实施指南》表格的格式自行设计。

10 空调水系统管道与设备安装

10.1 一般规定

10.1.1 管径大于 $DN32$ 的焊接钢管宜采用焊接。施焊前应进行相应的焊接工艺评定，施焊人员应有相应类别焊接上岗证书。

10.1.2 管径小于或等于 $DN32$ 的焊接钢管宜采用螺纹连接，管径小于或等于 $DN100$ 的镀锌钢管应采用螺纹连接，当管径大于 $DN100$ 时，可采用沟槽式或法兰连接。采用螺纹连接或沟槽连接时，镀锌层破坏的表面及外露螺纹部分应进行防腐处理；采用焊接法兰连接时，对焊缝及热影响地区的表面应进行二次镀锌或防腐处理。

10.1.3 塑料管及复合管道的连接方法应符合产品技术标准的要求，材料及配件应为同一厂家的配套产品。钢塑复合管管径小于或等于 100 mm 时宜采用螺纹连接，管径大于 100 mm 时宜采用法兰或沟槽连接。塑料管道可采用热熔连接、粘结或焊接，与金属管件连接时，可采用带金属嵌件的管件过渡，该管件与塑料管采用热熔连接，与金属管件采用丝扣连接。

10.1.4 空调用蒸汽管道的安装，应按现行国家标准《建筑给水排水及采暖工程施工质量验收规范》GB 50242 的有关规定执行。温度高于 100 ℃ 的热水系统应符合国家相关压力管道工程施工规范的规定。

10.1.5 当水泵机组采取减振安装方式时，水泵的进、出水口均应安装管道减振元件，减振元件的使用应符合设计和设备技术文件的规定。管道减振元件应具有减振和位移补偿双重功能，并应符合设计对温度及进、出水口压力的要求。

10.1.6 橡胶减振元件应避免与酸、碱或有机溶剂等物质相接触。

10.1.7 空调水系统附件、附属设备的规格、型号和技术参数必须符合设计的规定。

10.2 施工准备

10.2.1 技术准备应符合下列要求：

1 技术资料的准备应符合本标准第 3.1.1 条第 1 款的规定。

2 技术人员应熟悉空调水系统施工图、设计说明和设计变更文件，以及有关安装技术资料和质量检验验收规范。

3 图纸会审准备工作和现场实测执行本标准第 3.1.1 条第 2 款和第 3.2.4 条的规定。空调水系统安装宜采用 BIM 模型深化设计，若空调水系统管道与建筑结构、风管、暖卫及电气管线发生冲突，应提出明确的解决方案，并通过图纸会审和设计变更确认。

4 技术人员应现场核定系统水管、附件和设备的安装位置。对设备基础、建筑预留孔洞、预埋件的位置、尺寸、数量与设计不符等问题，应与建设、监理、设计、相关专业及土建等单位协商解决。

5 根据设计和实测结果或 BIM 模型提取的水管制作数据绘制水系统管道施工详图，施工详图应符合下列要求：

1）确定和标注系统中有定位尺寸的部件和设备的位置与实际安装尺寸。

2）标注管路的轴线、分支位置及管径、坡度等内容。

3）施工详图的标注应满足管道预制要求，预制管道不得使管道接口位于预留孔洞和套管内。

4）确定和标注管道系统支、吊架的实际安装位置。

6 技术交底和操作人员的培训执行本标准第 7.2.1 条第 6 款和第 8.2.1 条第 7 款的规定。

7 当水系统安装与其他专业交叉施工时，应与相关单位协商，制定工序、工种互相配合的技术措施与成品保护措施。

10.2.2 作业条件应符合下列要求：

1 与空调水系统管道和设备安装有关的土建工程已施工完毕并经检验合格，且能保证空调水系统管道与设备安装有足够的作业面。

2 安全、防护措施执行本标准第 5.2.2 条第 11 款的规定。

3 设备配管必须在该设备安装结束，并检验合格已经达到配管施工要求后才能进行。

4 施工现场的准备还应执行本标准第 8.2.2 条第 3 款、第 4 款的规定。预制场地满足施工要求。

5 电熔连接或热熔连接的工作环境温度不应低于 5 ℃。

10.2.3 施工材料应符合下列要求：

1 管道、管配件和阀门的技术参数、材质及连接形式应符合设计要求。

2 安装材料的进场验收应符合本标准第 3.3 节的规定。如对管材、管件的质量有疑问时，应进行抽样打压试验。

3 所选用的对焊管件的外径和壁厚应与被连接管道的外径

和壁厚相一致。

4 钢管不得有弯瘪、锈蚀、飞刺、重皮等缺陷。镀锌钢管管壁内外镀锌层应均匀、完整。

5 丝扣管件螺纹应完整，不得有偏扣、乱扣、断丝或角度不准确等缺陷。

6 钢塑管及管件的管壁及内衬（涂）塑层厚薄应均匀，无锈蚀、飞刺，内衬无脱落和破损。

7 硬聚氯乙烯（PVC-U）、聚丙烯（PP-R）、聚丁烯（PB）与交联聚乙烯（PEX）等有机材料管道，内外壁应光滑、平整，不得有气泡、裂纹、脱皮，应无严重的冷斑及明显的痕纹、凹陷、划伤等缺陷。

8 设备安装所采用的减振器（垫）的规格、材质和单位面积的承载率应符合设计和设备技术文件的规定。

9 阀门壳体表面光洁，无裂纹、气孔、毛刺，涂料层完整无锈蚀，手轮、手柄无损伤，开关灵活，制造质量符合有关阀门技术条件的规定。

10 支、吊架固定所采用的膨胀螺栓、射钉等，其强度应能满足使用要求。

11 密封材料、电焊条、气焊条等消耗材料的质量均必须符合设计及有关技术标准的要求。

12 输送乙烯乙二醇溶液的管路不得采用内壁镀锌的管材和配件。

10.2.4 施工机具及检测工具应包括下列内容：

1 主要施工机具应包括套丝机、试压泵、台钻、冲击电钻、砂轮切割机、砂轮机、坡口机、电动弯管机、钢管专用滚槽机、钢管专用开孔机、电焊机、专用热熔焊接工具、倒链、管钳等。

2 主要测量检验工具包括钢直尺、钢卷尺、角尺、法兰角尺、压力表、焊缝检验尺、水平尺、线坠等。

3 现场施工机具及检测工具的使用应符合本标准第 3.4 节的规定。

10.3 施工工艺

I 水泵安装工艺

10.3.1 水泵安装工艺流程应符合下列要求：

1 水泵使用垫铁和地脚螺栓安装应按图 10.3.1-1 的工艺进行。

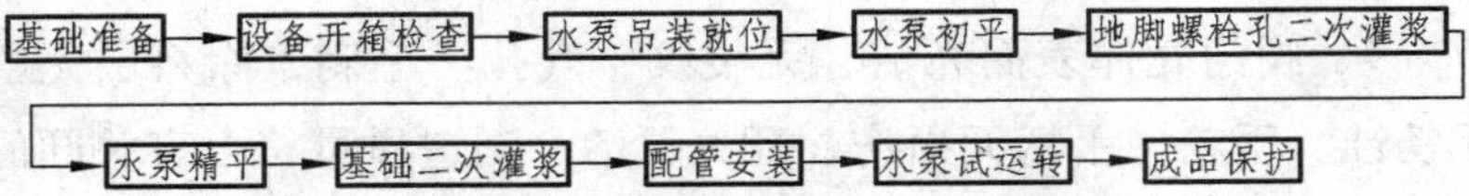

基础准备 → 设备开箱检查 → 水泵吊装就位 → 水泵初平 → 地脚螺栓孔二次灌浆

→ 水泵精平 → 基础二次灌浆 → 配管安装 → 水泵试运转 → 成品保护

图 10.3.1-1 水泵使用垫铁和地脚螺栓安装工艺流程

2 水泵使用减振安装应按图 10.3.1-2 的工艺进行。

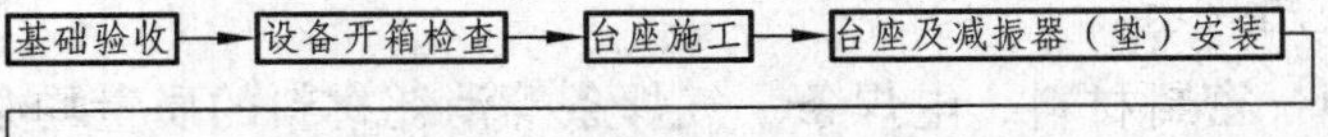

基础验收 → 设备开箱检查 → 台座施工 → 台座及减振器（垫）安装

→ 水泵吊装就位及找平固定 → 配管安装 → 水泵试运转 → 成品保护

图 10.3.1-2 水泵使用减振安装工艺流程

10.3.2 基础验收应符合本标准第 4.1 节的规定。并根据平面布置图，在设备基础上按建筑轴线划定安装纵、横中心线；按标高基准点，在基础上引出安装标高基准线。

10.3.3 水泵开箱检查除应符合本标准第 4.4 节的相关规定外，

还应符合下列要求：

1 泵体及零部件应无损坏和锈蚀，管口保护物和堵盖应完好。

2 泵的主要安装尺寸应符合设计的规定。

3 输送特殊介质泵的主要零件、密封件，以及垫料、填料的材质应符合设计要求。

10.3.4 水泵清洗应符合下列要求：

1 整体出厂的水泵在防锈保证期内，应只清洗外表；出厂时已装配并调整完备的部分不得拆卸；当超过防锈保证期或检查发现有缺陷时需拆卸、清洗和检查，其拆卸、清洗和检查应符合设备技术文件的规定。

2 管道泵和共轴式泵不宜拆卸。

3 解体出厂的泵，其零、部件及轴承应清洗干净，清洗后应去除水分，并应将零、部件和设备需防锈表面涂上润滑油，同时安装配的顺序分类放置。

4 对零部件防锈包装的清洗，应符合设备技术文件的规定，无规定时，应符合现行国家标准《机械设备安装工程施工及验收通用规范》GB 50231 的有关规定。

5 水泵装配完成后，手动盘车应转动轻快，无阻滞、卡涩现象，叶轮不应每次停止在同一位置。

10.3.5 水泵吊装就位应符合下列要求：

1 吊装时，泵体和电机的吊环只能承受单体设备重量，严禁超载。水泵机组吊装，吊点应选在公共底座上。严禁使用水泵或电机的轴、轴承座或泵的进出口法兰作为吊点。

2 水泵就位时，水泵纵向中心轴线应与基础中心线重合对齐，并找平找正。

3 水泵采用减振台座及减振器（垫）安装时，应符合设备技术文件及本标准第 4.3 节的规定。

4 机组采用垫铁和地脚螺栓安装时，垫铁和地脚螺栓的使用应符合设备技术文件和本标准第 4.2 节的要求。

10.3.6 水泵精平应符合下列规定：

1 水泵精平应在地脚螺栓孔灌浆混凝土强度达到 75%以上后进行。

2 整体安装的水泵的纵、横向水平度用水平仪和线坠在水泵的进、出口法兰面或其他水平面上进行检测，纵向水平允许偏差不应大于 0.1‰，横向水平允许偏差不应大于 0.2‰；组合安装的泵应在水平中分面、轴的外露部分、底座的水平加工面上纵、横向放置水平仪测量，纵、横向水平度允许偏差均不应大于 0.05‰。

3 水泵与电机采用联轴器连接时，两轴线的轴向倾斜及径向位移的检测方法参见本标准附录 B，联轴器两轴芯的轴向倾斜不应大于 0.2‰，径向位移不应大于 0.05 mm。

10.3.7 水泵的精平和二次灌浆执行本标准第 4.2.11 条 ~ 第 4.2.13 条的规定。机组底座外的灌浆层抹面应略有坡度。

10.3.8 水泵配管应符合下列规定：

1 配管前，与水泵连接的水管主管应安装完毕，位置正确，符合配管要求。

2 水泵精平并通过验收，基础二次灌浆混凝土强度已达到 75%以上。

3 采用减振安装的水泵机组，管道配管应在水泵机组减振元件安装 24 h 后进行。

4 水泵吸入口处应有不小于 3 倍管径的直管段，吸入口不应直接安装弯头。吸入管水平段应有沿水流方向连续上升的不小于 0.5%坡度，严禁因避让其他管道安装向上或向下的弯管。

5 与水泵进、出口相连的管段变径时，变径管长度不宜小于变径管两端大小管径差的 5 倍。水平吸入管变径时，应使用上平偏心变径管。出水管变径应采用同心变径管。

6 水泵进、出水管上应按设计要求安装仪表、阀门和过滤器等。

7 当离心式水泵的扬程大于 20 m，或有 2 台以上的水泵并联时，应在每台水泵出水管上设止回阀。

8 与水泵进、出口连接的管道应在不影响水泵运行和维修的位置设独立、牢固的支、吊架。

9 管道应在试压、冲洗完毕后再与水泵连接。管道与泵体不得强行组合连接。

10 减振安装的水泵机组，配管前应在减振器旁放置垫块使减振器卸载，配管后撤去垫块检查。

11 挠性橡胶接头安装应符合下列要求：

1）安装在水泵吸入管、出水管上的挠性橡胶接头，必须在阀门的近水泵一侧。

2）挠性橡胶接头安装应保证与水泵进、出口同心，应在不受力的自然状态下安装。接头两侧水平法兰端面用方水平仪找平行，垂直法兰端面用线坠找平行。

3）挠性橡胶接头安装完毕后不应有变形、扭曲及受力等现象。接头法兰与管道或其他管件的普通法兰连接时，螺栓的螺母应在普通法兰一侧。

4）与软接头连接的管道应固定在支、吊、托架上。

5）橡胶软接头外严禁刷油漆。当管道需要保温时，保温的做法应不影响软接头的减振和位移补偿功能。

6）软接头安装完毕后应测量其长度，在系统运行时应随时观察，管道的伸缩量和沉降量应小于软接头的允许轴向和横向位移补偿量。

Ⅱ 冷却塔安装工艺

10.3.9 冷却塔安装应按图 10.3.9 的工艺进行。

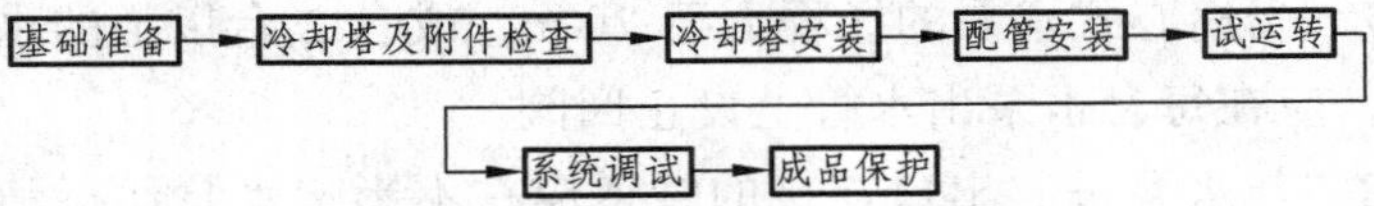

```
基础准备 ─→ 冷却塔及附件检查 ─→ 冷却塔安装 ─→ 配管安装 ─→ 试运转
                                              │
                       系统调试 ←─ 成品保护 ←─┘
```

图 10.3.9 冷却塔安装工艺流程

10.3.10 冷却塔基础检查验收与放线执行本标准第 4.1 节的规定，基础允许误差应为 ±20 mm，进风侧距建筑物应大于 1 m，并按设备技术文件的要求准备地脚螺栓和垫铁，地脚螺丝应为镀锌或不锈钢螺栓。

10.3.11 冷却塔开箱检查与验收执行本标准第 4.4 节的规定，并应符合下列要求：

1 冷却塔的技术参数应符合设计要求，各部件的连接件、密封件应无松动。

2 壳体、填料应无裂纹和破损，钢支架（支腿）不得有影响安装的变形。

3 风机叶轮、齿轮箱、布水装置等部件不得有变形、锈蚀和损坏。

10.3.12 冷却塔安装应符合下列规定：

1 冷却塔支腿与基础预埋钢板或地脚螺栓连接时应找正找

平，连接稳定牢固，紧固力应一致、均匀。

2 冷却塔壳体吊装应防止变形或破裂。内部水管、布水装置、淋水装置及收水器等部件的安装应严格执行设备技术文件和配套施工图的规定。

3 冷却塔安装应水平，单台冷却塔安装的水平度和垂直度允许偏差均应为 2‰。同一冷却水系统的多台冷却塔安装时，各台冷却塔的水面高度应一致，高差允许偏差不应大于 30 mm。当采用共用集管并联运行时，冷却塔集水盘（槽）之间的连通管应符合设计要求。

4 风筒组装时应保证其圆度，安装后风机的叶片角度应一致，叶片端部与风筒壁的间隙应均匀，并应符合产品技术文件要求。

5 安装后的风机及旋转管式布水器，手动盘动应灵活，无阻滞和卡涩现象。转动轴承应清洗后按设备技术文件的要求加入润滑剂。

6 风机试运转正常后，应将电动机的接线盒用环氧树脂或其他防潮材料密封，防止电机受潮。

7 组装的冷却塔，其填料的安装应在所有电、气焊接作业完成后进行。

8 冷却塔的集水盘应严密、无渗漏。静止分水器的喷嘴应均匀，转动布水器喷水出口方向应一致，转动应灵活。

9 有水冻结危险的地区，冬季使用的冷却塔及管道应采取防冻与保温措施。

10 冷却塔安装应按设计要求采取可靠的防雷措施及接地措施。

10.3.13 冷却塔配管应符合下列要求：

1 与冷却塔连接的水管主管应安装完毕，位置和方向应正确，符合配管要求。

2 管道与冷却塔水管接口不得强行组对连接。

3 管道应设置独立、牢固的支架（或支座），不得将管道重量传给冷却塔。

Ⅲ 水处理设备安装工艺

10.3.14 水处理设备安装应按图10.3.14的工艺进行。

基础准备 → 设备进场验收 → 安装就位 → 配管安装 → 试运行 → 成品保护

图 10.3.14 水处理设备安装工艺流程

10.3.15 水处理设备的安装场地应平整，其基础的检查验收执行本标准第 4.1 节的规定，其设备的安装固定件应符合设备技术文件的要求。

10.3.16 水处理设备进场验收应主要核实设备型号，清点设备部件、配件和外观检查。

10.3.17 设备的搬运与吊装应防止剧烈冲击和震动，防止损坏设备部件和仪表。在支架或底座上的安装应平正、牢固。

10.3.18 电子、静电水处理器及外接管道、壳体与大地的绝缘及接地，必须符合设备技术文件的规定。

10.3.19 水处理设备安装应符合下列要求：

1 水处理设备的电控器上方或沿电控器开启方向应预留不小于 600 mm 的检修空间。

2 盐罐安装位置应靠近树脂罐，并应尽量缩短吸盐管的长度。

3 过滤型的水处理设备应按设备上的水流方向标识安装，

不应装反；非过滤型的水处理设备安装时可根据实际情况选择进出口。

10.3.20 水处理设备配管应符合下列要求：

1 配管管道、管件、阀门应符合设备技术文件和设计的要求，排水管道上不应安装阀门，排水管道不应直接与污水管道连接。

2 衬里管道及管件在搬运和安装时应避免震动和碰撞。安装前，应将内部清理干净，并逐件检查衬里情况，衬里不应有破损或缺陷。安装时严禁敲击、加热、焊接或矫形。

3 与水处理设备连接的管道应设独立支架。

10.3.21 与水处理设备连接的管道，应在试压和冲洗完毕后再连接。

10.3.22 水处理设备试运行应按照设备技术文件的程序操作，对设备技术文件严禁的状态，必须严格执行。冬季试运行后应将设备内的水放净，防止冻坏设备。

Ⅳ 管道安装工艺

10.3.23 管道安装应按图 10.3.23 的工艺进行。

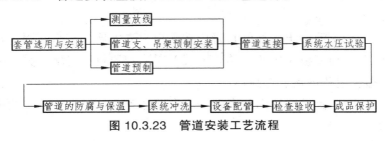

图 10.3.23 管道安装工艺流程

10.3.24 套管选用与安装应符合下列规定：

1　管道在穿墙体或楼板时应根据设计要求设置套管，设计无规定时可选用下列形式：

　　1） 穿结构内墙或楼板选用普通套管。

　　2） 穿结构外墙或有严密防水要求的建筑物选用柔性防水套管。

　　3） 一般防水要求的部位选用刚性防水套管。

　　4） 管道应设置在套管中心，套管不应作为管道支撑，管道接口不应设置在套管内。

2　非保温套管的管径应比穿墙、楼板的管道管径大 1 号～2号，保温管道的套管还应留出保温层间隙。

3　套管的长度应符合下列要求：

　　1） 墙体内的套管应与墙体两侧饰面相平；

　　2） 穿楼板套管的底部应与楼板相平，其顶部高出装饰地面高度应满足房间使用功能的要求。

4　套管安装应符合下列要求：

　　1） 混凝土墙上的套管应配合钢筋绑扎预埋，按设计位置用点焊或铁丝捆扎在钢筋上，有防水要求时套管应加止水环。套管两端管口与模板应接触严密，管口用塑料薄膜或泡沫塑料块封闭。

　　2） 混凝土楼板的套管应在底模板支上后，将套管固定在模板上，与模板相接的一端（下端）用泡沫塑料块封堵，另一端（上端）用薄钢板点焊封口。

　　3） 砌筑墙体内的套管，应在墙体砌筑时固定在预定的位置上。

　　4） 柔性或刚性套管安装在非混凝土墙壁内时，应在装套管处局部改用混凝土，且应将套管一次浇固于墙内。

5）套管应安装牢固、位置正确、无歪斜。

10.3.25 根据施工详图放出管道安装轴线和支架实际安装位置。放线应复核管道的操作距离、绝热距离，以及与其他管道交叉时规定的间距。

10.3.26 管道预制应符合下列要求：

1 根据施工详图或 BIM 技术确定出各管段实际安装的准确尺寸，在确定下料尺寸时，应根据管端连接方式进行扣除和补偿修正。

2 下料前应进行管材调直，可按管道材料、管道弯曲程度及管径大小选择冷调或热调。

3 管道下料切割面应平整，毛刺、铁屑等应清理干净，切割面与管轴线的垂直度允许偏差应小于 1/100。

4 管道的焊接坡口加工宜采用机械方法，也可采用等离子弧、氧乙炔焰等热切割方法。采用热切割加工坡口后，应除去坡口表面的氧化皮、熔渣及可能影响焊接接头质量的表面层，并应将凹凸不平处打磨平整。

5 弯管、来回弯管的预制，其弯曲部分应符合现行国家标准《通风与空调工程施工质量验收规范》GB 50243 的规定，最后安装时应根据实际安装尺寸比量下料。

6 预制件应逐一与施工详图核对后标注编号，分批分类存放。

10.3.27 管道支、吊架预制安装应符合下列规定：

1 支、吊架的设置应符合下列规定：

1）结合现场情况，空调水系统宜与空调风系统、给排水及消防各专业的管道采用综合支、吊架。

2）管道的支、吊架应选用定形产品或根据标准图集制作。大管道或多根成排管道的支、吊架型钢的选用应符合设计要求。

3）明装管道应考虑支、吊架的整齐一致与美观，管道的落地支架还应考虑通行的便利。

4）设有补偿器的管道应设置固定支架和导向支架，固定支架的结构形式和安装位置应符合设计要求。

5）用作补偿伸缩变形的管段，在补偿方向不得受限。

6）空调水系统管道支、吊架间距应符合设计规定，无明确规定时，钢管管道支、吊架间距应符合表 10.3.27-1 的规定；塑料管及复合管应符合表 10.3.27-2 的规定；沟槽式连接管道的支、吊架间距应符合表 10.3.27-3 的规定。聚丙烯（PP-R）管支、吊架间距应符合表 10.3.27-4 的规定。

表 10.3.27-1　钢管水平安装支、吊架的最大间距

公称直径/mm		15	20	25	32	40	50	70	80	100	125	150	200	250	300
支架的最大间距/m	L_1	1.5	2.0	2.5	2.5	3.0	3.5	4.0	5.0	5.0	5.5	6.5	7.5	8.5	9.5
	L_2	2.5	3.0	3.5	4.0	4.5	5.0	6.0	6.5	6.5	7.5	7.5	9.0	9.5	10.5

注：1　适用于工作压力不大于 2.0 MPa，不保温或保温材料密度不大于 200 kg/m³ 的管道系统；

2　L_1 用于保温管道，L_2 用于不保温管道；

3　洁净区（室内）管道支吊架应采用镀锌或采取其他的防腐措施；

4　公称直径大于 300 mm 的管道，可参考公称直径为 300 mm 的管道执行。

5　钢管垂直安装时应考虑承重，支架应符合设计要求。

表 10.3.27-2 塑料管及复合管管道支、吊架的最大间距

管径（mm）		12	14	16	18	20	25	32	40	50	63	75	90	110
最大间距/m	立管	0.50	0.60	0.70	0.80	0.90	1.00	1.10	1.30	1.60	1.80	2.00	2.20	2.40
	水平管 冷水管	0.40	0.40	0.50	0.50	0.60	0.70	0.80	0.90	1.00	1.10	1.20	1.35	1.55
	水平管 热水管	0.20	0.20	0.25	0.30	0.30	0.35	0.40	0.50	0.60	0.70	0.80	–	–

表 10.3.27-3 沟槽式连接管道的沟槽及支、吊架的间距

公称直径 /mm	沟槽		端面垂直度 允许偏差 /mm	支、吊架的间距 /m
	深度/mm	允许偏差 /mm		
65 ~ 100	2.2	0 ~ 0.3	1.0	3.5
125 ~ 150	2.2	0 ~ 0.3	1.5	4.2
200	2.5	0 ~ 0.3		4.2
225 ~ 250	2.5	0 ~ 0.3		5.0
300	3.0	0 ~ 0.5		5.0

注：1 连接管端面应平整光滑、无毛刺；沟槽深度在规定范围；

2 支、吊架不得支承在连接头上；

3 水平管的任两个连接头之间应设置支、吊架。

表 10.3.27-4 聚丙烯（PP-R）冷水管支、吊架的间距/mm

公称外径 DN	20	25	32	40	50	63	75	90	110
水平安装	600	700	800	900	1 000	1 100	1 200	1 350	1 550
垂直安装	900	1 000	1 100	1 300	1 600	1 800	2 000	2 200	2 400

注：使用温度大于或等于 60 ℃ 热水管道应加宽支承面积。

2 下料与制作应符合下列要求：

1）管道支、吊架预制安装宜采用 BIM 技术和综合支、吊架。

2）支、吊架型钢的接长应满足支、吊架的强度和使用要求。吊杆搭接长度应为吊杆直径的 8 倍～10 倍，搭接处应双面满焊。

3）支架下料宜采用砂轮切割机切割，较大型钢用氧乙炔焰切割，切割后应将氧化皮及熔瘤等清除干净。

4）型钢应采用电钻钻孔，不得采用氧乙炔焰割孔或扩孔。开孔尺寸应与螺栓相匹配。

5）吊杆、管卡等零件的螺纹应完整、光洁。吊杆下端套丝长度应保证安装调节余量，但不宜过长。

6）经点焊成型的支、吊架应用尺量或使用标准样板校核并矫形，确认无误方可正式焊接。焊缝高度应不低于较薄焊接件厚度，焊缝饱满、均匀，不应出现漏焊、夹渣、欠焊、裂纹、咬肉和烧穿等缺陷。

7）在墙洞内栽埋的支架下料长度应符合栽埋深度和设计或标准图的规定。

8）制作好的支、吊架应进行除锈防腐处理。对埋入墙、混凝土的部位不得油漆。

3　支、吊架的安装应符合下列规定：

1）支、吊架的安装方式应根据设计或现场结构的实际情况选用，主要有预埋焊接法、膨胀螺栓法、顶板打透眼及栽埋法等方法。

2）预埋焊接法的预埋钢板厚度应根据承重要求确定，钢板上焊接钢筋爪钩应和结构钢筋绑扎固定生根，不得用直筋插入在绑扎的钢筋中。

3）采用膨胀螺栓固定支、吊架时，应符合本标准第 7.3.3 条第 7 款的规定。

312

4）顶板打透眼时，在透眼上应使用钢板或型钢做十字固定，十字长度应根据管径和现场情况超出透眼边缘 50 mm ~ 100 mm。

5）埋栽法可执行本标准第 7.3.3 条第 8 款的规定。

6）水平支、吊架安装应先放线装两端支、吊架，然后以两端支、吊架为基准，用拉线法找正中间各支、吊架位置、标高和坡度后进行安装。

7）管井内立管支架安装时，应先将最上面的一个支架定位固定，再用线坠吊线确定下面支架的安装位置，每两层或三层设置滑动支架。室内穿楼板立管的支架，宜与立管同时安装。

8）蒸汽、热水管的固定支架及导向支架应严格按设计的位置安装。

9）无热位移管道的支、吊架应垂直于管道安装，有热位移管道的吊杆应按计算位移量，向位移相反的方向偏移安装。有热位移管道的滑动支架，滑动面应清洁平整，支承面中心向反方向偏移 1/2 位移量或符合设计要求。

10）在空心砖墙上安装支、吊架时，严禁采用膨胀螺栓固定。

11）有绝热层的管道，在支、吊架处必须设置木托，木托的厚度与绝热层厚度相同。

12）非金属管道采用金属管卡或金属支、吊架时，卡箍与管道之间应垫隔离垫片。非金属管道和金属管道连接，其管卡或支、吊架应设在金属管配件一端。

13）支、吊架安装应平整、牢固，与管道接触紧密。支、吊架与管道连接点的距离应大于 100 mm。

14）管道与设备连接处，应设独立的支、吊架。水平管道采用单吊架时，应在管道起始点、阀门、弯头、三通部位及长度在 15 m 内的直管段上设置防晃支、吊架。

15）凝水管支、吊架安装应满足设计的坡度要求。

10.3.28 管道连接应符合下列规定：

1 管道螺纹连接应符合下列规定：

1）管道螺纹套丝时应用所属管件试扣，要求螺纹达到相应的连接配合要求。加工的螺纹应端正、完整、光滑，不得有乱丝、断丝、凹陷、毛刺等缺陷。管道螺纹应留有足够的装配余量可供拧紧，不应用填料来补充螺纹的松紧度。

2）管道连接采用聚四氟乙烯生料带或其他填料密封。填料应按顺时针方向薄而均匀地紧贴缠绕在外螺纹上，上管件时，不应将填料挤出。

3）螺纹连接应紧密牢固。管道螺纹应一次拧紧，不应倒回。螺纹连接后管螺纹根部应有 2 扣～3 扣的外露螺纹。管道连接后，应将螺纹外的填料清除干净。

4）镀锌钢管根部外露螺纹在水压试验合格后应补刷防锈涂料。

2 管道焊接连接应符合下列规定：

1）焊条必须具有出厂质量检验合格证书和说明书，其规格、性能应符合管道材料及焊接工艺的要求。

2）碱性低氢型焊条在使用前必须按设备技术文件的规定进行烘干；酸性焊条应根据受潮情况进行烘干，若储存时间短且包装完好未受潮，使用时可不再烘干。开封和烘干的焊条应保持在干燥环境。焊条重复烘干次数不应超过两次。

3）焊接钢管对口时，两管端纵向焊缝或螺旋焊缝的间距应大于壁厚的 3 倍，且不应小于 100 mm。在焊缝及其边缘上不得开孔。

4）管道对口形式和组对要求应符合表 10.3.28-1 的要求。当管壁厚度 δ 大于 4 mm 时应加工坡口，立管现场焊接应采用不对称坡口。坡口加工可采用气割或坡口机加工，加工后应清除氧化层和渣屑，直至露出金属光泽。坡口不得有裂纹、夹层等缺陷。

表 10.3.28-1　手动电弧焊对口形式及组对要求（增加内壁错边量）

接头名称	对口形式	接头尺寸			
		厚度 δ/mm	间隙 C/mm	钝边 P/mm	坡口角度 α/（°）
I 型坡口		1～4	0～1.5	—	—
V 型坡口		4～9	0～2.0	0～2	60～65
		9～26	0～3.0	0～3	55～60
T 型坡口		2～30	0～2.0	—	—

315

5）管道组对前应将坡口及其内外侧表面不小于 10 mm 范围内的油、漆、垢、锈、毛刺及镀锌层等清除干净，并对失圆的管口进行整圆。

6）组对宜采用螺栓连接的专用组对器。经组对器固定好的两管口中心线应在同一条直线上。对口平直度的允许偏差应为1%，全长不应大于 10 mm。严禁用强力组对的方法来减少错边量或同心度偏差。

7）等壁厚的管子或管件对接焊缝组对时，外壁厚错边量不应超过管壁厚度的 10%，且不应大于 2 mm。钝边对口间隙不均匀偏差值应符合焊接工艺的要求。

8）不等厚对接焊件组对时，应符合现行国家标准《现场设备、工业管道焊接工程施工规范》GB 50236 的规定。

9）异径管对焊时应将大管缩管到与小管的口径相同，再进行焊接。缩管应平直、圆正，不应有皱褶、裂纹和壁厚不匀等缺陷。

10）管道对口后进行点焊，点焊高度不超过管道壁厚的70%，其焊缝根部应焊透，点焊位置应均匀对称。

11）管道焊接应做好焊接中间检查。对点焊和底层焊的缺陷，必须按工艺要求消除后才能进行后一层的焊接。各焊层的引弧点和熄弧点均应错开 20 mm。

12）焊缝应满焊，表面应清晰整齐，呈鱼鳞状，高度不应低于母材表面，并应与母材圆滑过渡。焊接后应清除焊缝上的焊渣、氧化物等。焊缝外观质量应符合表 10.3.28-2 的规定，超过规定时，应进行修补，必要时将管段割除重焊。

表 10.3.28-2　管道焊缝外观质量允许偏差

序号	类别	质量要求
1	焊缝	不允许有裂缝、未焊缝、未熔合、表面气孔、外露夹渣、未焊满等现象
2	咬边	纵缝不允许咬边；其他焊缝深度小于或等于 $0.10\,T$（T 为厚板），且小于或等于 1.0 mm，长度不限
3	根部收缩（根部凹陷）	深度小于或等于 $0.20+0.04\,T$，且小于或等于 2.0 mm，长度不限
4	角焊缝厚度不足	应小于或等于 $0.30+0.05\,T$，且小于或等于 2.0 mm；每 100 mm 焊缝长度内缺陷总长度小于或等于 25 mm
5	角焊缝焊脚不对称	差值小于或等于 $2+0.20\,t$（t 设计焊缝厚度）

　　13）直管段管径大于或等于 $DN150$ 时，焊缝间距不应小于 150 mm；管径小于 $DN150$ 时，焊缝间距不应小于管道外径。管道弯曲部位不应有焊缝。焊缝不应紧贴墙壁和楼板，并严禁置于套管内。

　　14）管子焊接时，管内应防止穿堂风。在雨、雾、雪天及冬天、刮风等恶劣环境焊接时应有保护措施，防止产生电弧偏吹、焊缝淬硬和氢脆等缺陷。

　　15）管道焊接工艺的制定应符合现行国家标准《现场设备、工业管道焊接工程施工规范》GB 50236 及有关焊接工艺规程的要求。

　　3　管道法兰连接应符合下列规定：

　　1）法兰的使用应符合国家现行有关法兰技术标准的规定。

　　2）法兰盘的密封面应平整、光洁，不得有毛刺和径向沟槽，凹凸面法兰应能够自然嵌合，凸面的高度不得低于凹槽的深度，不得有影响密封性能的缺陷。

3）法兰与管道连接时，管道插入法兰内的深度宜为 1.5 倍管壁厚度。并在法兰内圆周上均匀分出四点，在内圆周上方将法兰和管子点焊，用 90°法兰角尺沿上下方向校正法兰位置，使其密封面与管子中心线垂直并同心，然后点焊法兰下方。用角尺沿左右方向校正法兰的位置，法兰对接应平行，偏差不应大于管道外径的 1.5‰，且不得大于 2 mm，合格后，再点焊左右两点。

4）点焊经过两次检查合格后，进行法兰与管子的正式焊接。焊接不得损伤法兰密封面，内圆焊缝不应凸出法兰密封面。焊接完成后应将管道内外焊缝清理干净。

5）冷水管道法兰垫片可使用橡胶垫片，热水管道法兰垫片可使用耐热橡胶垫片。法兰垫片的质地应柔软，无老化变质或分层现象，表面不应有折损、起皮、皱纹等缺陷，周边整齐。垫片尺寸应与法兰尺寸相符，不得使用双、多层或倾斜型垫片。法兰垫片放置应平整并与法兰同心，且不应凸入管内或凸出法兰之外，其外边缘宜接近螺栓孔。拆卸后重新连接法兰时，应更换新垫片。

6）法兰螺栓必须按有关法兰技术标准的规定使用，连接螺栓长度应一致。螺母应在水流方向的下方同一侧，螺母下应垫一个弹簧垫片和一个平垫片，安装前螺纹涂二硫化钼或石墨机油等润滑剂。紧固螺栓应采用对称加力的方法，使各螺栓和法兰、垫片受力均匀。螺栓紧固后，螺母应与螺栓端部平齐或略低于螺栓，螺纹外露长度应一致，一般为 2 扣～3 扣，不应大于螺栓直径的一半。

4　沟槽式连接应符合下列规定：

1）管道下料端面应平整并除去毛刺，与管轴线的垂直度偏差应不大于本标准表 10.3.27-3 的规定。钢塑复合管不得使用砂轮切割机切割。

2）需加工沟槽的管子端面应与滚槽机止推面贴紧，水平架设在滚槽机和尾托架上，使管轴线与滚槽机止推面呈 90°。沟槽应分次滚压，直至符合本标准表 10.3.27-3 的要求。

3）橡胶密封圈与卡箍应与管端沟槽配套，质量良好，并应在密封圈外部和内部密封唇上涂一层润滑剂。

4）连接时两管端应留 2 mm ~ 4 mm 间隙，橡胶密封圈位于接口中间部位，上下卡箍凸边卡进管道沟槽内，将上下卡箍靠紧后，穿上卡箍螺栓并均匀交替拧紧螺母。

5 热熔连接应符合下列规定：

1）管材切割宜采用专用剪和割刀，切口应平整、无毛刺且与管轴线垂直，应擦净连接断面上的污物。

2）承插热熔连接前，应标出承插深度，插口外表面与承口内表面应作小于 0.2 mm 刮削的坡口处理，坡角不宜小于 30°，坡口长度不宜大于 4 mm，连接后同心度的允许误差应为 2%。

3）对接热熔连接前，检查连接管的两个端面应吻合，不应有缝隙，调整好对口的两连接管间的同心度，错口量应小于管道壁厚的 10%。

4）电熔连接前，应检查机具与管件的导线连接正确，通电加热电压满足产品技术文件的要求。

5）熔接加热温度、加热时间、冷却时间、最小承插深度应满足热熔加热设备和管材产品技术文件的要求。

6）熔接接口严禁旋转。管道接口冷却过程中，不应移动、转动管道及管件，不应在连接件上施加张拉及剪切力。

7）热熔接口应接触紧密、完全重合，熔接圈的高度宜为2 mm～4 mm，宽度宜为4 mm～8 mm，高度与宽度的环向应均匀一致，电熔接口的熔接圈应均匀地挤在管件上。

6　粘结应符合下列规定：

1）管子和管件在粘结前应将承口内侧和插口外侧擦拭干净，无污物与水迹。当表面沾有油污时，应采用清洁剂擦净。

2）胶粘剂涂刷应先涂管件承口内侧，后涂管材插口外侧。插口涂刷应为管端至插入深度标记范围内。胶粘剂涂刷应迅速、均匀、适量，不得漏涂。

3）承插口涂刷胶粘剂后，应立即找正方向将管子插入承口，使管端插入至预先划出的插入深度标记处，并再将管道旋转90°后稳固。

7　管道安装还应符合下列规定：

1）安装前应对管内除锈除污。普通钢管可使用钢丝刷拉刷，镀锌钢管和钢塑复合管使用软布头拉擦，或使用压缩空气吹扫。

2）穿楼板立管安装前，应先吊线复核各层预留孔洞或套管是否在同一垂直线上，对超差孔洞或套管的返工应与土建单位协商解决。

3）管道安装应边施工边检查，确保坐标、标高、坡度，变径和分支正确。

4）现场焊接连接管道应采用点焊、找正、正式施焊的程序，应对称施焊，减少焊接应力。

5）风机盘管、诱导器应采用柔性连接，柔性短管自带活套连接时，可不采用活接头，否则应增加活接头。安装活接头时，子口侧安装在来水方向。

6）阀门、集气罐的安装应按设计或标准图中的规定位置、标高安装。

7）穿楼板的套管与管道之间的空隙应用阻燃材料和防水油膏填实封闭，端面光滑。穿墙套管与管道之间的空隙宜用阻燃材料填实，且端面应光滑。

8）预留管口暂不施工时，应做好封闭保护措施。

9）管道穿越结构变形缝处应设置金属柔性短管，长度宜为 150 mm ~ 300 mm，并应满足结构变形的要求，其绝热性能应符合管道系统功能要求。

10）管道安装允许偏差和检验方法应符合表 10.3.28-3 的规定。

表 10.3.28-3　管道安装允许偏差和检验方法

项目			允许偏差（mm）	检查方法
坐标	架空及地沟	室外	25	按系统检查管道的起点、终点、分支点和变向点及各点之间的直管。用经纬仪、水准仪、液体连通器、水平仪、拉线和尺量度
		室内	15	
	埋地		60	
标高	架空及地沟	室外	± 20	
		室内	± 15	
	埋地		± 25	
水平管道平直度	$DN \leq 100$ mm		$2L‰$，最大 60	用直尺、拉线和尺量检查
	$DN > 100$ mm		$3L‰$，最大 60	
立管垂直度			$5L‰$，最大 25	用直尺、线锤、拉线和尺量检查
成排管段间距			15	用直尺尺量检查
成排管段或成排阀门在同一平面上			3	用直尺、拉线和尺量检查
交叉管的外壁或绝热层的最小间距			20	用直尺、拉线和尺量检查

注：L 为管道的有效长度，mm。

8 冷凝水管道安装应符合下列规定：

1）冷凝水管道的坡度应满足设计要求，当设计无要求时，干管坡度不宜小于 0.8%，支管坡度不宜小于 1%。

2）冷凝水管道与机组连接应按设计要求安装存水弯。采用的软管应牢固可靠、顺直，无扭曲，软管连接长度不宜大于 150 mm。

3）冷凝水管道严禁直接接入生活污水管道，且不应接入雨水管道。

9 阀门安装应符合下列要求：

1）安装前按安装位置核对阀门规格和技术参数，应符合设计要求。阀杆和阀盘应转动灵活，无卡住和歪斜现象。阀门的强度试验和严密性试验应符合现行国家标准《通风与空调工程施工质量验收规范》GB 50243 的规定，不合格者不得进行安装。

2）大型阀门吊装时，绳索应拴在阀体与阀盖的法兰连接处，不得拴在手轮或阀杆上。

3）水平管道上的阀门，不应将阀门手轮朝下安装，保温管道上的手动阀门的手柄不得朝向下；垂直管道上的阀门阀杆，应顺着操作巡回线方向安装。

4）阀门安装时应使其标注流向与介质流动方向一致。电动三通阀应根据是用于分流或合流确定连接方式。

5）螺纹连接的阀门，填料不得进入阀门内，其螺纹应完整无缺，拧紧时宜用扳手卡住阀门一端的六角体。法兰连接时，应将阀门关闭，对称均匀地拧紧螺母。阀门法兰与管道法兰应平行。

6）与管道焊接的阀门应先点焊，再将关闭件全开，然后施焊。

7）安装螺纹连接阀门时，一般应在阀门的出口端加设一个活接头。

8）对带操作机构和传动装置的阀门，阀门安装后应进行调整，使其动作灵活、指示准确。

10 补偿器安装应符合下列规定：

1）补偿器安装应在两个固定架之间的其他管段安装完毕后进行。管道的固定支架应在补偿器预拉伸或预压缩前固定。应根据安装时施工现场的环境温度计算出该管段的实时补偿量，进行补偿器的预拉伸或预压缩。

2）方形补偿器通常水平安装，水平安装时平行臂应与管道坡度一致，垂直臂应水平。垂直安装时，应有排气阀和泄水阀。

3）方形补偿器应在安装前按规定做好预拉伸或预压缩，并用钢架支撑固定。补偿器两边在与管道接口对正、找直的同时应找好坡度，然后用临时支、托架稳固。

4）焊接按点焊、检查、焊接的程序进行，两侧接口焊缝检验合格后方可拆除伸缩器的支撑架和临时支、托架。

5）方形补偿器两侧第一个支架（座）距补偿器弯头起点宜为 0.5 m ~ 1.0 m，且应为导向支架（座），不得设置固定支架（座）。

6）波纹补偿器分轴向型、横向型、角向型等多种型式，安装前应核对型式。

7）吊装波纹补偿器不应将吊索捆扎在波节上，也不得将支撑件焊在波节上。

8）波纹补偿器安装位置、方向和两边支架（座）型式应符合设计或产品技术文件的要求，波纹补偿器应与管道保持同心，不得偏斜和周向扭转，内套有焊缝的一端，水平管路上应安装在水流的流入端，垂直管路上应安装在上端。

9）带套筒的补偿器伸缩节内的衬套与管外壳焊接的一端应朝向坡度的上方。安装时应加设临时固定，待管道安装固定后再拆除临时固定。

10）试压时应注意将补偿器夹牢固定，防止变形。管道系统水压试验后，应使补偿器处于工作状态。

10.3.29 系统水压试验应符合下列规定：

1 根据水源位置和管路系统情况，制定试压方案和技术措施。根据系统分布可选择分区或全系统试压方案；根据试压方案安装试压设备，连接试压管路。

2 注水前的检查应符合下列规定：

1）检查试压系统中的管道、设备、阀件、支架等，应按设计和施工图全部安装完毕，符合试压条件。

2）对不能参与试验的设备、仪表及管道附件应采取安全可靠的隔离措施。

3）试压用压力表的精度等级不得低于 1.6 级，表盘最大量程应为最大试验压力的 1.5 倍～2 倍，并应经过校验。压力表应设置在试验系统管段的最高处和最低处，且不得少于两个。

4）水压试验开始前，所有的安全措施应已全部落实到位。

3 水压试验的压力应符合设计规定，设计无规定时，应符合下列规定：

1）冷（热）水、冷却水与蓄能（冷、热）系统的试验压力为：当工作压力小于或等于 1.0 MPa 时，应为 1.5 倍工作压力，最低不应小于 6.0 MPa。当工作压力大于 1.0 MPa 时，应为工作压力加 0.5 MPa。

2）各类耐压塑料管水压试验压力为：强度试验压力（冷

水）应为 1.5 倍工作压力，且不应小于 0.9 MPa。严密性试验压力应为 1.15 倍的设计工作压力。

4 压力试验应符合下列规定：

1）打开试验管路中的给水阀门向系统注水，同时开启系统各高点处的排气阀，排尽管道内的空气。待注满水后，关闭排气阀和进水阀，停止系统注水。

2）打开连接加压泵的阀门，用电动或手动试压泵通过管路向系统加压，同时开启压力表上的旋塞阀，观察压力表上升情况，宜分 2 次~3 次升至试验压力。当压力升到设计规定的试验值时停止加压，应稳压 10 min，检查接口、阀门等有无渗漏，同时观察压力表示值，压力下降不应得大于 0.02 MPa。然后将压力降至工作压力检查，不渗不漏即为合格。如有渗漏应在该处做好标记，卸压后进行修理，再充水进行试压，直至合格。

3）对于大型、高层建筑等垂直位差较大的冷（热）水、冷却水管道系统，当采用分区、分层试压时，分 2 次~3 次升至该部位试验压力，应稳压 10 min，检查接口、阀门等有无渗漏，压力不得下降，再将系统压力降至该部位的工作压力，在 60 min 内压力不得下降、不渗不漏为合格。

4）系统试压达到合格验收标准后，应按本标准第 8.6.13 条的规定排放存水，并填写试验记录。

10.3.30 系统冲洗应符合下列规定：

1 根据系统的具体情况制定冲洗方案，冲洗不得使污物进入冷水机组和空调设备。

2 冲洗前应将系统内的仪表加以保护，对不允许参加冲洗的系统、设备、仪表及管道附件应采取安全可靠的隔离措施，待冲洗合格后复位。

3 水冲洗的排放管应接入可靠的排水井或沟内，并保证排水畅通和安全，排放管的截面积不应小于被冲洗管道截面积的60%。

4 管道应按干管、立管、支管的顺序分段冲洗。管道中冲洗水的流速应符合冲洗要求，如无要求时，不应小于 1.5 m/s。

5 当管道出水口的水不含有泥沙、铁屑等杂质，且目测颜色不浑浊，出水口和进水口的水色和透明度对比相近时为合格。

6 管道冲洗后应将水排净，在冬季要注意防冻。

7 蒸汽系统宜采用蒸汽吹扫，吹扫时，应先进行暖管。

10.3.31 冷凝水管道通水试验应符合下列规定：

1 通水试验应分层、分段进行。

2 封堵冷凝水管道最低处，由该系统风机盘管凝水盘向该管段内注水，水位应高于风机盘管水盘最低点。

3 充满水后应观察 15 min，检查管道及接口；确认无渗漏后，从管道最低处泄水，排水畅通，同时应检查各盘管凝水盘无存水为合格。

10.3.32 附属设备安装应符合下列规定：

1 空调水系统附属设备的安装位置必须符合设计规定。

2 除污器的安装方向应正确。在除污器及其两侧管道设置支架（或支座）时，不应妨碍除污器排污和滤网的拆装与清洗。

3 分、集水器安装应符合下列规定：

1）分、集水器上焊接的阀门、压力表、温度计、泄水口等连接短管不得作为吊点和搬运着力点。

2）分、集水器支架（或支腿）应牢固安装在混凝土基础上，混凝土强度等级一般为 C15。在基础上的预埋件一般采用预埋钢板。

3）分、集水器支架安装应满足筒体热胀冷缩的要求，应一端固定，另一端采用活动或滑动支架，确保支架工作状态下的热胀冷缩。

4）分、集水器安装时应有不小于 5‰的坡度，坡向排污管一端。

5）分、集水器安装后应与管道一同试压。

6）需绝热的分、集水器，安装时应采取防冷、热桥措施。绝热层施工应在系统试压合格后进行，应与管道绝热层采用相同材料，并与管道绝热层严密过渡。

4 水箱、膨胀水箱和膨胀罐安装应符合下列规定：

1）水箱、膨胀水箱和膨胀罐的基础应按照设备技术文件提供的施工图验收，在屋顶安装时，还应验收基础与屋面防水施工隐蔽工程验收记录。

2）整体水箱和膨胀罐还应检查箱、罐体的质量，其表面不得有裂纹、锈蚀、内凹等缺陷，涂料层完整，管口方位和螺纹或法兰质量符合配管要求。

3）现场组合式水箱应按设备技术文件和装箱清单清点装配件，应符合要求，制作质量良好。

4）设备整体吊装应防止变形，吊装就位后应进行找正找平。

5）现场组合采用胶条密封的水箱，模块之间的密封胶条应使用设备配套产品或指定产品。

6）玻璃钢、镀锌钢板、搪瓷钢板组合式水箱现场安装时，水箱内外均不得进行焊接。

7）不锈钢板组合式水箱现场焊接应按照设备技术文件的要求选用焊接工艺，无明确要求时采用氩弧焊。焊接时应做好对不锈钢板及构件的保护。

8）不锈钢板、镀锌钢板、搪瓷钢板组合式水箱现场施工应妥善保护壁板和构件，其表面不得受损。

9）现场组合的水箱应按设备安装说明的要求进行渗漏试验，无要求时，开式水箱做盛水试验，水箱充满水后经 24 h 不漏为合格。

10）密闭容器应按设计和设备技术文件的规定进行水压试验，无明确要求时试验压力为工作压力的 1.5 倍，且不得小于 0.6 MPa。试验时，应缓慢升压至设计工作压力，检查无渗漏后，再升压至规定的试验压力值，关闭进水阀门，稳压 10 min，观察各接口无渗漏，压力无下降为合格。

11）冬天进行充水试验应采取防冻措施。

12）普通钢板现场组合的水箱渗漏试验合格后，内外表面应除锈，内表面按设计指定的漆种和层数涂刷底漆和面漆；外表面可刷红丹漆 2 遍，如不做保温应再刷面漆 2 遍，水箱底部刷沥青漆 2 遍。整体安装的普通钢板水箱可根据内外表面情况参照执行。

13）有绝热要求的设备，其绝热层应按设计要求施工。不锈钢板、镀锌钢板、搪瓷钢板水箱保温宜使用由设备供应商提供的配套成型保温板，并按说明要求覆盖扣合。

5 分、集水器、水箱、膨胀水箱和膨胀罐的平面位置允许偏差应为 15 mm，标高允许偏差应为 ± 5 mm，垂直度允许偏差应为 1‰。

V 蓄能系统设备安装工艺

10.3.33 蓄能系统设备安装应按图 10.3.33 的工艺进行。

基础验收 → 设备运输吊装 → 设备就位安装 → 设备配管 → 质量检查

图 10.3.33 蓄能系统设备安装工艺流程

10.3.34 蓄能系统设备（储槽、罐）放置的位置应符合设计要求，基础表面应平整，倾斜度不应大于 5‰。同一系统中多台蓄能装置基础的标高应一致，基础的尺寸允许偏差应符合本标准表9.4.12 的规定。

10.3.35 蓄冰槽、蓄冰盘管吊装就位应符合下列要求：

1 临时放置设备时，不应拆卸冰槽下的垫木，防止设备变形。

2 吊装前，应清除蓄冰槽内或封板上的水、冰及其他残渣。

3 蓄冰槽就位前，应画出安装基准线，确定设备找正、调平的定位基准线。

4 应将蓄冰盘管吊装至预定位置，找正、找平。

10.3.36 蓄冰盘管布置应紧凑，蓄冰槽上方应根据安装及检修要求，预留不小于 1.2 m 的净高空间。

10.3.37 蓄冰设备的接管应满足设计要求，并应符合下列规定：

1 当多台蓄能设备支管与总管相接时，应顺向插入，两支管接入点的间距不宜小于 5 倍总管管径长度。

2 温度和压力传感器的安装位置应符合设计要求，并应预留检修空间。

3 盘管上方不应有主干管道、电缆、桥架、风管等。

10.3.38 管道系统试压和清洗执行本标准第 10.3.29 条和第10.3.30 条的规定，试压和清洗时，应将蓄冰槽隔离。

10.3.39 冰蓄冷系统管道充水时，应先将蓄冰槽内的水填充至视窗上 0%的刻度上，充水之后，不应再移动蓄冰槽。

10.3.40 乙二醇溶液的填充应符合下列规定：

1 添加乙二醇溶液前，管道应试压合格，且冲洗干净。

2 乙二醇溶液的成分及比例应符合设计要求。

3 乙二醇溶液添加完毕后，在开始蓄冰模式运转前，系统应运转不少于 6 h，系统内的空气应完全排出，乙二醇溶液应混合均匀，再次测试乙二醇溶液的密度，浓度应符合要求。

10.3.41 现场制作水蓄冷蓄热罐时，其焊接应符合现行国家标准《立式圆筒形钢制焊接储罐施工及验收规范》GB 50128、《钢结构工程施工质量验收规范》GB 50205 和《现场设备、工业管道焊接工程施工规范》GB 50236 的有关规定。

10.3.42 蓄能装置的绝热材料与厚度应符合设计要求。绝热层、防潮层和保护层的施工质量应符合本标准第 11 章的规定。

10.3.43 采用内壁保温的水蓄冷储罐，应符合相关绝热材料的施工工艺和验收要求。绝热层、防水层的强度应满足水压的要求；罐内的布水器、温度传感器、液位指示器等的技术性能和安装位置应符合设计要求。

10.3.44 采用隔膜式储罐的隔膜应满布，且升降应自如。

VI 热泵系统换热设备安装工艺

10.3.45 地埋管换热设备安装应符合下列规定：

1 地埋管换热系统施工前应备齐埋管区域的工程地质勘查资料、设计文件和施工图纸，并完成施工组织设计。

2 地埋管换热系统施工前应了解埋管场地内已有地下管线、地下构筑物的准确位置及功能。

3 地埋管换热系统施工过程中，应严格检查并做好管材保护工作；应严禁损坏既有地下管线及构筑物。

4 在有可能冻结的地区，传热介质应添加防冻剂。防冻剂的类型、浓度及有效期应在充注阀处注明。添加防冻剂后的传热介质的冰点宜比设计最低运行水温低 3 ℃～5 ℃。选择防冻剂时，应同时考虑防冻剂对管道与管件的腐蚀性，防冻剂的安全性、经济性及其对换热的影响。

5 地埋管换热系统应采用机械钻孔，钻孔的位置、孔径、间距、数量与深度应符合设计要求，钻孔垂直度偏差不应大于1.5%。

6 管道连接应符合下列要求：

1）埋地管道应采用热熔或电熔连接。聚乙烯管道连接应符合国家现行行业标准《埋地聚乙烯给水管道工程技术规程》CJJ 101 的有关规定。

2）竖直地埋管换热器的U形弯管接头，宜选用定型的U形弯头成品件，不宜采用直管道煨制弯头。

3）竖直地埋管换热器U形管的组对长度应能满足插入钻孔后与环路集管连接的要求，组对好的U形管的两开口端部，应及时密封。

7 水平地埋管换热器的施工应符合下列规定：

1）开挖的管沟应能保证水平地埋管换热器埋设深度距地面不应小于 1.5 m，或埋设于冻土层以下 0.6 m，供、回环路集管的间距应大于 0.6 m。

2）铺设前，沟槽底部应先铺设相当于管径厚度的细砂。水平地埋管换热器安装时，应防止石块等重物撞击管身。管道不应有折断、扭结等问题，转弯处应光滑，且应采取固定措施。

3）回填料应细小、松散、均匀，且不应含石块及土块。

回填压实过程应均匀，回填料应与管道接触紧密，且不得损伤管道。

  8 竖直地埋管换热器的施工应符合下列规定：

  1）检查埋地管的孔径是否符合要求，单 U 管钻孔孔径不应小于 110 mm，双 U 管钻孔孔径不应小于 140 mm。

  2）当钻孔孔壁不牢固或者存在扎洞、洞穴等导致成孔困难时，应设护壁套管。

  3）U 形管安装应在钻孔钻好且孔壁固化后立即进行。下管应采用专用工具，下管过程中，U 形管内宜充满水，并宜采取措施使 U 形管两支管处于分开状态。埋管的深度应符合设计要求。

  4）U 形管安装完毕后，应立即灌浆回填封孔。当埋管深度超过 40 m 时，灌浆回填应在周围临近钻孔均钻凿完毕后进行。

  5）灌浆回填料宜采用膨润土和细砂（或水泥）的混合浆或专用灌浆材料。当地埋管换热器设在密实或坚硬的岩土体中时，宜采用水泥基料灌浆回填。

  9 地埋管换热系统的水压试验应符合设计和现行国家标准《地源热泵系统工程技术规范》GB 50366 的规定。

  10 地埋管换热器安装前后均应对管道进行冲洗。

  11 当室外环境温度低于 0 ℃ 时，不宜进行地埋管换热器的施工。

  12 地埋管换热器安装完成后，应在埋管区域做出标志或标明管线的定位带，并应采用 2 个现场的永久目标进行定位。

10.3.46 地下水换热系统施工

  1 热源井的施工队伍应具有相应的施工资质。

  2 地下水换热系统施工前应备齐热源井及其周围区域的工程地质勘查资料、设计文件和施工图纸，并完成施工组织设计。

3 热源井施工过程中应同时绘制地层钻孔柱状剖面图。

4 热源井施工应符合现行国家标准《供水管井技术规范》GB 500296 的规定。

5 热源井在成井后应及时洗井。洗井结束后应进行抽水试验和回灌试验。

6 抽水试验应稳定延续 12 h，出水量不应小于设计出水量，降深不应大于 5 m；回灌试验应稳定延续 36 h 以上，回灌量应大于设计回灌量。

7 置换冷量或热量后的地下水确保全部回灌到同一含水层，并不得对地下水资源造成浪费及污染。

8 输水管网施工及验收应符合现行国家标准《给水排水管道工程施工及验收规范》GB 50268 的规定。

10.3.47 地表水换热系统施工

1 地表水换热系统施工前应备齐地表水换热系统工程地质勘查资料、设计文件和施工图纸，并完成施工组织设计。

2 地表水换热盘管管材及管件应符合设计要求，且具有质量检验报告和产品合格证。换热盘管宜按照标准长度由厂家做成所需的预制件，且不应有扭曲。

3 地表水换热盘管固定在水体底部时换热盘管下应安装衬垫物。衬垫物的平面定位允许偏差应为 200 mm，高度允许偏差应为 ± 50 mm。绑扎固定应牢固。

4 供、回水管进入地表水源处应设明显标志。

5 地表水换热系统安装过程中应进行水压试验。水压试验应符合《地源热泵系统工程技术规范》GB 50366 规定。地表水换热系统安装前后应对管道进行冲洗。

10.4 质量标准

I 主控项目

10.4.1 空调水系统设备与附属设备的性能、技术参数，管道、管配件及阀门的类型、材质及连接形式应符合设计要求。

检查数量：按I方案。

检查方法：观察检查、查阅产品质量证明文件和材料进场验收记录。

10.4.2 管道的安装应符合下列规定：

1 隐蔽安装部位的管道安装完成后，应在水压试验合格后方能交付隐蔽工程的施工。

2 并联水泵的出口管道进入总管应采用顺水流斜向插接的连接形式，夹角不应大于60°。

3 系统管道与设备的连接应在设备安装完毕后进行。管道与水泵、制冷机组的接口应为柔性接管，且不得强行对口连接。与其连接的管道应设置独立支架。

4 判定空调水系统管路冲洗、排污合格的条件是目测排出口的水色和透明度与入口的水对比应相近，且无可见杂物。当系统继续运行2h以上，水质保持稳定后，方可与设备相贯通。

5 固定在建筑结构上的管道支、吊架，不得影响结构体的安全。管道穿越墙体或楼板处应设钢制套管，管道接口不得置于套管内，钢制套管应与墙体饰面或楼板底部平齐，上部应高出楼层地面20mm~50mm，且不得将套管作为管道支撑。当穿越防火分区时，应采用不燃材料进行防火封堵；保温管道与套管四周的缝隙应使用不燃绝热材料填塞紧密。

检查数量：按I方案。

检查方法：尺量、观察检查，旁站或查阅试验记录。

10.4.3 管道系统安装完毕，外观检查合格后，应按设计要求进行水压试验。当设计无要求时，应符合下列规定：

1 冷（热）水、冷却水与蓄能（冷、热）系统的试验压力，当工作压力小于或等于 1.0 MPa 时，应为 1.5 倍工作压力，最低不应小于 6 MPa，当工作压力大于 1.0 MPa 时，应为工作压力加 0.5 MPa。

2 系统最低点压力升至试验压力后，应稳压 10 min，压力下降不应得大于 0.02 MPa，然后应将系统压力降至工作压力，外观检查无渗漏为合格。对于大型、高层建筑等垂直位差较大的冷（热）水、冷却水管道系统，当采用分区、分层试压时，在该部位的试验压力下，应稳压 10 min，压力不得下降，再将系统压力降至该部位的工作压力，在 60 min 内压力不得下降、外观检查无渗漏为合格。

3 各类耐压塑料管的强度试验压力（冷水）应为 1.5 倍工作压力，且不应小于 0.9 MPa；严密性试验压力应为 1.15 倍的设计工作压力。

4 凝结水系统采用通水试验，应以不渗漏，排水畅通为合格。

检查数量：全数检查。

检查方法：旁站观察或查阅试验记录。

10.4.4 阀门的安装应符合下列规定：

1 阀门安装前应进行外观检查，阀门的铭牌应符合现行国家标准《工业阀门 标志》GB/T 12220 的有关规定。工作压力大于 1.0 MPa 及在主干管上起到切断作用和系统冷、热水运行转换调节功能的阀门和止回阀，应进行壳体强度和阀瓣密封性能的试验，且应试验合格。其他阀门可不单独进行试验。壳体强度试验压力应为常温条件下公称压力的 1.5 倍，持续时间不应少于 5 min，阀门的壳体、填料应无渗漏。严密性试验压力应为公称压力的 1.1 倍，在试验持续的时间内应保持压力不变，阀门压力试验持续时间与允许泄漏量应符合表 10.4.4 的规定。

表 10.4.4　阀门压力试验持续时间与允许泄漏量

公称直径 DN/mm	最短试验持续时间/s	
	严密性试验（水）	
	止回阀	其他阀门
≤50	60	15
65～150	60	60
200～300	60	120
≥350	120	120
允许泄漏量	3 滴 ×（DN/25）/min	小于 DN65 为 0 滴，其他为 2 滴 ×（DN/25）/min

注：压力试验的介质为纯净水。用于不锈钢阀门的试验水，氯离子含量不得高于 25 mg/L。

2　阀门的安装位置、高度、进出口方向应符合设计要求，连接应牢固紧密。

3　安装在保温管道上的手动阀门的手柄不得朝向下。

4　动态与静态平衡阀的工作压力应符合系统设计要求，安装方向应正确。阀门在系统运行时，应按参数设计要求进行校核、调整。

5　电动阀门的执行机构应能全程控制阀门的开启与关闭。

检查数量：安装在主干管上起切断作用的闭路阀门全数检查，其他款项按Ⅰ方案。

检查方法：按设计图核对、观察检查；旁站或查阅试验记录。

10.4.5 补偿器的安装应符合下列规定：

1 补偿器的补偿量和安装位置应符合设计文件的要求，并应根据设计计算的补偿量进行预拉伸或预压缩。

2 波纹管膨胀节或补偿器内套有焊缝的一端，水平管路上应安装在水流的流入端，垂直管路上应安装在上端。

3 填料式补偿器应与管道保持同心，不得歪斜。

4 补偿器一端的管道应设置固定支架，结构形式和固定位置应符合设计要求，并应在补偿器的预拉伸（或预压缩）前固定。

5 滑动导向支架设置的位置应符合设计与产品技术文件的要求，管道滑动轴心应与补偿器轴心相一致。

检查数量：按Ⅰ方案。

检查方法：观察检查，旁站或查阅补偿器的预拉伸或预压缩记录。

10.4.6 水泵、冷却塔的技术参数和产品性能应符合设计要求，管道与水泵的连接应采用柔性接管，且应为无应力状态，不得有强行扭曲、强制拉伸等现象。

检查数量：全数检查。

检查方法：按图核对，观察、实测或查阅水泵试运行记录。

10.4.7 水箱、集水器、分水器与储水罐的水压试验或满水试验应符合设计要求，内外壁防腐涂层的材质、涂抹质量、厚度应符合设计或产品技术文件的要求。

检查数量：全数检查。

检查方法：尺量、观察检查，查阅试验记录。

10.4.8 蓄能系统设备的安装应符合下列规定：

1 蓄能设备的技术参数应符合设计要求，并应具有出厂合格证、产品性能检验报告。

2 蓄冷（热）装置与热能塔等设备安装完毕后应进行水压和严密性试验，且应试验合格。

3 储槽、储罐与底座应进行绝热处理，并应连续均匀地放置在水平平台上，不得采用局部垫铁方法校正装置的水平度。

4 输送乙烯乙二醇溶液的管路不得采用内壁镀锌的管材和配件。

5 封闭容器或管路系统中的安全阀应按设计要求设置，并应在设定压力情况下开启灵活，系统中的膨胀罐应工作正常。

检查数量：按 I 方案。

检查方法：旁站、观察检查和查阅产品与试验记录。

10.4.9 地源热泵系统热交换器的施工应符合下列规定：

1 垂直地埋管应符合下列规定：

1）钻孔的位置、孔径、间距、数量与深度不应小于设计要求，钻孔垂直度偏差不应大于 1.5%。

2）埋地管的材质、管径应符合设计要求。埋管的弯管应为定型的管接头，并应采用热熔或电熔连接方式与管道相连接。直管段应采用整管。

3）下管应采用专用工具，埋管的深度应符合设计要求，且两管应分离，不得相贴合。

4）回填材料及配比应符合设计要求，回填应采用注浆管，并应由孔底向上满填。

5）水平环路集管埋设的深度距地面不应小于 1.5 m，或埋设于冻土层以下 0.6 m；供、回环路集管的间距应大于 0.6 m。

2 水平埋管热交换器的长度、回路数量和埋设深度应符合设计要求。

3 地表水系统热交换器的回路数量、组对长度与所在水面下深度应符合设计要求。

检查数量：按Ⅰ方案。

检查方法：测斜仪、尺量、目测，查阅材料验收记录。

Ⅱ 一般项目

10.4.10 采用建筑塑料管道的空调水系统，管道材质及连接方法应符合设计和产品技术的要求，管道安装尚应符合下列规定：

1 采用法兰连接时，两法兰面应平行，误差不得大于 2 mm。密封垫为与法兰密封面相配套的平垫圈，不得突入管内或突出法兰之外。法兰连接螺栓应采用两次紧固，紧固后的螺母应与螺栓齐平或略低于螺栓。

2 电熔连接或热熔连接的工作环境温度不应低于 5 ℃ 环境。插口外表面与承口内表面应作小于 0.2 mm 的刮削，连接后同心度的允许误差应为 2%；热熔熔接接口圆周翻边应饱满、匀称，不应有缺口状缺陷、海绵状的浮渣与目测气孔。接口处的错边应小于 10%的管壁厚。承插接口的插入深度应符合设计要求，熔融的包浆在承、插件间形成均匀的凸缘，不得有裂纹凹陷等缺陷。

3 采用密封圈承插连接的胶圈应位于密封槽内,不应有皱褶扭曲。插入深度应符合产品要求,插管与承口周边的偏差不得大 2 mm。

检查数量：按Ⅱ方案。

检查方法：尺量、观察检查，验证产品合格证书和试验记录。

10.4.11 金属管道与设备的现场焊接应符合下列规定：

1 管道焊接材料的品种、规格、性能应符合设计要求。管道焊接坡口形式和尺寸应符合本标准表10.3.28-1 的规定。对口平直度的允许偏差应为 1%，全长不应大于 10 mm。管道与设备的固定焊口应远离设备，且不宜与设备接口中心线相重合。管道的对接焊缝与支、吊架的距离应大于 50 mm。

2 管道现场焊接后，焊缝表面应清理干净，并应进行外观质量检查。焊缝外观质量应符合下列规定：

1）管道焊缝外观质量允许偏差应符合本标准表 10.3.28-2 的规定。

2）管道焊缝余高和根部凸出允许偏差应符合表 10.4.11-1 的规定。

表 10.4.11-1 管道焊缝余高和根部凸出允许偏差

母材厚度 T/mm	≤6	>6，≤13	>13，≤50
余高和根部凸出/mm	≤2	≤4	≤5

3 设备现场焊缝外部质量应符合下列规定：

1）设备焊缝外观质量允许偏差应符合表 10.4.11-2 的规定。

表 10.4.11-2 设备焊缝外观质量允许偏差

序号	类别	质量要求
1	焊缝	不允许有裂缝、未焊缝、未熔合、表面气孔、外露夹渣、未焊满等现象
2	咬边	咬边：深度小于或等于 0.10T，且小于或等于 1.0 mm，长度不限
3	根部收缩（根部凹陷）	根部收缩（根部凹陷）：深度小于或等于 0.20+0.04T，且小于或等于 2.0 mm，长度不限
4	角焊缝厚度不足	应小于或等于 0.30+0.05T，且小于或等于 2.0 mm；每 100 mm 焊缝长度内缺陷总长度小于或等于 25 mm
5	角焊缝焊脚不对称	差值小于或等于 2+0.20t（t 设计焊缝厚度）

2）设备焊缝余高和根部凸出允许偏差应符合表 10.4.11-3 的规定。

表 10.4.11-3　设备焊缝余高和根部凸出允许偏差

母材厚度 T/mm	≤6	>6，≤25	>25
余高和根部凸出/mm	≤2	≤4	≤5

检查数量：按Ⅱ方案。

检查方法：焊缝检查尺尺量、观察检查。

10.4.12 螺纹连接管道的螺纹应清洁规整，断丝或缺丝不应大于螺纹全扣数的 10%。管道的连接应牢固，接口处的外露螺纹应为 2 扣~3 扣，不应有外露填料。镀锌管道的镀锌层应保护完好，局部破损处应进行防腐处理。

检查数量：按Ⅱ方案。

检查方法：尺量、观察检查。

10.4.13 法兰连接管道的法兰面应与管道中心线垂直，且应同心。法兰对接应平行，偏差不应大于管道外径的 1.5‰，且不得大于 2 mm。连接螺栓长度应一致，螺母应在同一侧，并应均匀拧紧。紧固后的螺母应与螺栓端部平齐或略低于螺栓。法兰衬垫的材料、规格与厚度应符合设计要求。

检查数量：按Ⅱ方案。

检查方法：尺量、观察检查。

10.4.14 钢制管道的安装应符合下列规定：

1 管道和管件安装前，应将其内、外壁的污物和锈蚀清除干净。管道安装后应保持管内清洁。

2 热弯时，弯制弯管的弯曲半径不应小于管道外径的 3.5 倍；冷弯时，不应小于管道外径的 4 倍。焊接弯管不应小于管道外径的 1.5 倍；冲压弯管不应小于管道外径的 1 倍。弯管的最大外径与最小外径之差，不应大于管道外径的 8%，管壁减薄率不应大于 15%。

3 冷（热）水管道与支、吊架之间，应设置衬垫。衬垫的承压强度应满足管道全重，且应采用不燃与难燃硬质绝热材料或经防腐处理的木衬垫。衬垫的厚度不应小于绝热层厚度，宽度应大于或等于支、吊架支承面的宽度。衬垫的表面应平整、上下两衬垫接合面的空隙应填实。

4 管道安装允许偏差和检验方法应符合本标准表 10.3.28-3 的规定。安装在吊顶内等暗装区域的管道，位置应正确，且不应有侵占其他管线安装位置的现象。

检查数量：按Ⅱ方案。

检查方法：尺量、观察检查。

10.4.15 沟槽式连接管道的沟槽与橡胶密封圈和卡箍套应为配套，沟槽及支、吊架的间距应符合本标准表 10.3.27-3 的规定。

检查数量：按Ⅱ方案。

检查方法：尺量、观察检查、查阅产品合格证明文件。

10.4.16 风机盘管机组及其他空调设备与管道的连接，应采用耐压值大于或等于 1.5 倍工作压力的金属或非金属柔性接管，连接应牢固，不应有强扭和瘪管。冷凝水排水管的坡度应符合设计要求。当设计无要求时，管道坡度宜大于或等于 8‰，且应坡向出水口。设备与排水管的连接应采用软接，并应保持畅通。

检查数量：按Ⅱ方案。

检查方法：观察、查阅产品合格证明文件。

10.4.17 金属管道的支、吊架的形式、位置、间距、标高应符合设计要求。当设计无要求时，应符合下列规定：

1 支、吊架的安装应平整牢固，与管道接触应紧密，管道与设备连接处应设置独立支、吊架。当设备安装在减振基座上时，独立支架的固定点应为减振基座。

2 冷（热）媒水、冷却水系统管道机房内总、干管的支、吊架，应采用承重防晃管架，与设备连接的管道管架宜采取减振措施。当水平支管的管架采用单杆吊架时，应在系统管道的起始点、阀门、三通、弯头处及长度每隔 15 m 处设置承重防晃支、吊架。

3 无热位移的管道吊架的吊杆应垂直安装，有热位移的管道吊架的吊杆应向热膨胀（或冷收缩）的反方向偏移安装。偏移量应按计算位移量确定。

4 滑动支架的滑动面应清洁平整，安装位置应满足管道要求，支承面中心应向反方向偏移 1/2 位移量或符合设计文件要求。

5 竖井内的立管应每两层或三层设置滑动支架。建筑结构负重允许时，水平安装管道支、吊架的最大间距应符合本标准表 10.3.27-1 的规定，弯管或近处应设置支、吊架。

6 管道支、吊架的焊接应符合本标准表 10.4.11-3 的规定。固定支架与管道焊接时，管道侧的咬边量应小于 10%的管壁厚度，且小于 1 mm。

检查数量：按Ⅱ方案。

检查方法：尺量、观察检查。

10.4.18 采用聚丙烯（PP-R）管道时，管道与金属支、吊架之间应采取隔绝措施，不宜直接接触，支、吊架的间距应符合设计要求。当设计无要求时，聚丙烯（PP-R）冷水管支、吊架的间距应符合本标准表 10.3.27-4 的规定，使用温度大于或等于 60 °C 热水管道应加宽支承面积。

检查数量：按Ⅱ方案。

检查方法：观察检查。

10.4.19 除污器、自动排气装置等管道部件的安装应符合下列规定：

1 阀门安装的位置及进、出口方向应正确且应便于操作。连接应牢固紧密，启闭应灵活。成排阀门的排列应整齐美观，在同一平面上的允许偏差不应大于 3 mm。

2 电动、气动等自控阀门安装前应进行单体调试，启闭试验应合格。

3 冷（热）水和冷却水系统的水过滤器应安装在进入机组、水泵等设备前端的管道上，安装方向应正确，安装位置应便于滤网的拆装和清洗，与管道连接应牢固严密。过滤器滤网的材质、规格应符合设计要求。

4 闭式管路系统应在系统最高处及所有可能积聚空气的管段高点设置排气阀，在管路最低点应设有排水管及排水阀。

检查数量：按Ⅱ方案。

检查方法：对照设计文件，尺量、观察和操作检查。

10.4.20 冷却塔安装应符合下列规定：

1 基础的位置、标高应符合设计要求，允许误差应为 ±20 mm，进风侧距建筑物应大于 1 m。冷却塔部件与基座的连接应采用镀锌或不锈钢螺栓，固定应牢固。

2 冷却塔安装应水平，单台冷却塔的水平度和垂直度允许偏差应为 2‰。多台冷却塔安装时，排列应整齐，各台开式冷却塔的水面高度应一致，高度偏差值不应大于 30 mm。当采用共用集管并联运行时，冷却塔集水盘（槽）之间的连通管应符合设计要求。

3 冷却塔的集水盘应严密、无渗漏，进、出水口的方向和位置应正确。静止分水器的布水应均匀；转动布水器喷水出口方向应一致、转动应灵活、水量应符合设计或产品技术文件的要求。

4 冷却塔风机叶片端部与塔身周边的径向间隙应均匀。可调整角度的叶片，角度应一致，并应符合产品技术文件要求。

5 有水冻结危险的地区，冬季使用的冷却塔及管道应采取防冻与保温措施。

检查数量：按Ⅱ方案。

检查方法：尺量、观察检查，积水盘充水试验或查阅试验记录。

10.4.21 水泵及附属设备的安装应符合下列规定：

1 水泵的平面位置和标高允许偏差应为 ±10 mm，安装的地脚螺栓应垂直，且与设备底座应紧密固定。

2 垫铁组放置位置应正确、平稳，接触应紧密，每组不应大于 3 块。

3 整体安装的泵的纵向水平偏差不应大于 0.1‰，横向水平偏差不应大于 0.2‰。组合安装的泵的纵、横向安装水平偏差不应大于 0.05‰。水泵与电机采用联轴器连接时，联轴器两轴芯的轴向倾斜不应大于 0.2‰，径向位移不应大于 0.05 mm。整体安装的小型管道水泵目测应水平，不应有偏斜。

4 减振器与水泵及水泵基础的连接，应牢固平稳、接触紧密。

检查数量：按Ⅱ方案。

检查方法：扳手试拧、观察检查，用水平仪和塞尺测量或查阅设备安装记录。

10.4.22 水箱、集水器、分水器、膨胀水箱等设备安装时，支架或底座的尺寸、位置应符合设计要求。设备与支架或底座接触应紧密，安装应平整牢固。平面位置允许偏差应为 15 mm，标高

允许偏差应为 ±5 mm，垂直度允许偏差应为 1‰。

检查数量：按Ⅱ方案。

检查方法：尺量、观察检查，旁站或查阅试验记录。

10.4.23 补偿器的安装应符合下列规定：

1 波纹补偿器、膨胀节应与管道保持同心，不得偏斜和周向扭转。

2 填料式补偿器应按设计文件要求的安装长度及温度变化，留有 5 mm 剩余的收缩量。两侧的导向支座应保证运行时补偿器自由伸缩，不得偏离中心，允许偏差应为管道公称直径的 5‰。

检查数量：全数检查。

检查方法：尺量、观察检查，旁站或查阅试验记录。

10.4.24 地源热泵系统地埋管热交换系统的施工应符合下列规定：

1 单 U 管钻孔孔径不应小于 110 mm，双 U 管钻孔孔径不应小于 140 mm。

2 埋管施工过程中的压力试验，工作压力小于或等于 1.0 MPa 时应为工作压力的 1.5 倍，工作压力大于 1.0 MPa 时应为工作压力加 0.5 MPa，试验压力应全数合格。

3 埋地换热管应按设计要求分组汇集连接，并应安装阀门。

4 建筑基础底下的埋水平管的埋设深度，应小于或等于设计深度，并应延伸至水平环路集管连接处，且应进行标识。

检查数量：按Ⅱ方案。

检查方法：尺量、观察检查，旁站或查阅试验记录。

10.4.25 地表水地源热泵系统换热器的长度、形式尺寸应符合设计要求，衬垫物的平面定位允许偏差应为 200 mm，高度允许

偏差应为 ± 50 mm。绑扎固定应牢固。

检查数量：按Ⅱ方案。

检查方法：尺量、观察检查，旁站或查阅试验记录。

10.4.26 蓄能系统设备的安装应符合下列规定：

1 蓄能设备（储槽、罐）放置的位置应符合设计要求，基础表面应平整，倾斜度不应大于5‰。同一系统中多台蓄能装置基础的标高应一致，尺寸允许偏差应符合本标准第9.4.12条的规定。

2 蓄能系统的接管应满足设计要求。当多台蓄能设备支管与总管相接时，应顺向插入，两支管接入点的间距不宜小于5倍总管管径长度。

3 温度和压力传感器的安装位置应符合设计要求，并应预留检修空间。

4 蓄能装置的绝热材料与厚度应符合设计要求。绝热层、防潮层和保护层的施工质量应符合本标准第11章的规定。

5 充灌的乙二醇溶液的浓度应符合设计要求。

6 现场制作钢制蓄能储槽等装置时，应符合现行国家标准《立式圆筒形钢制焊接储罐施工规范》GB 50128、《钢结构工程施工质量验收规范》GB 50205 和《现场设备、工业管道焊接工程施工规范》GB 50236 的有关规定。

7 采用内壁保温的水蓄冷储罐，应符合相关绝热材料的施工工艺和验收要求。绝热层、防水层的强度应满足水压的要求；罐内的布水器、温度传感器、液位指示器等的技术性能和安装位置应符合设计要求。

8 采用隔膜式储罐的隔膜应满布，且升降应自如。

检查数量：按Ⅱ方案。

检查方法：观察检查，密度计检测、旁站或查阅试验记录。

10.5 成品保护

10.5.1 管道调直时应注意不得损伤接口螺纹。

10.5.2 加工的方形补偿器成品，存放时应防止翘曲变形。波纹补偿器成品存放时不得损坏节波。

10.5.3 加工的半成品应分类编号，捆扎好后存放在专用场地。螺纹用机油涂抹后包塑料薄膜防锈。

10.5.4 安装应按计划将材料和半成品分批运至安装地点，按编号组对，做到当日工完场清。

10.5.5 安装好的管道支架及管道、设备，均不得用于作为脚手板、系安全绳和吊绳的受力点，也禁止蹬踩。

10.5.6 水箱安装完毕后应清理内部废料和污物，水箱顶板不得上人踩压或堆放承重物品。

10.5.7 安装后尚未配管的设备，安装停顿期应封闭管口。

10.6 安全及环境保护

10.6.1 现场焊接施工应执行本标准第 9.6.2 条的规定。

10.6.2 采用电动套丝机套丝作业时应执行本标准第 9.6.3 条的规定。

10.6.3 现场脚手架搭设应执行本标准第 7.6.11 条的规定。

10.6.4 高处作业应执行本标准第 7.6.2 条～第 7.6.6 条的规定。

10.6.5 管道采用蒸汽吹扫时，应先进行暖管，吹扫现场设置警戒线，无关人员不得进入现场。管道吹扫、试压、冲洗还应执行本标准第 9.6.6 条～第 9.6.8 条的规定。

10.6.6 管道和支吊架油漆时应符合本标准第 7.6.12 条的规定。

10.6.7 设备开箱后外包装料处理应符合本标准第 8.6.12 条的规定。

10.6.8 清洗剂处理应符合本标准第 8.6.14 条的规定。

10 6.9 现场还应根据施工具体情况，执行本标准第 5.6 节各相关条文的规定。

10.7 质量记录

10.7.1 质量记录应包括下列内容：

1 施工日志 SG-003。

2 技术核定单 SG-004。

3 图纸会审记录 SG-007。

4 技术交底 SG-006。

5 混凝土设备基础工程检验批质量验收记录 SG-T045。

6 阀门试验检查记录 SG-A002。

7 设备管道吹洗（扫）记录 SG-A004。

8 空调水系统安装工程检验批质量验收记录（设备）SG-A056。

9 空调水系统安装工程检验批质量验收记录（管道）SG-A057。

10 通水试验记录 SG-A005。

10.7.2 本标准第 10.7.1 条中未涵盖的质量记录表格，可参照现行国家标准《通风与空调工程施工质量验收规范》GB 50243或四川省《建筑工程施工质量验收规范实施指南》表格的格式自行设计。

11 防腐与绝热

11.1 一般规定

11.1.1 风管、部件及设备的绝热工程施工应在系统严密性检验合格及防腐处理结束后进行。

11.1.2 空调制冷与水系统的防腐工程施工应在管道水压试验、制冷剂管道系统气密性试验合格后进行。制冷与水系统管道绝热工程的施工，应在管路系统防腐处理结束后进行。

11.1.3 需预制防腐和绝热的制冷与水系统管道，应将接口和焊接位置留出，待连接后系统强度试验及严密性试验合格再补做防腐与绝热。

11.1.4 涂料防腐应符合设计要求，设计无明确要求时，应根据待防腐表面的材料性质和使用环境合理选用底漆、面漆和涂刷层数。

11.1.5 涂料施工前，应检查待防腐表面的处理质量是否符合要求。涂刷前，待防腐表面必须清洁、干燥。

11.1.6 涂料施工时，应采取防火、防冻及防尘等措施，室外施工还应有防雨、雪措施，涂刷不宜在环境温度低于 5 ℃，相对湿度大于 85%的环境进行。

11.1.7 涂料涂层与绝热层不得遮盖设备和部件的铭牌标志和影响部件、阀门的操作功能。绝热层可在铭牌和标志处做出喇叭口，或施工时将铭牌和标志移到绝热层外，经常操作的部位应采用能单独拆卸的绝热结构。

11.1.8 位于洁净室内的风管及管道的防腐与绝热应在空调净化设备安装之前完成。风管及管道的绝热层表面保护层必须致密、连续和可擦拭。

11.1.9 绝热层、防潮层和保护层均应连续完整。结构层中有防潮层时，施工不得破坏防潮层。

11.1.10 室外进行绝热施工时应有防雨、雪措施。绝热层粘结不应在环境温度低于 5 ℃，相对湿度大于 80%的环境进行。

11.2　施工准备

11.2.1 技术准备应符合下列要求：

　1　了解设计对涂料防腐的技术要求，以及产品技术文件关于涂料的技术参数和使用方法。

　2　了解设计对绝热层、防潮层和保护层的技术要求及材料的技术参数。

　3　了解绝热材料粘结剂的技术参数和使用方法。

　4　熟悉施工图，了解需要防腐和绝热的管道、部件、设备的位置及部位，合理安排施工流程。

　5　防腐和绝热施工所需进行的试验，应取得可靠的技术数据，操作规程清楚。

　6　配制及涂刷方法已明确，施工方案已批准，采用的技术标准和质量控制文件齐全。

11.2.2 作业条件应符合下列要求：

　1　现场作业与材料、半成品、成品存放场地满足施工要求，防火设施完备。

　2　施工现场不得有产尘或大量用水工序的施工，并具有良好的采光或照明条件。

3 管材、型材及板材按使用要求已进行矫正处理。

4 待防腐表面应无灰尘、铁锈、油污等污物，并保持干燥。待涂刷的焊缝应检验合格，焊渣、药皮、飞溅等已清理干净。

5 在地沟和管井内安装的管道，地沟和管井应无破坏防腐和绝热层的后续施工，地沟和管井内杂物应清理干净。

6 安全、防护措施执行本标准第5.2.2条第11款的规定。

11.2.3 施工材料应符合下列规定：

1 材料进场验收执行本标准第3.3节的规定，主、辅材的供应能保证施工进度的需要。

2 风管和管道的绝热层、防潮层和保护层应采用不燃或难燃材料，难燃材料施工前，应做燃烧试验检查其性能，合格后方可使用。

3 绝热材料进场时，应对绝热材料的导热系数、密度、吸水率等技术性能参数进行复验，复验应为见证取样送检，材质、厚度、密度、含水率、导热系数等应符合设计要求。

4 绝热材料的化学性能应稳定，不得对金属腐蚀。用于奥氏体不锈钢管道与设备的绝热材料及制品，其氯离子含量指标必须符合要求。

5 玻璃丝布的径向和纬向密度应符合设计要求，玻璃丝布宽度应满足施工的需要。

6 涂料稀释必须使用配套稀释剂，或使用产品技术文件指定的溶剂。用不同颜色的涂料调色时，应使用化学性质相同的同牌号原色涂料。不同厂家、不同品种的涂料不能掺和使用。

7 用于绝热层包扎的镀锌铁丝网，铁丝直径宜为 0.8 mm ~ 1.0 mm，网孔为 20 mm × 20 mm ~ 30 mm × 30 mm。

8 洁净室（区）内的风管和管道的绝热层，不应采用易产尘的玻璃纤维和短纤维矿棉等材料。

9 胶粘剂应与绝热材料相匹配，并应符合其使用温度的要求。

10 材料防火要求还应符合应符合现行国际标准《建筑设计防火规范》GB 50016 和《建筑内部装修设计防火规范》GB 50222 等的规定。

11. 2. 4 施工机具及检测工具应包括下列内容：

1 施工机具应根据施工内容和施工方法合理配置。

2 主要施工机具应包括空气压缩机、砂轮切割机、圆盘锯、磨光机、机械或气动除锈机、喷枪、保温钉焊接机、手电钻、拉铆枪、手锯、打包钳、钢丝钳、裁纸刀、剪刀、钢丝刷、滚筒毛刷、直毛刷、小桶、平抹子、圆弧抹子等。

3 主要检测工具应包括压力表、漆膜测厚仪、钢卷尺、钢板尺、钢针、靠尺、楔形塞尺等。

4 现场施工机具及检测工具的使用应符合本标准第 3.7 节的规定。

11.3 施工工艺

I 防腐工程施工工艺

11. 3. 1 防腐工程施工应按图 11.3.1 的工序进行。

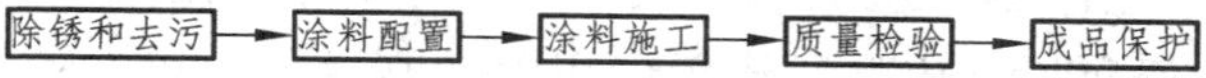

| 除锈和去污 | → | 涂料配置 | → | 涂料施工 | → | 质量检验 | → | 成品保护 |

图 11.3.1 防腐工程施工工艺流程

11. 3. 2 除锈和去污应符合下列规定：

1 对冷、热轧钢表面可使用钢丝刷或粗砂布刷擦的方法人工除锈，也可以使用机械或气动除锈机。工作在腐蚀环境的钢表面应除锈直到露出金属光泽；工作在一般大气环境时应除去钢表面浮锈，允许致密的氧化皮存在。

2 在化工和腐蚀环境中工作的通风系统冷、热轧钢板风管及部件可采用喷砂除锈。喷砂除锈应符合下列规定：

1）干喷除锈时，所用的压缩空气不得含有油脂和水分，可在空气压缩机出口处安装油水分离器。喷砂用的压缩空气宜保持在 0.4 MPa ~ 0.6 MPa。

2）喷砂可采用石英砂、硅质河砂或海砂，砂粒应经筛选、清洗和干燥，直径宜为 1.5 mm ~ 2.5 mm。喷砂操作时，喷嘴与金属表面大约成 50° ~ 70°，并距金属表面 100 mm ~ 250 mm 为宜。

3）喷砂除锈施工现场必须做好环境和健康保护工作，喷砂除锈宜在具备除灰降尘条件的车间进行。喷砂操作人员应穿戴好防护服、面罩和长袖手套，作业设备应设专人监护。长期进行喷砂作业时，应采用湿喷法。

3 管道与设备表面除锈等级应符合设计及防腐涂料产品技术文件的要求。

4 除锈后的金属表面应擦拭干净，再使用汽油等易挥发溶剂擦洗。待表面干燥后应及时进行涂料涂刷作业。

5 清除表面油污宜采用碱性溶剂清除，清洗后擦净晾干。厚大的粘性油污和沥青使用金属铲铲除后再清洗干净。

6 对已涂刷底层涂料的表面，应检查有无损坏和锈斑。凡有损坏和锈斑处，应将原涂料层用钢丝刷或粗砂布去除，再用同种涂料涂刷一遍。

11.3.3 涂料配制应符合下列要求：

1 涂料应在涂刷时调配并搅拌均匀，调和后应及时盖上桶盖保洁。

2 双组分或三组分涂料必须按产品技术文件规定的配比调配，熟化时间必须达到产品技术文件规定的要求。

3 施工前应做涂料试样刷涂或喷涂试验，检查涂料的附着性、覆盖性、表干时间、实干时间、面漆对底漆的溶解性，以及在施工条件下的成膜厚度等。

4 涂刷在同一部位的底漆、腻子、面漆的化学性能应相同，否则涂刷前应做溶性试验和附着性试验，合格后方可施工。

5 当设计对漆膜厚度有要求时，应通过试验确定稀释剂加入量，然后根据涂料产品技术文件和试样的涂刷结果，确定底漆和面漆的刷涂或喷涂遍数。

6 涂料稀稠程度应根据施工方法而定。手工刷涂以能刷开、不出现刷纹，又具有良好的覆盖性和不露底、不产生快速下坠流滴为宜。

7 当涂料内混有硬皮或有细小杂物时，必须用细铜丝网滤除后才能使用。

11.3.4 涂料施工应符合下列规定：

1 手工刷涂粘度较大的涂料宜选用硬度大的毛刷（排刷），刷涂粘度较小的涂料，或刷涂面漆时宜选用前端柔软的毛刷。宜采用纵、横交叉涂抹的作业方法。快干涂料不宜采用手工涂刷。

2 喷涂的压缩空气压力宜为 0.3 MPa～0.4 MPa，喷涂时涂料粘度应由试喷确定，以保证每次喷涂层具有良好的附着和覆盖效果。喷涂时涂料射流应垂直喷漆面。喷涂面为平面时，喷嘴距喷涂面宜为 250 mm～350 mm；喷涂面为曲面时，喷嘴距喷涂面的距离宜为 400 mm。喷嘴移动应均匀，速度以形成规定的漆膜厚度为宜。

3 每一层漆膜均应进行检查，不得有漏涂、堆积、气泡、脱皮、皱皮、鼓包、掺杂及混色等缺陷，漆膜致密完整。

4 上一遍漆膜彻底干燥后，才能进行下一遍涂料的涂刷，涂刷前用 1 号以下细砂纸将上遍漆膜表面的流滴和粘附颗粒轻轻砂去，然后用干净湿布擦净漆膜表面，晾干后再涂刷。

5 对有平整度和光洁度要求的表面，在第一遍底漆彻底干燥后，应使用腻子刮抹平整，干燥后再砂磨光洁。第二遍底漆涂刷完毕后，再用腻子局部修补一遍裂缝或残缺，砂磨平整后进行面漆涂刷。

6 面漆涂刷应无咬底、渗色现象，表面光滑、光亮，无流挂、堆积、针孔等缺陷。

7 多道涂层的数量应满足设计要求。对漆膜有厚度要求时，应使用漆膜测厚仪检测漆膜厚度，厚度应符合设计要求。

Ⅱ　风管、部件和设备绝热施工工艺

11.3.5 风管、部件和设备绝热施工应按图 11.3.5 的工序进行。

图 11.3.5　风管、部件和设备绝热施工工艺流程

11.3.6 镀锌钢板风管绝热施工前应进行表面除油和清洁处理，冷轧板金属风管绝热施工前应进行表面除锈和清洁处理，并涂防腐层。

11.3.7 风管绝热材料应按长边加两个绝热层厚度，短边为净尺寸的方法下料。绝热材料下料应使用锋利的刀具或切割工具，保证材料的切割断面平直。聚苯乙烯泡沫塑料可采用电热切割法。

11.3.8 风管绝热层保温钉施工应符合下列规定:

1 保温钉施工法适用于玻璃棉、岩棉、自熄性聚苯乙烯泡沫塑料板、毡等绝热材料。

2 保温钉宜选用塑料钉或铝质钉,保温钉的长度应满足压紧绝热层固定压片的要求,

3 保温钉与风管、部件及设备表面的连接应采用粘结或焊接,不得采用抽芯铆钉或自攻螺丝等破坏风管严密性的固定方法。固定保温钉的胶粘剂宜为不燃材料,保温钉粘结前应做粘结强度试验,其粘结力应大于 25 N/cm^2。

4 矩形风管与设备的保温钉分布应均匀,保温钉数量应符合表 11.3.8 的规定,风管的圆弧转角段或几何形状急剧变化的部位,保温钉的布置应适当加密。首行保温钉距绝热材料边沿应小于 120 mm。

表 11.3.8 风管保温钉数量(个/m^2)

绝热层材料	风管底面	侧面	顶面
铝箔岩棉保温板	≥20	≥16	≥10
铝箔玻璃棉保温板(毡)	≥16	≥10	≥8

5 粘结时风管和保温钉的粘结面均应清洁干燥,粘结应牢固可靠。粘结后应按粘结剂的要求保证固化时间,宜为 12 h~24 h,稳固后方可覆盖绝热材料。

6 绝热材料应尽量减少拼接缝,绝热材料若拼接使用,应使小块材料置于风管的上表面,并使纵、横缝错开,风管的底面不应有纵向拼缝。双层覆盖时,应将小块材料置于里层,大块材料置于外层并覆盖里层拼接缝(压缝)。带有防潮层的绝热材料接

缝处，宜用宽度不小于 50 mm 的粘胶带封闭，不应有胀裂、皱褶和脱落现象。

7 绝热材料与风管、部件及设备应紧密贴合无缝隙等缺陷，且纵、横向的接缝应错开。绝热层材料厚度大于 80 mm 时，应分层施工。同层的拼缝应错开，层间的拼缝应相压，搭接间距不应小于 130 mm。

8 圆形风管宜采用毡材圆周卷包方式，收口宜留在风管侧面，每条纵向缝错开距离应不小于 80 mm。双层覆盖时，外层应对里层压缝。

9 敷设绝热材料应使纵、横拼接缝有适度挤压力。检查无误后套上垫片将绝热材料压紧，软质绝热材料的压缩率为 5% ~ 10%。

10 当风管长边大于 1000 mm 时，宜在绝热层外每隔一定距离用打包钢带或尼龙带做箍一道。聚苯板绝热层，每块绝热板宜有一道箍带，打包带与风管四角结合处垫短镀锌钢板包角（图 11.3.8）。玻璃棉或岩棉等软质材料绝热层，应在四角垫长条镀锌钢板包角。

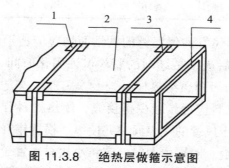

图 11.3.8　绝热层做箍示意图

1—镀锌铁皮包角；2—绝热材料；3—箍带；4—风管

11 聚苯板绝热层的拼接缝，应使用玻璃棉或岩棉等软质材料填塞紧密，然后用密封胶带封闭。

12 使用外层带铝箔的玻璃棉或岩棉等绝热材料，安装时穿保温钉不应使铝箔层受到大的破损。安装后所有接缝与破损均应使用铝箔胶带封闭，外表面可不再处理。

11.3.9 风管绝热层粘结施工应符合下列要求：

1 粘结施工法适用于闭孔橡塑海绵、聚苯乙烯泡沫塑料等绝热材料。

2 绝热材料的拼接使用应符合本标准第 11.3.8 条第 6 款的要求。

3 用湿布擦去绝热材料和风管待粘结表面的浮尘，干燥后采用横、竖交叉的涂刷方法分别均匀涂刷粘结胶，涂刷后应根据气温条件按产品技术文件的规定，静放一定时间后再进行粘结。粘结宜一次完成，并加压使绝热材料与壁面贴紧粘牢。

4 闭孔橡塑海绵绝热层的纵、横拼接缝应错开，必须有适度挤压力并粘结，同时用胶带封闭拼接缝。风管与部件在室内暗装时，绝热层外表面可不再处理。多重绝热层施工时，层间的拼接缝应错开。

5 聚苯乙烯泡沫塑料绝热层纵、横拼接缝的处理可执行本标准第 11.3.8 条第 11 款方法。

11.3.10 风管在支、吊架位置的绝热层（图 11.3.10），有防潮层时不应使用螺钉固定，金属板应四面围包风管绝热层，接口采用咬口方式。

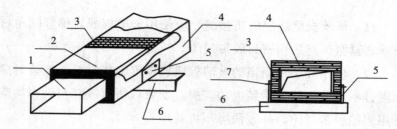

图 11.3.10　风管支吊架位置的绝热层做法

1—风管；2—绝热层；3—木方框；4—保护层；
5—金属板；6—支吊架；7—螺钉

11.3.11 阀门、三通、弯头等部位的绝热层宜采用绝热板材切割预组合后，再进行施工，绝热施工后应保持原有形状。风管法兰绝热层如图 11.3.11 所示。

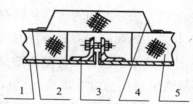

图 11.3.11　风管法兰绝热层结构示意图

1—风管壁；2—铝箔复合胶带；3—风管法兰；
4—铝箔玻璃布保护层；5—绝热材料

11.3.12 风阀绝热层不得影响调节装置的操作，有防结露要求时，调节装置外应补做绝热层。风管系统上经常拆卸的法兰、阀门、过滤器及检测点等应采用能单独拆卸的绝热结构，其绝热层的厚度不应小于风管绝热层的厚度，与固定绝热层结构之间的连接应严密。

11.3.13 防潮层施工应符合设计要求,设计无明确要求时可执行下列规定:

1 保冷使用非闭孔绝热材料和室外使用非闭孔绝热材料时必须设置防潮层;地沟内使用非闭孔绝热材料时应设置防潮层。防潮层与绝热层应贴合紧密,封闭良好,不应有虚粘、气泡、皱褶、裂缝等缺陷。带有防潮层的绝热材料的拼接缝应采用粘胶带封闭,粘胶带应与防潮层粘结牢固,不应有胀裂、皱褶和脱落等现象,拼接缝两侧的粘胶带的粘结宽度不应小于 20 mm。

2 防潮层使用聚乙烯薄膜时,采用缠包或对口卷包方式与绝热层贴紧,接缝搭接宽度应不小于 30 mm ~ 50 mm,缝口搭接应顺水,搭接口处应使用密封胶带封闭。风管宜每隔 500 mm 用胶带环向绑扎一道。防潮层外表面应有玻璃布保护层。

3 防潮层使用铝箔玻璃布时,采用缠包、对口卷包或比量下料粘贴方式,接缝搭接宽度应不小于 30 mm ~ 50 mm,缝口搭接应顺水,缝口用铝箔胶带封闭。铝箔玻璃布可与绝热层粘贴,与风管绝热层不粘贴时宜每隔 500 mm 用铝箔胶带环向绑扎一道。风管与部件在室内暗装时,外表面可不再处理。

4 防潮层采用玻璃钢时,与绝热层应结合紧密,封闭良好,不应有虚粘、气泡、皱褶、裂缝等缺陷。

11.3.14 保护层施工应符合设计要求,设计无明确要求时可执行下列规定:

1 室内明装风管保护层的纵缝可采用角咬口或平咬口,横向连接可采用平搭接、压棱搭接或平咬口,搭接应顺水流方向设置,平搭接的宽度应为 20 mm ~ 25 mm。纵缝宜位于风管内侧,水平纵缝缝口应向下,横向缝口应顺坡向。保护层连接应牢固严密,外表应整齐平整,圆弧应均匀,保护层应贴紧绝热层,不得有脱壳、褶皱、强行接口等现象。矩形保护壳表面应平整，棱角应规则。采用自攻螺钉紧固时，螺钉间距应匀称，且不得刺破防潮层。

2 室内暗装风管可使用幅宽 200 mm～300 mm 的玻璃布，玻璃布的甩头用卡子卡牢或胶粘牢固定，由低端向高端缠绕。玻璃布若有毛边应将其折叠，不应外露。玻璃布缠裹应严密，搭接宽度应均匀，宜为 1／2 布宽或 30 mm～50 mm，表面应平整，无松脱、翻边、皱褶或鼓包。

3 室外风管应设置硬质保护层。保护层可采用镀锌钢板、薄钢板或铝板。保护层应平整，紧贴防潮层，不应有脱壳、皱褶、强行接口现象，保护层端头应封闭，采用平搭接时，搭接宽度宜为 30 mm～40 mm；采用压棱加强搭接时，搭接宽度宜为 20 mm～25 mm；采用自攻螺钉固定时，螺钉间距应匀称，应有防止自攻螺钉刺破防潮层的措施。纵缝可采用角咬口或平咬口，水平纵缝缝口应设在风管侧面或下面，且顺水，竖直纵缝宜打胶密封。环缝采用顺水流平咬口、压棱搭接或平搭接，平搭接可作为伸缩补偿。风管金属保护层板面宜有凸筋加强，边长大于 800 mm 的金属保护壳应采用相应的加固措施。

4 保护层镀锌钢板或薄钢板厚度应不小于 0.5 mm，铝板厚度应不小于 0.7 mm。金属外壳保护层的防腐应符合设计的规定，无明确规定时，薄钢板内、外表面涂刷防锈漆二遍，外表面再涂刷面漆两遍。镀锌钢板和铝板不涂漆。

5 风机宜采用铝箔玻璃布、玻璃布等软材料粘贴形成保护层。铝箔玻璃布外表面可不再处理。玻璃布应粘贴两层，外表面涂刷防火涂料两遍。

6 风机采用金属板或三合板制作保护层时，应在风机壳上

362

焊接铁钉固定木龙骨，保护层用螺钉固定在龙骨上，金属板接缝采用咬口或插接。所有接缝及螺钉处打胶密封。三合板外表面涂刷防腐涂料两遍。

11.3.15 软接风管宜采用软性的绝热材料，绝热层应留有变形伸缩的余量。

11.3.16 空调风管穿楼板和穿墙处套管内的绝热层应连续不间断，且空隙处应用不燃材料进行密封封堵。

Ⅲ 制冷及空调水系统管道与设备绝热施工工艺

11.3.17 绝热工程施工执行本标准第 11.3.5 条的工艺流程。

11.3.18 绝热施工前应进行表面清洁处理，防腐层损坏的应补涂完整。

11.3.19 绝热材料厚度大于 80 mm 时，应采用分层施工，同层的拼缝应错开，且层间的拼缝应相压，搭接间距不应小于 130 mm。

11.3.20 玻璃棉、岩棉等软质绝热卷毡材料施工应符合下列规定：

1 管道绝热施工可采用缠包法。材料下料宽度应均匀，边缘应整齐，带条宽度 200 mm ~ 300 mm。缠包时应边包、边压、边收紧，拼接处不应有空隙，纵、横接缝均应有适度挤压力，若有缝隙用相同保温材料填塞。纵向接缝应位于管道顶部。多层缠包时，上层材料应对下层压缝。

2 外径不大于 500 mm 的绝热层，绝热层外每隔 150 mm ~ 200 mm 用 $\phi1.0$ mm ~ $\phi1.2$ mm 镀锌铁丝绑扎 2 圈 ~ 3 圈（或用打包带做箍一道），铁丝头应压入绝热层内。绝热层外径大于 500 mm 时，宜增加一层镀锌铁丝网包扎层。多层缠包时应逐层绑扎，镀锌铁丝网仅在外层使用。

11.3.21 玻璃棉、岩棉、矿棉瓦绝热层施工应符合下列规定：

1 绝热瓦应形状规整，边缘平直，弧形符合要求，与管道外径应相匹配。瓦块可直接覆盖在管道外表面。

2 瓦块纵、横缝应错开。每节瓦块应用镀锌铁丝捆扎或专用胶带粘贴不少于 2 道，其间距宜为 300 mm ~ 350 mm，捆扎或粘贴应紧密，无滑动、松弛与断裂现象。每块瓦应有两处绑扎，铁丝头应压入瓦块内。

3 多层敷设时，上下层瓦块纵缝错开应不小于 15°，横缝错开宜不小于 50 mm。

4 绝热层外径大于 500 mm 时，绝热层外应增加一层镀锌铁丝网包扎层。

5 用于弯管的瓦块应按虾壳弯下料拼接，虾壳弯不宜少于 4 节。

6 弯管绝热层宜设置一道伸缩缝，缝宽 10 mm ~ 20 mm。伸缩缝清扫干净后用相同绝热软材料紧密填充。瓦块间缝隙也用相同绝热材料填塞严密。

7 用于热水管道时拼接缝隙不应大于 5 mm，用于冷水管道时不应大于 2 mm，并用粘结材料勾缝填满；纵缝应错开，外层的水平接缝应设在侧下方。

11.3.22 使用铝箔玻璃棉、岩棉、聚氨酯管壳时，管壳在纵、横缝处均应有适度挤压，横缝可粘结。所有纵、横接缝用铝箔胶带封闭，室内暗装管道的铝箔层外表面可不再处理；室内明装和室外管道宜设置一层镀锌钢板或铝板保护层。

11.3.23 制冷剂管道及冷冻水管使用闭孔橡塑海绵套管时，套管与管子可不粘结，但套管之间的环缝必须粘结。当套管直接在弯管上弯曲时（不采用虾壳弯找弧度），若套管有施工纵缝应放在管道侧面，接缝粘结后用胶带环向固定，防止纵缝开胶。冷冻水系统的金属软管和制冷剂、冷冻水的阀门应与系统管道同作保温。

11.3.24 非纤维硬质瓦块绝热层施工应符合下列规定：

1 膨胀蛭石、膨胀珍珠岩、泡沫混凝土等硬质瓦应采用粘结法与管道紧密贴合，用粘结材料嵌缝。

2 绝热瓦应形状规整，无大的残缺，弧形符合要求。敷设应符合本标准第 11.3.21 条第 2 款、第 3 款、第 5 款的规定。

3 绝热层外径大于 200 mm 时，绝热层外应增加一层镀锌铁丝网包扎层，绑扎铁丝宜适当加大直径。

4 长度超过 5 m 的立管和倾斜超过 45°的斜管，应设置支撑盘支承绝热材料。支撑盘与管道应可靠焊接，并同做防腐。支撑盘间距 3 m～5 m，宽度应不小于保温层厚度的 1/2，多层瓦块时应达到外层瓦块 1/2 厚度。

5 硬质瓦保温层在直管段上，每隔 5 m～7 m 应设置一道伸缩缝。管道两固定点之间的直管段应至少设置一道伸缩缝，两弯头之间的直管段较短时可设置一道伸缩缝或不设。立管伸缩缝应设置在支撑盘的下方，弯管保温层应至少设置一道伸缩缝，伸缩缝宽度 10 mm～20 mm。

6 多层保温瓦的各层伸缩缝均应成环缝，各层伸缩缝宜错开，错开距离不宜大于 100 mm。

7 伸缩缝清扫干净后用不燃软纤维绝热材料紧密填充，所有粘结剂和嵌缝料干燥后才能进行外部防潮及保护层施工，伸缩缝应与管道保温层同做防潮及保护层。

11.3.25 铝镁质绝热材料施工应符合下列规定：

1 使用铝镁质膏体材料时，在设备或管道表面分层涂抹膏体材料，第一层涂抹厚度应不大于 5 mm。第一层完全干燥后再涂抹第二层，第二层厚度可以达到 10 mm。依次涂抹，直至达到设计要求的厚度，再收光表面。表面收光层干燥后，按设计要求进行防潮处理和表面保护。不得有气泡和漏涂等缺陷。

2 使用铝镁质标准型卷毡时，先对卷毡下料，然后将铝镁质膏体料直接涂抹在卷毡上，厚度 2 mm ~ 5 mm，将涂有膏体料的卷毡直接粘贴覆盖管道或设备。若需要覆盖两层以上的卷毡，应将卷毡分层粘贴，上下盖缝，直至达到设计要求的厚度，表面再用 2 mm 左右的膏体材料收光。表面收光层干燥后，按设计要求进行防潮处理和表面保护。

11. 3. 26 采用软质和半硬质绝热材料的管道经过支、吊架时，可采用木托过渡结构（图 11.3.26）。木托安装前应做防腐处理。两侧绝热材料应顶紧木托，橡塑海绵等闭孔材料应与木托粘结。硬质绝热材料若不能承受管重时，也应设木托或采取其他过渡措施。

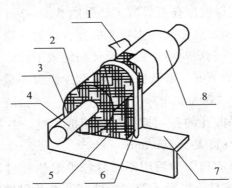

图 11.3.26　管道经过支吊架时的木托过渡结构

1—密封胶条；2—木托上瓦；3—木托下瓦；4—管外壁；5—木托座；

6—U 形螺栓；7—支吊架梁；8—保护层表面

11.3.27 防潮层施工应符合设计要求。设计无明确要求时可执行下列规定：

1 防潮层设置应符合本标准第 11.3.13 条第 1 款的要求。

2 水平管道防潮层施工时，纵向搭接缝应位于管道的侧下方，并顺水；立管的防潮层施工时，应自下而上施工，环向搭接缝应朝下。

3 聚乙烯薄膜、铝箔玻璃布及油毡防潮层可用于玻璃棉、岩棉、矿棉等绝热材料及铝镁质膏体材料表面。施工应符合下列规定：

1）聚乙烯薄膜防潮层施工可执行本标准第 11.3.13 条第 2 款的方法。

2）铝箔玻璃布防潮层施工可执行本标准第 11.3.13 条第 3 款的方法。

3）油毡防潮层，采用缠包或对口卷包方式，每隔 200 mm ~ 300 mm 用镀锌铁丝绑扎 2 圈 ~ 3 圈。缝口搭接应顺水，所有缝口搭接宽度应不小于 50 mm，缝口用沥青涂料密封，外表面应有玻璃布保护层。

4 沥青玛琋脂防潮层可用于非纤维硬质瓦块绝热材料及铝镁质膏体材料表面。表面先涂 3 mm 厚沥青玛琋脂，然后用玻璃布缠包。玻璃布应边涂沥青玛琋脂边缠包，缝口搭接应顺水，并形成两层玻璃布层，外层再涂沥青玛琋脂一遍。当绝热材料不能直接涂沥青玛琋脂时，应先包一层玻璃布。

5 非纤维硬质瓦块绝热材料也可使用油毡防潮层。

6 带有防潮层绝热材料的拼接缝应用宽度不应小于 50 mm

的粘胶带封闭。胶带应牢固地粘贴在防潮层面上，不得有胀裂和脱落。

11.3.28 保护层施工应符合设计要求。设计无明确要求时可执行下列规定：

    1 室内明装管道可执行本标准第 11.3.14 条第 1 款的要求，直管与弯管过渡处横向缝宜采用平搭接或压棱搭接，且不宜固定。当采用玻璃布或其他材料保护层时，表面应平整。

    2 室内暗装管道可执行本标准第 11.3.14 条第 2 款的要求。

    3 室外管道可执行本标准第 11.3.14 条第 3 款的要求，或采用石棉水泥等保护层。

    4 立管的金属保护壳应自下而上进行施工，环向搭接缝应朝下。水平管道的金属保护壳应从管道低处向高处进行施工，环向搭接缝口应朝向低端，纵向搭接缝应位于管道的侧下方，并顺水。金属保护层厚度和防腐应符合本标准第 11.3.14 条第 4 款的要求。

11.3.29 管道管件、附件及连接的绝热层施工应符合下列规定：

    1 可拆卸管件、附件的绝热层应与管道绝热层分离，但接合面必须紧密。外层防潮与保护层应与管道形成整体。

    2 有绝热要求的管道法兰和阀门的绝热层：管道法兰可执行本标准图 11.3.11 的结构。阀门绝热宜采用软质毡材或闭孔橡塑海绵板粘贴。

    3 无绝热要求的法兰两侧应留出螺栓长度加 25 mm 空间，绝热层端部做成 60°~70°斜坡，并与管壁严密过渡。

    4 补偿器绝热施工时，应分层施工，内层紧贴补偿器，外层需沿补偿方向预留相应的补偿距离。

11.3.30 空调冷热水管道穿楼板或穿墙处的绝热层应连续不间断。

11.3.31 冷水箱等蓄冷设备的绝热施工应在注水检漏合格后进行。其绝热层材料、厚度，以及防潮与保护层的施工应符合设计、设备技术文件或标准图集的规定。设备与容器的人孔、手孔及可拆卸部件的绝热层边缘应做成 45°斜坡。

11.4 质量标准

Ⅰ 主控项目

11.4.1 风管和管道防腐涂料的品种及涂层层数应符合设计要求，涂料的底漆和面漆应配套。

  检查数量：按Ⅰ方案。

  检查方法：按面积抽查，查对施工图纸和观察检查。

11.4.2 风管和管道的绝热层、绝热防潮层和保护层，应采用不燃或难燃材料，材质、密度、规格与厚度应符合设计要求。

  检查数量：按Ⅰ方案。

  检查方法：查对施工图纸、合格证和做燃烧试验。

11.4.3 风管和管道的绝热材料进场时，应对绝热材料的导热系数、密度、吸水率等技术性能参数进行复验，复验应为见证取样送检。

  检查数量：按Ⅰ方案。

  检查方法：现场随机抽样送检；核查复验报告。

11.4.4 洁净室（区）内的风管和管道的绝热层，不应采用易产尘的玻璃纤维和短纤维矿棉等材料。

检查数量：全数检查。

检查方法：观察检查。

Ⅱ　一般项目

11.4.5　防腐涂料的涂层应均匀，不应有堆积、漏涂、皱纹、气泡、掺杂及混色等缺陷。

检查数量：按Ⅱ方案。

检查方法：按面积或件数抽查，观察检查。

11.4.6　设备、部件、阀门的绝热和防腐涂层，不得遮盖铭牌标志和影响部件、阀门的操作功能；经常操作的部位应采用能单独拆卸的绝热结构。

检查数量：按Ⅱ方案。

检查方法：观察检查。

11.4.7　绝热层应满铺，表面应平整，不应有裂缝、空隙等缺陷。当采用卷材或板材时，允许偏差应为 5 mm；当采用涂抹或其他方式时，允许偏差应为 10 mm。

检查数量：按Ⅱ方案。

检查方法：观察检查。

11.4.8　橡塑绝热材料的施工应符合下列规定：

1　粘结材料应与橡塑材料相适用，无溶蚀被粘结材料的现象。

2　绝热层的纵、横向接缝应错开，缝间不应有孔隙，与管道表面应贴合紧密，不应有气泡。

3　矩形风管绝热层的纵向接缝宜处于管道上部。

4　多重绝热层施工时，层间的拼接缝应错开。

370

检查数量：按Ⅱ方案。

检查方法：观察检查。

11.4.9 风管绝热材料采用保温钉固定时，应符合下列规定：

1 保温钉与风管、部件及设备表面的连接，应采用粘结或焊接，结合应牢固，不应脱落；不得采用抽芯铆钉或自攻螺丝等破坏风管严密性的固定方法。

2 矩形风管及设备表面的保温钉应均布，风管保温钉数量应符合本标准表11.3.8的规定。首行保温钉距绝热材料边沿的距离应小120 mm，保温钉的固定压片应松紧适度、均匀压紧。

3 绝热材料纵向接缝不宜设在风管底面。

检查数量：按Ⅱ方案。

检查方法：观察检查。

11.4.10 管道采用玻璃棉或岩棉管壳保温时，管壳规格与管道外径应相匹配，管壳的纵向接缝应错开，管壳应采用金属丝、粘结带等捆扎，间距应为300 mm～350 mm，且每节至少应捆扎两道。

检查数量：按Ⅱ方案。

检查方法：观察检查。

11.4.11 风管及管道的绝热防潮层(包括绝热层的端部)应完整，并应封闭良好。立管的防潮层环向搭接缝口应顺水流方向设置；水平管的纵向缝应位于管道的侧面，并应顺水流方向设置；带有防潮层绝热材料的拼接缝应采用粘胶带封严，缝两侧粘胶带粘结的宽度不应小于20 mm。胶带应牢固地粘贴在防潮层面上，不得有胀裂和脱落。

检查数量：按Ⅱ方案。

检查方法：尺量和观察检查。

11.4.12 绝热涂抹材料作绝热层时，应分层涂抹，厚度应均匀，不得有气泡和漏涂等缺陷，表面固化层应光滑牢固，不应有缝隙。

检查数量：按Ⅱ方案。

检查方法：观察检查。

11.4.13 金属保护壳的施工应符合下列规定：

1 金属保护壳板材的连接应牢固严密，外表应整齐平整。

2 圆形保护壳应贴紧绝热层，不得有脱壳、褶皱、强行接口等现象。接口搭接应顺水流方向设置，并应有凸筋加强，搭接尺寸应为 20 mm～25 mm。采用自攻螺钉紧固时，螺钉间距应匀称，且不得刺破防潮层。

3 矩形保护壳表面应平整，棱角应规则，圆弧应均匀，底部与顶部不得有明显的凸肚及凹陷。

4 户外金属保护壳的纵、横向接缝应顺水流方向设置，纵向接缝应设在侧面。保护壳与外墙面或屋顶的交接处应设泛水，且不应渗漏。

检查数量：按Ⅱ方案。

检查方法：尺量和观察检查。

11.4.14 管道或管道绝热层的外表面，应按设计要求进行色标。

检查数量：按Ⅱ方案。

检查方法：观察检查。

11.5 成品保护

11.5.1 在漆膜干燥之前，应防止灰尘、杂物和水汽污染漆膜。室外应防止暴晒和雨淋。

11.5.2 刚涂刷油漆的构件应可靠放置，不得相互接触，应防止翻倒或粘结破坏漆膜。

11.5.3 防腐和绝热施工完毕后，后续工序的施工应防止防腐和绝热层受到损坏。损坏后应记录并予以修复。

11.5.4 在地沟内安装的管道，防腐和绝热施工完毕后，应及时盖上盖板加以保护。

11.5.5 工种交叉作业时要注意互相保护成品，已装好门窗的场所下班后应关窗锁门。

11.6 安全及环境保护

11.6.1 除锈、刷漆和保温施工时，操作人员必须按规定穿戴劳动保护用品。绝热层材料为玻璃纤维制品或矿棉制品时，应将袖口和裤管扎紧，防止碎屑进入。

11.6.2 高处作业应执行本标准第 7.6.2 条 ~ 第 7.6.6 条的规定。

11.6.3 高处刷漆时漆桶应可靠放置，不得翻倒。刷涂应尽量减少撒落，下方管道、设备和地面应覆盖遮挡，防止污染。

11.6.4 红丹防锈漆不宜喷涂。

11.6.5 当采用电阻丝切割泡沫塑料时，其电压不得大于 36 V。

11.6.6 熬制热沥青时应配备灭火器材，室外熬制应有防雨措施。熬制应掌握好加热时间，减少对空气的污染。

11.6.7 废清洗剂、稀释剂处理应符合本标准第 8.6.14 条的要求。

11.6.8 现场还应根据施工具体情况，执行本标准第 5.6 节相关条文的规定。

11.6.9 在地下或封闭空间的场合施工时，应在施工前完善相应的通风措施。

11.7 质量记录

11.7.1 质量记录应包括下列内容：

    1 施工日志 SG-003；

    2 技术核定单 SG-004；

    3 图纸会审记录 SG-007；

    4 技术交底 SG-006；

    5 防腐与绝热施工检验批质量验收记录 SG-A058；

11.7.2 本标准第 11.7.1 条中未涵盖的质量记录表格，可参照《通风与空调工程施工质量验收规范》GB50243 或四川省《建筑工程施工质量验收规范实施指南》表格的格式自行设计。

12 系统调试

12.1 一般规定

12.1.1 通风与空调系统安装完毕投入使用前,必须进行系统的试运行与调试,包括设备单机试运转与调试、系统非设计满负荷条件下的联合试运行与调试。

12.1.2 通风与空调工程的系统试运行与调试,应由施工单位负责,监理单位监督,建设、设计及相关单位参与和配合,系统调试可由施工企业或委托具有调试能力的其他单位进行。

12.1.3 通风与空调系统的检测、试运行及调试,施工单位应编制相应的调试方案。调试结束后,必须提供完整的调试资料和报告。

12.1.4 通风与空调工程系统非设计满负荷条件下的联合试运行及调试,应在制冷设备和通风与空调设备单机试运转合格后进行。空调系统带冷(热)源的正常联合试运转不应少于 8 h,当竣工季节与设计条件相差较大时,仅做不带冷(热)源试运转及调试,并应在第一个制冷期和采暖期内补做。通风、除尘系统的连续试运转不应少于 2 h。

12.1.5 净化空调系统试运行前应在回风、新风的吸入口处和粗、中效过滤器前设置临时用过滤器(如无纺布等),对系统实施保护,待系统稳定后再撤去。净化空调系统和恒温恒湿空调系统的检测和调整,应在系统进行全面清扫,且已运行 24 h 及以上达到稳定后进行。

12.1.6 风机过滤器单元安装后应进行试运行及检漏。在静压室内安装的循环型过滤器单元，试运行时宜在过滤器单元的进风口加装过滤器，对机内预过滤器和高效过滤器实施保护。试运行要求风机运行正常，技术指标符合设备技术文件的规定。

12.1.7 洁净室洁净度的检测，应在空态或静态下进行或按合约规定。室内洁净度检测时，人员不宜多于 3 人，均必须穿与洁净室洁净度等级相适应的洁净工作服。

12.1.8 各专业人员应按调试方案的安排进入现场，试运转调试应防止相互干扰、误动操作和重复返工。

12.1.9 通风与空调工程单机与系统试运转之前，均应按设计要求仔细检测电气与控制设备及线路。

12.2 施工准备

12.2.1 技术准备应符合下列要求：

　1 调试方案应包括下列内容：

　　1）试运转及调试程序与时间进度、检测与调试项目、技术要求与方法、调试人员的安排与分工；

　　2）编制试运转及调试记录表格；

　　3）检测仪表及调试工具、设备的配置与要求；

　　4）职业健康安全与环境保护等措施，以及针对可能发生的事故制定的应急预案。

　2 参与调试的人员必须认真熟悉设计文件、施工图纸、设计变更、设备技术文件及国家现行有关规范，领会设计意图、系统原理、使用工况和设备性能及运行特点。技术负责人应根据批准的调试方案向全体调试人员进行安全、技术交底，并做好相应记录。各专业调试人员应理解本职工作和相互配合的要求。

3 对采用新设备、新技术的空调系统，或需要使用新仪器或新方法的测定与调试过程，应对调试人员进行培训并做必要的试验。

4 调试前应会同设计、施工、监理和建设单位对系统进行现场检查，将影响调试的缺陷记录提请有关单位提前及时整改。

12.2.2 作业条件应符合下列要求：

1 各分项及子分部工程的质量验收已经完成，工程安装质量达到有关质量验收规范和工程技术文件的要求，验收记录完整。

2 与系统相关的电源、控制、水源、冷热源等已安装完毕并符合试运行条件。

3 测试仪器和仪表齐备，检定合格，并在有效期内；其量程范围、精度应能满足测试要求。

4 影响调试的缺陷已消除，现场清理干净，通信联络系统准备完毕，环境满足调试要求。

5 现场临时用电符合本标准第 3.2.3 条第 2 款的要求。

6 安全、防护措施执行本标准第 5.2.2 条第 11 款的规定。

12.2.3 系统调试中所使用的材料必须质量合格，满足调试需要，并符合安全环保要求。

12.2.4 主要检测仪表与设备应包括下列内容：

1 干、湿球温度计、湿度计、流量计、叶轮风速仪、热电风速仪、毕托管、微压计、声级计、压力表、大气压力计、采样管、粒子计数器、万用表、钳型电流表、电流表、转速表、漏风量检测装置、便携式火灾探测器试验器等。

2 系统调试所使用的计量及检测仪器应符合本标准第 3.7 节的有关规定，使用过程中应由专人保管维护。

12.3 设备单机试运转与调试工艺

Ⅰ 设备单机试运转与调试工艺

12.3.1 通风机、空调设备中的风机试运转与调试应符合下列规定：

1 通风机、空调设备中的风机试运转与调试应按图 12.3.1 的工序进行。

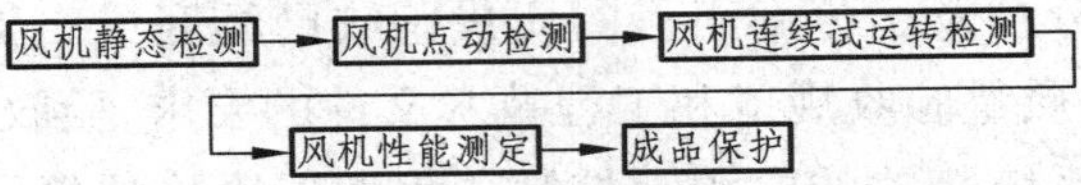

风机静态检测 → 风机点动检测 → 风机连续试运转检测 → 风机性能测定 → 成品保护

图 12.3.1 通风机、空调设备中的风机试运转与调试工艺流程

2 风机静态检测应符合下列要求：

1） 风机机组已按要求安装稳固，与风管连接方向正确。风机进、出口与柔性风管连接严密，风机调节阀启闭灵活，定位装置准确可靠。

2） 机组轴承已按设备技术文件的规定加注润滑剂，具有良好润滑条件。

3） 手动盘车时叶轮无卡碰、阻滞和异常声响，皮带轮或联轴器的安装偏差应在允许范围之内，传动皮带的松紧度适当。

4） 检测风机电机绝缘电阻和接地电阻应符合设计和设备技术文件的规定。

5） 通风机传动装置的外露部位，以及直通大气的进、出口，必须装有可靠的防护装置。

6） 风管干管、支管及风口的风量调节阀，防火阀应处于全开状态，三通调节阀处于中间位置，加热器旁通阀关闭。但离心式风机应在关闭启动阀或总风阀状态下启动。

3 风机点动运转检测电动机转向是否正确，各部位应无异常现象，若叶轮运转反向应改变电机接线。若有异常现象，应停机后查明原因，排除故障后重新点动运转检测。

4 用电流表测量电动机的启动电流，待风机正常运转后，再测量电动机的运转电流，运转电流值应小于电机额定电流值，启动电流过大，应停机后查明原因，排除故障后重新启动。

5 风机点动运转正常后，进行风机连续试运转检测。风机运转应平稳、无异常振动和声响，风机电动机在额定转速下连续运转 2 h 后，滑动轴承外壳最高温度不得大于 70 °C，滚动轴承不得大于 80 °C。停机后检查机组所有紧固连接部位，不应松动。

6 风机性能测定应符合下列规定：

1）测定风机电机启动电流、负荷运行电流及电机运行功率，应符合设备技术文件的规定。

2）测定通风机全压时，应分别测出风口端和进风口端测定截面的全压平均值。风机全压为出风口端和进风口端全压绝对值之和。

3）测量截面位置应靠近风机进、出口且气流均匀的直管段上；按气流方向，宜在局部阻力部件之后大于或等于 4 倍矩形风管长边尺寸（圆形风管直径），及局部阻力之前大于或等于 1.5 倍矩形风管长边尺寸（圆形风管直径）的直管段上。当测量截面的气流不均匀时，应增加测量截面上测点数量。

4）在空调机组箱体内测量风机进口全压时，先用热电风速仪测出风机进口风速，换算成动压；再用压力计测出箱体内静压，静压和动压代数和为风机进口全压。

5）测定通风机全压可同时测定进、出口平均动压，由式（12.3.1-1）计算进、出口平均风速；由式（12.3.1-2）计算进、出口风量。

$$v = \sqrt{\frac{2P_{dP}}{\rho}}$$ （12.3.1-1）

式中　P_{dP}——风管内测定的平均动压（Pa）；

　　　v——风管内测定的平均风速（m/s）；

　　　ρ——风管内空气的密度（kg/m³）。

$$L = 3600Fv$$ （12.3.1-2）

式中　L——通过风管截面的风量（m³/h）；

　　　F——风管测定截面的面积（m²）；

　　　v——测定截面的平均风速（m/s）。

6）通风机的风量为风机进口风量和出口风量的平均值。风机进口、出口的风量允许偏差不应大于 5%，否则应重测或更换测量截面。

7）通风机转速的测定宜采用转速表直接测量风机主轴转速，重复测量三次，计算平均值。

8）通风机电机功率的测定宜采用功率表测试电机输入功率；采用电流表，电压表测试时，应按式（12.3.1-3）计算电机功率；电机功率应小于电机额定功率，超过时应分析原因，并调整风机运行工况到达设计点。

$$P = \frac{\sqrt{3} \cdot V \cdot I \cdot \eta}{1\,000}$$ （12.3.1-3）

式中　P——电机功率（kW）；

　　　V——实测线电压（V）；

　　　I——实测线电流（A）；

380

η——电机功率因数，取 0.8 ~ 0.85。

9）检测风机的噪声，其噪声不应超过产品技术文件的规定值。

12.3.2　水泵试运转与调试应符合下列规定：

1　水泵试运转与调试可参照本标准第 12.3.1 条第 1 款的工艺流程。

2　水泵静态检测应符合下列要求：

1）水泵机组已按要求安装稳固，各指示仪表、安全保护装置及电控装置均应灵敏、准确、可靠，各固定连接部位应无松动，各润滑部位加注润滑剂的种类和剂量应符合设备技术文件的要求；有预润滑要求的部位应按规定进行预润滑，确认系统已注满循环介质，符合试运转条件。

2）小型整体安装的管道水泵不应有偏斜。

3）检测水泵电机绝缘电阻和接地电阻应符合设计和设备技术文件的规定。

4）水泵的静态检测可参照本标准第 12.3.1 条第 2 款的规定。

5）联轴器的安装偏差应在允许范围之内，手动盘动转子应无卡碰和阻滞现象。

3　水泵点动运转检测可参照本标准第 12.3.1 条第 3 款、第 4 款的方法。

4　点动运转正常后，进行水泵连续试运转检测。检查水泵紧固连接件有无松动，水泵运转应平稳，无异常振动和声响，壳体不得渗漏，机械密封的泄漏量不应大于 5 mL/h；普通填料密封的泄漏量不应大于 60 mL/h。水泵连续运转 2 h 滑动轴承外壳最高温度不得超过 70 ℃，滚动轴承不得超过 75 ℃。

5 水泵启动时应开启入口处阀门，关闭出口阀，待水泵启动后再将出口阀打开。水泵不得在无水状态下连续试运转。

6 多泵并联系统单泵试运转应观测水泵运行电流，防止调节阀开启过程中运行电流超过额定值。

7 水泵性能测定应符合下列要求：

1）测定水泵电机的启动电流，负荷运行电流及运行功率，应符合设备技术文件的规定。

2）多泵并联系统水泵的负荷运行电流及运行功率，应根据设计的各种工况分别测定。

8 空调冷却水和冷、热水系统可以利用水泵试运转对管道冲洗排污。管道冲洗前应试压合格，水泵进水管应事先冲洗干净。

9 各系统的冲洗水不得进入冷水机组的冷凝器、蒸发器和空调机的表面式换热器，并不得进入热源。

10 管道冲洗时应将过滤器滤芯拆除，未拆除时冲洗排污后应清洗过滤器。

11 水泵试运转后不能连续运行时，应放空泵和管道系统内的积水。

12 试运转结束后，应检查所有紧固连接部位，不应有松动。

12.3.3 冷却塔试运转与调试应符合下列规定：

1 冷却塔试运转与调试应按图 12.3.3 的工序进行。

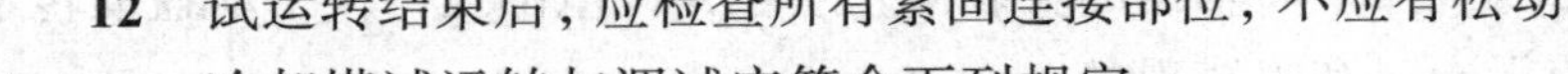

试运转前的准备与检查 → 冷却塔风机试运转 → 冷却塔连续试运转检测 → 成品保护

图 12.3.3 冷却塔试运转与调试工艺流程

2 试运转前的准备与检查应符合下列规定：

1）清理冷却塔内异物，防止异物随水流进入管道造成堵塞。

2）冷却水管道应试压并验收合格，冷却水泵试运转正常，冷却塔及冷却水管道已冲洗干净。

3）管道系统在试压和冲洗过程中拆除的仪表与部件已回装复位，临时管道已拆除，系统符合试运行条件。

4）校验和调整冷却塔自动补水装置工作的可靠性。

5）检测电机绕阻对地绝缘电阻应大于 0.5 MΩ。

6）用手盘动风机叶片，应灵活，无异常现象。

3　冷却塔风机试运转应符合本标准第 12.3.1 条的规定。

4　检查冷却水循环系统的工作状态，并记录运转情况及有关数据，包括喷水的偏流状态、冷却塔出口、入口水温、喷水量和吸水量是否平衡、补给水和集水池情况。

5　冷却塔连续试运转检测应符合下列规定：

1）冷却塔风机与冷却水系统循环的试运行不应小于 2 h，运行应无异常。噪声测定方法可执行现行国家标准《通风与空调工程施工质量验收规范》GB 50243 附录 E 的规定，噪声应符合设备技术文件的规定。

2）检测喷水的偏流状态，静止分水器的布水应均匀，转动布水器喷水出口方向应一致，转动应灵活。

3）检测冷却塔出口、入口水温。

4）调节供水量达到设计要求，进、出水量应平衡。

5）检查自动补水阀，动作应灵活有效。逆流式冷却塔布水器旋转稳定，转速正常，布水质量符合要求。

6）试运转工作结束后，应清洗水过滤器和集水池。冷却塔试运转调试后若长期不用，应将集水池和管道内的水排除干净。

12.3.4　空调制冷系统试运转与调试应符合下列规定：

1　制冷系统的试运转与调试，应符合设备技术文件和现行国家标准《制冷设备、空气分离设备安装工程施工及验收规范》

GB 50274 等的规定，并应制定详细的试运转调试方案。方案除应对调试内容、检测参数和检测方法提出明确要求外，还应符合下列要求：

  1）制定制冷机组正常（"手动"或"自动"）启动和停机程序。

  2）制定详细的运行中检测项目与调试程序。

  3）制定紧急停机程序和事故应对措施。

  2 试运行与调试前的检查应符合下列要求：

  1）冷冻（热）水泵、冷却水泵、冷却塔、空调末端装置等相关设备已完成单机试运转与调试。

  2）试运行与调试应具有足够的冷（热）负荷，满足调试需要。

  3）电气系统工作正常。

  3 吸收式制冷系统的试运行与调试前的检查还应符合下列要求：

  1）燃油、燃气、蒸汽、热水等供能系统已安装调试完毕，验收合格，能源供应充足，能满足连续试运转要求。

  2）检查机组内屏蔽泵、真空泵、真空压力表、电控柜、变频器、燃烧机、仪表、阀门及电缆等是否正常。

  3）机组气密性检查已经完成。

  4）机组已经完成吸收剂溶液和冷剂水的充注。

  5）机房泄爆与事故通风等安全系统处于正常状态。

  4 蒸汽压缩式制冷机组的试运行与调试应符合下列规定：

  1）机组的启动顺序应符合设备技术文件的规定，无规定时，应按冷却水泵→冷却塔→空调末端装置→冷冻（热）水泵→制冷（热泵）机组的顺序启动。

2）机组的关闭顺序应符合设备技术文件的规定，无规定时，应按制冷（热泵）机组→冷却塔→冷却水泵→空调末端装置→冷冻（热）水泵的顺序关闭。

3）各设备的开启和关闭时间应符合制冷（热泵）机组的设备技术文件的规定。

4）运行过程中，检查设备工作状态是否正常，机组运转应平稳，应无异常的噪声、振动、阻滞等现象。各连接和密封部位不应有松动、漏气、漏油等现象。能量调节装置及各保护继电器、安全装置的动作应正确、灵敏、可靠。

5）制冷剂液位、压缩机油位、蒸发压力和冷凝压力，油压、冷却水进口、出口温度及压力、冷冻（热）水进口、出口温度及压力、冷凝器出口制冷剂温度、压缩机吸气、排气压力和温度应符合设计及设备技术文件的要求。

6）正常运转不少于 8 h。

5　吸收式制冷机组的试运行与调试还应符合下列规定：

1）启动冷却水泵和冷冻水泵，水温均不应低于 20 ℃，水量应符合设备技术文件的要求。

2）启动发生器泵、吸收器泵及真空泵，使溶液循环。

3）机组电气系统通电试验：通电后观察各指示灯及各温度、液位、压力、流量检测点应正常。

4）向机组少量供应运行所需能源，先使机组在较低负荷状态下运转，无异常现象后，逐渐将能源供应量提高到设备技术文件的规定值，并调节机组，使其正常运转。

5）试运转时，系统应始终保持规定的真空度，冷剂水的相对密度不应超过 1.1，屏蔽泵工作稳定，无阻塞、过热，异常声响等现象，各类仪表指示正常。

6）稀溶液、浓溶液、混合溶液的浓度和温度，冷却水、冷冻水的水量、水温和进出、口温度差，加热蒸汽的压力、温度和流量，冷剂系统各点温度等应符合设计及设备技术文件的规定。

6 多联式空调（热泵）机组系统的试运行与调试还应符合下列要求：

1）试运行与调试前应进行检查，其检查内容与流程应按设备技术文件的规定进行。

2）系统调试所使用的测量仪器和仪表，其性能应稳定可靠，准确度等级及最小分度值应满足测试要求，并应符合现行国家计量法规及检定规程的规定。

3）试运转前，系统应按设备技术文件的要求充注定量制冷剂。

4）室内机的试运转应正常，不应有异常振动与声响，百叶板动作应正常，不应有渗漏水现象。系统应能正常输出冷风或热风，在常温条件下可进行冷、热的切换与调控。

5）室内机的进风、出风温度、压缩机的吸气、排气温度和压力、机组的启动电流、运行电流、运行噪声应符合设备技术文件的规定。

7 制冷系统应按试运转调试方案制定的程序和要求进行检测与调试，并详细记录。

12.3.5 除尘器试运转与调试应符合下列要求：

1 除尘器试运转与调试应符合设备技术文件的要求。大型袋式除尘器和电除尘器试运转应制定详细方案，并严格按方案操作。

2 除尘器试运转前，应按规定完成除尘器各机构和附属系统的试运转调试，并通过合格验收。

3 除尘器试运转前，应对除尘器进行全面检查，确认除尘器应符合试运行条件。袋式除尘器的滤袋接缝应结实，应无脱线、断线和破损现象。电除尘器的接地电阻和绝缘电阻应符合设备技术文件的规定。

4 引风机启动前应关闭系统风阀，防止过载启动。

5 湿式除尘器壳体和供、排水系统不得渗漏。有布水装置的，调整布水质量，应符合设计和设备技术文件的要求。

6 袋式除尘器试运转时，引入的空气应干燥。

7 电除尘器试运转应有可靠的预热或外加热措施，确保电场通电前除尘器内部能有效干燥。

8 除尘器的风量、漏风量、阻力、清灰周期和清灰时间、排灰阀的严密性应符合设备技术文件的规定。

12.3.6 转轮式换热器和转轮式除湿机试运转应符合下列规定：

1 转轮式换热器和转轮式除湿机试运转之前应先脱开传动装置，手动转动检查，转轮转动应无摩擦、卡塞等现象。电机试运转无异常后将传动装置复位，驱动转轮试运转。

2 启动电机的同时应检测启动电流，若启动电流超过规定值，应立即停机，查明原因，排除故障。

3 第一次试运转时间 3 min～5 min，电机工作电流应正常，传动机构工作平稳，无异常振动和声响。转轮式换热器转轮转动方向应正确，在清洗扇一侧，应由回、排风区转向新、送风区。

4 第一次试运转后应停机检查传动装置和连接及紧固部位，无异常后连续运转 1 h～2 h，电机的运行功率及轴承温度均应符合设备技术文件的规定。

5 转轮式除湿机处理风机和再生风机试运转应符合本标准第 12.3.1 条的规定。

12.3.7 风机盘管和风幕机的试运转与调试应符合下列规定：

1 风机盘管试运转与调试应符合下列规定：

1）风机的静态检测执行本标准第 12.3.1 条第 2 款的规定。

2）检查风机盘管的电机绕组对地绝缘电阻值应符合设备技术文件的规定，温控（三速）开关、电动阀、风机盘管线路连接应正确。

3）先点动，检查叶轮与机壳有无摩擦和异常声响。

4）手动、点动检查无异常后，将绑有绸布条等轻软物的测杆紧贴风机盘管的出风口，在所有转速档各运转 2 次～3 次，连续运行不应小于 2 h，运行平稳无异响，观测绸布条迎风飘动角度，检查转速控制是否正常。

5）操作温度控制器的温度与模式设定按钮，风机盘管的电动阀门应有对应的动作（有此功能时检查）。

6）风机盘管的风压、风量、噪音等应符合设计和设备技术文件的要求。

2 风幕机试运转与调试应符合下列规定：

1）风机的静态检测执行本标准第 12.3.1 条第 2 款的规定。

2）手动、点动检查无异常后，试运行 2 次～3 次，每次不宜少于 10 min。有高、低档的风幕机，高、低档均应试运转。

3）风机运行应平稳，方向正确，无异常声响和振动。电机启动电流和工作电流符合设备技术文件的规定。

4）带制冷剂盘管的风幕机，盘管、主机的安装与连接，充制冷剂和试运转，应严格按照设备技术文件规定的程序进行操作。

5）风幕机的风速、风量、噪音等应符合设计和设备技术文件的要求。

12.3.8 变风量末端装置的试运行与调试应符合下列要求：

1 变风量末端装置的试运行应进行检查，其检查内容与流程应按设备技术文件的规定进行，应符合试运行的要求。带风机的变风量末端装置风机的静态检测执行本标准第 12.3.1 条第 2 款的规定。

2 控制单元供电，控制单元的信号及反馈应灵敏、正确。带风机的变风量末端装置，风机的运转应能与控制信号匹配。带再热的末端装置的开启和关闭应能与控制信号匹配。

3 启动送风系统，一次风阀应能根据控制模式的控制信号灵敏可靠地动作。

4 运转应平稳，不应有异常振动与声响。

5 风量、噪音等应符合设备技术文件的规定。

12.3.9 电动调节阀、电动防火阀、防排烟风阀（口）的试运行与调试应符合下列要求：

1 电动调节阀、电动防火阀、防排烟风阀（口）的试运行与调试前的检查应符合下列要求：

1）执行机构和控制装置应固定牢固。

2）供电电压，控制信号和阀门接线方式符合系统功能要求，并应符合设备技术文件的规定。

2 手动操作执行机构，应无松动或卡涩现象。

3 接通电源，检查信号反馈是否正常。

4 在终端设置指令信号，信号输出、输入应正确，执行机构动作应灵活、可靠。

Ⅱ 空调系统非设计满负荷条件下的联合试运转与调试工艺

12.3.10 系统风量的测定与调整应符合下列规定：

1 系统风量测定与调整的内容包括：通风机性能测定、系统总送（回）风量、新风量、排风量，各干、支风管风量及送（回）风口风量。

2 根据工程实际情况绘制系统单线透视图，并标注风管尺寸、测定截面位置、风阀位置、送（回）风口位置，以及测定截面和送（回）风口处的设计风量。测定截面、风阀和送（回）风口应注出编号，编号应与测试记录表格的编号一致。

3 风管内风量的测定应符合下列规定：

1）风管内风量的测定可用毕托管和微压计，或其他能满足测定要求的仪表。

2）测量截面位置（图 12.3.10）应按气流前进方向，选在局部阻力部件之后大于或等于 5 倍圆风管直径（或矩形风管长边尺寸），局部阻力部件之前大于或等于 2 倍圆风管直径（或矩形风管长边尺寸）的直管段上。当条件受到限制时，可适当缩短距离。

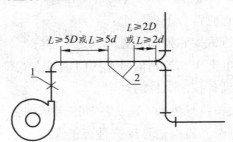

图 12.3.10　测量截面位置示意

1—测定断面；2—静压测点

D—圆形风管直径；*b*—矩形风管长边尺寸

3）测定截面的测点位置和数量应符合现行国家标准《通风与空调工程施工质量验收规范》GB 50243、《洁净室施工及验收规范》GB 50591、《组合式空调机组》GB/T 14294 和行业标准《公共建筑节能检测标准》JGJ/T 177 的规定。

4）对于矩形风管，可将风管截面划分为若干个面积相等的小截面，截面尽可能接近正方形，其面积不应大于 0.05 m²。测点位于各个小截面的中心处。对于圆形风管，应根据管径的大小，将截面分成若干个面积相等的同心圆环，每个圆环测量四个点，且这四个点必须位于相互垂直的两条直径上。包括中心区在内的圆环数划分见表 12.3.10。当测点截面上的气流不均匀时，应增加测量截面上的测点数量。

表 12.3.10　圆形风管划分圆环数

圆形风管直径/mm	200 以下	200～400	400～700	700 以上
圆环个数/个	3	4	5	5～6

5）每个圆环上测点至风管中心的距离按式（12.3.10）计算：

$$R_n = R\sqrt{\frac{2n-1}{2m}} \qquad （12.3.10）$$

式中　R——风管的半径（mm）；

　　　R_n——从风管中心到第 n 环测点的距离（mm）；

　　　n——从风管中心圆算起的圆环顺序数；

　　　m——风管划分的圆环数。

6）测定和计算风管测量截面平均动压后，由式（12.3.1-1）计算通过测量截面的平均风速，由式（12.3.1-2）计算风管风量。

4　送、回风口风量测定应符合下列规定：

1）风口风速的测定可采用叶轮风速仪、热电风速仪或风量罩。

2）均匀移动测量法：对截面不大的风口，可将叶轮风速仪沿整个风口平面按一定的路线缓慢均匀移动，移动时风速仪不得离开测定平面，获取的测量平均读数可认为是单次测量的风口平均风速。测量需重复 3 次，取其平均值为测量结果。

3）定点测量法：按风口截面大小，将其划分为若干个面积相等的小格，在其中心处测量。测点数不应小于 5 个。

4）测量带格栅出风口时，可在风口连接长度等于风口长边 2 倍、内截面与风口相同的辅助风管，辅助风管与风口接缝应严密不漏风。测量辅助风管管口平均风速后，用式（12.3.1-2）计算风量。

5 系统风量的平衡调整有流量等比调整法和基准风口调整法，调试时可根据空调系统的具体情况采用相应的方法。

6 系统风量调整应首先测定和调整各支管及风口风量平衡，然后按工况调整使新风量、回风量，以及总送风量、各支管及风口风量和室内外静压差满足设计要求。

7 系统总风量调试结果与设计风量的允许偏差应为-5% ~ +10%，建筑内各区域的压差应符合设计要求。

8 变风量空调系统非设计满负荷的联合试运转与调试还应符合下列规定：

1）逐台开启变风量末端装置，校验调节器及检测仪表性能。

2）开启空调箱风机及该空调箱所在系统全部变风量末端装置，校验自控系统及检测仪表联动性能。

3）所有的空调风阀置于自动位置，接通空调箱冷热源。

4）每个房间设定合理的温度值，使变风量末端装置的风阀处在中间开启状态

5）一次风平衡可在各支风管上开测量孔，测得管内的风速，根据风量计算公式求出一次风量与设计值相比较后，对支风管上的手动调节阀门进行调节，直至满足设计要求。

6）一次风平衡也可利用传输线将手提电脑的串口与所调试系统的变风量空调箱控制器相连接，并将变风量末端装置的一次风阀挡板固定在全开状态，利用一次风阀上的风压传感器，测得此系统中送至每一台变风量末端装置的压力平均值，求得一次风量，将其值与设计风量相比较，根据需要进一步对各支风管上的调节阀进行粗略调整，使一次风量与设计值相接近。当所有的阀门调整完毕后，使用同样的方法，对每一台变风量末端装置读出一次风量与设计值相比较，同时微调该支管上的调节阀，使其满足设计和规范要求。最后一次读出每一台变风量末端装置调整后的风量，如还有部分支管的一次风量不能满足设计要求，则再次使用上述方法进行调整，确认一次风量满足设计和规范要求后，将支管上的调节阀进行固定，并做好记号。

7）二次风量平衡方法可使用热球风速仪在其送风口测得风速平均值，通过测得的平均风速与所测风口的有效使用面积求出二次风量，调整风机的高、中、低三速挡位进行运行，使变风量末端装置的出口二次风量符合设计要求。

8）末端装置调试后的最大风量与设计风量的允许偏差应为 0%～15%。

9）系统总风量执行本标准本条第 7 款的规定。

10）新风量的调整可在回风总管或主要房间内设置 CO_2 控测器，以 CO_2 的浓度来调整新风量。也可在新风总管上设置

VAVBOX，VAVBOX 设定到设计给定的新风比例，测定各机组的新风量，并固定位置。

11）新风量的调整允许偏差应为 0% ~ 10%。

12）改变室内温度设定参数，风量末端装置的风阀（风机）应能及时、正确动作（运行），空气处理机组应能通过风机变频调速，自动正确地改变风量。

13）测定与调整空调箱的性能参数及控制参数，确保风管系统的控制静压合理。

9 蓄能空调系统的联合试运转及调试还应符合下列要求：

1）系统充注载冷剂的种类应符合设计要求。载冷剂充注过程中应反复排气，确保系统中全部充满载冷剂。系统充注满载冷剂，搅拌均匀后，应从不同的部位取样使用专用仪器检测载冷剂的浓度，载冷剂的浓度应符合设计要求。

2）试运行蓄能空调系统，系统的各种运行模式正常，系统的联动应符合设计要求；运行模式转换时，动作应灵敏正确，运行应正常平稳；蓄能系统在设计最大负荷工况下运行应正常；管路不应产生凝结水；测试系统的充冷时间、蓄冷量、冷水温度、放冷时间，应满足相应工况的设计要求。

3）试运转时间不应少于一个完整的蓄冷（热）-释冷（热）周期。

10 洁净室净化空调系统非设计满负荷条件下的试运转及调试还应符合下列规定：

1）洁净室净化空调系统非设计满负荷条件下的试运转及调试应符合设计和现行国家标准《洁净室施工及验收规范》GB 50591、《通风与空调工程施工质量验收规范》GB 50243 的要求。

2）单向流洁净室系统的系统总风量允许偏差应为 0%～10%；室内各风口风量的允许偏差应为 0%～15%。

3）单向流洁净室系统的室内截面平均风速的允许偏差应为 0%～10%，且截面风速不均匀度不应大于 0.25。

4）相邻不同级别洁净室之间和洁净室与非洁净室之间的静压差不应小于 5 Pa，洁净室与室外的静压差不应小于 10 Pa。

12.3.11 空调水系统的测定与调整应符合下列规定：

1 空调水系统的测定与调整应在管路试压及水泵试运转验收合格，管路冲洗干净，系统具备试运行条件后进行。

2 空调水系统充水，启动补水泵，打开集、分水器上所有阀门及各系统最高处排气阀、支、干管和设备出、入口的阀门，系统水满后关闭排气阀，并检查所有支干管及设备进出口的阀门是否打开。

3 空调水系统连续运行应正常平稳，水泵的流量、压差和水泵电机的电流不应出现 10%以上的波动。

4 水力平衡调整可采用流量等比调整法等方法。当支管无流量测量装置时，使用两台外缚式超声波流量计测量。首先调节各设备用水比例平衡，最后调节干管调节阀，使设备用水量和系统供水量达到设计要求。

5 水系统平衡调整后，定流量系统的各空气处理机组的水流量应符合设计要求，允许偏差应为 15%；变流量系统的各空气处理机组的水流量应符合设计要求，允许偏差应为 10%。

6 空调冷（热）水系统、冷却水系统的总流量与设计流量的偏差不应大于 10%；制冷（热泵）机组进出口处的水温应符合设计要求；地源（水源）热泵换热器的水温与流量应符合设计要求。

7 冷却水系统测定与调整还应符合下列规定：

1）冷却水系统的测定与调整可在冷却塔及冷却水系统试运行后期进行。

2）系统调整平衡后，冷却水流量和布水压力应符合设计要求，多台制冷机或多台冷却塔并联运行时，各台制冷机及冷却塔的水流量与设计流量的偏差不应大于10%。冷水机组的供、回水温度和冷却塔的出水温度应符合设计要求。

12.3.12 自动控制与监测系统检测与调试应符合下列要求：

1 自动控制与监测系统仪表试验应符合有关技术文件和现行国家标准《自动化仪表工程施工及验收规范》GB 50093 和《智能建筑工程质量验收规范》GB 50339 的规定。

2 空调系统非设计满负荷条件下的联合试运转及调试之前，应完成自动控制与监测系统线路检查、性能校检和联动试验工作。通风与空调施工人员应配合系统联动试验。

3 变风量末端装置单机试运转信号及反馈应正确，无故障显示；送风系统模拟测试，装置的一次风阀动作应灵敏可靠；末端风机能根据信号要求运转，叶轮旋转方向应正确，运转平稳，无异常振动与声响；带再热的末端装置应能根据室内温度实现自动开启与关闭。

12.3.13 空调室内空气温度和相对湿度的测定与调整应符合下列规定：

1 空调室内温度和相对湿度测定应在自动控制全面投入运行，系统工作稳定后进行。

2 温度、相对湿度测定可选用干湿球温度计或电子温湿度计。测量仪表的精度与分度值应满足测定的要求。

3 无恒温恒湿要求的空调房间，测点应选择在人活动的区域中心,离地面 0.5 m～1.5 m 的高度范围内,或布置在回风口处。当室内有集中热、湿源时,宜在其周围布点测量热、湿源对周围空气参数的影响。测定时间间隔不宜大于 30 min,一般可连续测8 h,温度和相对湿度波动范围应符合设计要求。

4 有恒温恒湿要求的房间,温度和相对湿度的测定应符合现行国家标准《通风与空调工程施工质量验收规范》GB 50243的规定。

5 当测得温度和相对湿度值超出设计范围时,应测定和绘制室内温、湿度平面分布图和空气处理过程焓湿图,调查室内热源和湿源分布情况后分析原因,确定调整方案。

12.3.14 房间静压差的测定应符合下列规定:

1 静压差测定采用的微压计,其灵敏度不应低于 1.0Pa。

2 室内外静压差可由调节房间回风量的大小来改变。如果房间内有两个以上的回风口,调节阀门时应考虑到各回风口风量的均匀性。

3 有气流组织要求的房间,应在气流组织测定前调节室内静压。若在气流组织测定之后,因调节室内静压调节了回风量,室内的气流组织应重新测定。

12.3.15 空调室内的噪声测定应符合下列规定:

1 室内噪声测定使用精度不低于现行国家标准《电学 声级计 第 1 部分:规范》GB/T3785.1、《电学 声级计 第 2 部分:型式评价试验》GB/T 3785.2 和《采暖通风与空气调节设备噪声声功率级的测定 工程法》GB 9068 规定的 Ⅱ 型声级计。声级计应按国家有关计量仪器的规定定期检验,并在检验保证期内使用。

2 声级计在测量前后,必须用符合现行国家有关标准的声校准器进行校准。在没有再作任何调整的条件下,如果前后两次校准读数差值超过规定，则认为前一次校准后的测量结果无效。

3 室内噪声测定应符合设计和现行国家有关标准的规定。设计无明确规定时，一般通风空调房间的噪声测定，在房间中心离地面高度 1.1 m～1.5 m 处布置测点，较大面积房间的布点应按面积均分，每 50 m² 设一点，测点位于其中心，或按工艺要求与业主协商布置。噪声测定 A 声级，（A 计权声［压］级）。对于稳态噪声用"慢档"，观察 5 s，读取中间值。

4 测量时声级计或传声器可以手持或用三脚架固定，传声器指向被测声源。声级计附近除测量者外不应有其他人员。测量人员的身体也应尽量远离声级计或传声器。

5 若被测声源的噪声级与背景噪声相差 10 dB 以上，则背景噪声的影响忽略不计，如果两者相差小于 3 dB，则测量无效，若两者相差 3 dB～10 dB，则应按表 12.3.15 进行修正。

表 12.3.15　排除背景噪声修正表　　　　　单位：dB

被测声源的噪声级与背景噪声差值	<3	3	4～5	6～10
修正值	测量无效	−3	−2	−1

6 对空调设备及室内噪声的测定，还可执行现行行业标准《制冷和空调设备噪声的测定》JB/T 4330 的规定。

Ⅲ　防、排烟系统联合试运行与调试工艺

12.3.16 防、排烟系统联合试运行与调试应符合设计与消防的有关规定。

12.3.17 防、排烟系统的自动控制与报警系统应完成现场测试、性能校检和联动功能测试，符合联合试运行条件。

12.3.18 防、排烟系统非设计满负荷条件下的联合试运行可检测下列项目：

1 机械加压送风系统：当任何一个常闭送风口开启时，送风风机均能自动启动；与火灾自动报警系统联动，接受指令后应能开启相应部位的送风口和送风风机。

2 机械排烟系统：当任何一个常闭排烟口开启时，排烟风机均能自动启动；与火灾自动报警系统联动，接受指令后应能开启相应部位的排烟口和排烟风机。

3 系统联动测试：用火灾探测器试验器向探测器加烟，火灾模拟信号应能反馈到消防控制室，并能依照设计模式自动控制或以远程控制方式打开防烟分区送风口、排烟口，启动加压风机和排烟风机，开启排烟风机入口的排烟防火阀，并按设计要求关闭通风空调设备。

4 根据设计模式，开启送风机和相应送风口，测试风口风速，以及防烟楼梯间、前室、合用前室、消防电梯前室、封闭避难层的正压值，应符合设计要求。

5 根据设计模式，开启排烟风机和相应排烟风口，测试风口风速，应符合设计要求。

6 在低、中、高区各选一层为模拟火灾层，开启送风机和该层的送风口，测试该层送风口处的风速应达到设计要求。

12.4 质量标准

I 主控项目

12.4.1 通风与空调工程安装完毕后应进行系统调试。系统调试应包括下列内容：

    1 设备单机试运转及调试。

    2 系统非设计满负荷条件下的联合试运转及调试。

    检查数量：按Ⅰ方案。

    检查方法：观察、旁站、查阅调试记录。

12.4.2 设备单机试运转及调试应符合下列规定：

    1 通风机、空气处理机组中的风机，叶轮旋转方向应正确、运转应平稳、应无异常振动与声响，电机运行功率应符合设备技术文件要求。在额定转速下连续运转 2 h 后，滑动轴承外壳最高温度不得大于 70 ℃，滚动轴承不得大于 80 ℃。

    2 水泵叶轮旋转方向应正确，应无异常振动和声响，紧固连接部位应无松动，电机运行功率应符合设备技术文件要求。水泵连续运转 2 h 滑动轴承外壳最高温度不得超过 70 ℃，滚动轴承不得超过 75 ℃。

    3 冷却塔风机与冷却水系统循环试运行不应小于 2 h，运行应无异常。冷却塔本体应稳固、无异常振动。冷却塔中风机的试运转尚应符合本标准本条第 1 款的规定。

    4 制冷机组的试运转除应符合设备技术文件和现行国家标准《制冷设备、空气分离设备安装工程施工及验收规范》GB50274 的有关规定外，尚应符合下列要求：

        1）机组运转应平稳、应无异常振动与声响。

        2）各连接和密封部位不应有松动、漏气、漏油等现象。

        3）吸、排气的压力和温度应在正常工作范围内。

        4）能量调节装置及各保护继电器、安全装置的动作应正确、灵敏、可靠。

        5）正常运转不应少于 8 h。

5 多联式空调（热泵）机组系统应在充灌定量制冷剂后，进行系统的试运转，并应符合下列要求：

1）系统应能正常输出冷风或热风，在常温条件下可进行冷热的切换与调控。

2）室外机的试运转应符合本标准本条第4款的规定。

3）室内机的试运转不应有异常振动与声响，百叶板动作应正常，不应有渗漏水现象，运行噪声应符合设备技术文件要求。

4）具有可同时供冷、热的系统，应在满足当季工况运行条件下，实现局部内机反向工况的运行。

6 电动调节阀、电动防火阀、防排烟风阀（口）的手动、电动操作应灵活可靠，信号输出应正确。

7 变风量末端装置单机试运转及调试应符合下列要求：

1）控制单元单体供电测试过程中，信号及反馈应正确，不应有故障显示。

2）启动送风系统，按控制模式进行模拟测试，装置的一次风阀动作应灵敏可靠。

3）带风机的变风量末端装置，风机应能根据信号要求运转，叶轮旋转方向应正确，运转应平稳，不应有异常振动与声响。

4）带再热的末端装置应能根据室内温度实现自动开启与关闭。

8 蓄能设备（能源塔）应按设计要求正常运行。

检查数量：第3款、第4款、第8款全数，其他按Ⅰ方案。

检查方法：调整控制模式、旁站、观察、查阅调试记录。

12.4.3 系统非设计满负荷条件下的联合试运转及调试应符合下列规定：

1 系统总风量调试结果与设计风量的允许偏差应为 - 5% ~

+10%，建筑内各区域的压差应符合设计要求。

    2 变风量空调系统联合调试应符合下列规定：

    1）系统空气处理机组应在设计参数范围内对风机实现变频调速。

    2）空气处理机组在设计机外余压条件下，系统总风量应满足本标准本条第 1 款的要求，新风量的允许偏差应为 0%～+10%。

    3）变风量末端装置的最大风量调试结果与设计风量的允许偏差应为 0～+15%。

    4）改变各空调区域运行工况或室内温度设定参数时，该区域变风量末端装置的风阀（风机）动作（运行）应正确。

    5）改变室内温度设定参数或关闭部分房间空调末端装置时，空气处理机组应自动正确地改变风量。

    6）应正确显示系统的状态参数。

    3 空调冷（热）水系统、冷却水系统的总流量与设计流量的偏差不应大于 10%。

    4 制冷（热泵）机组进出口处的水温应符合设计要求。

    5 地源（水源）热泵换热器的水温与流量应符合设计要求。

    6 舒适空调与恒温、恒温空调室内的空气温度、相对湿度及波动范围应符合或优于设计要求。

    检查数量：第 1 款、第 2 款及第 4 款的舒适性空调，按Ⅰ方案；第 3 款、第 5 款、第 6 款及第 4 款的恒温、恒湿空调系统，全数检查。

    检查方法：调整控制模式，旁站、观察、查阅调试记录。

12.4.4 防排烟系统联合试运行与调试后的结果，应符合设计要求及国家现行标准的有关规定。

检查数量：全数检查。

检查方法：观察、旁站、查阅调试记录。

12.4.5 净化空调系统除应符合本标准第 12.4.3 条的规定外，尚应符合下列规定：

1 单向流洁净室系统的系统总风量允许偏差应为 0 ~ +10%，室内各风口风量的允许偏差应为 0 ~ +15%。

2 单向流洁净室系统的室内截面平均风速的允许偏差应为 0 ~ +10%，且截面风速不均匀度不应大于 0.25。

3 相邻不同级别洁净室之间和洁净室与非洁净室之间的静压差不应小于 5Pa，洁净室与室外的静压差不应小于 10Pa。

4 室内空气洁净度等级应符合设计要求或为商定验收状态下的等级要求。

5 各类通风、化学实验柜、生物安全柜在符合或优于设计要求的负压下运行应正常。

检查数量：第 3 款，按 I 方案；第 1 款、第 2 款、第 4 款、第 5 款，全数检查。

检查方法：检查、验证调试记录，按现行国家标准《通风与空调工程施工质量验收规范》GB 50243 附录 E 进行测试校核。

12.4.6 蓄能空调系统的联合试运转及调试应符合下列规定：

1 系统中载冷剂的种类及浓度应符合设计要求。

2 在各种运行模式下系统运行应正常平稳；运行模式转换时，动作应灵敏正确。

3 系统各项保护措施反应应灵敏，动作应可靠。

4 蓄能系统在设计最大负荷工况下运行应正常。

5 系统正常运转不应少于一个完整的蓄冷-释冷周期。

检查数量：全数检查。

检查方法：观察、旁站、查阅调试记录。

12.4.7 空调制冷系统、空调水系统与空调风系统的非设计满负荷条件下的联合试运转及调试，正常运转不应少于 8 h，除尘系统不应少于 2 h。

检查数量：全数检查。

检查方法：观察、旁站、查阅调试记录。

Ⅱ 一般项目

12.4.8 设备单机试运转及调试应符合下列规定：

1 风机盘管机组的调速、温控阀的动作应正确，并应与机组运行状态一一对应，中档风量的实测值应符合设计要求。

2 风机、空气处理机组、风机盘管机组、多联式空调（热泵）机组等设备运行时，产生的噪声不应大于设计及设备技术文件的要求。

3 水泵运行时壳体密封处不得渗漏，紧固连接部位不应松动，轴封的温升应正常，普通填料密封的泄漏水量不应大于 60 mL/h，机械密封的泄漏水量不应大于 5 mL/h。

4 冷却塔运行产生的噪声不应大于设计及设备技术文件的规定值，水流量应符合设计要求。冷却塔的自动补水阀应动作灵活，试运转工作结束后，集水盘应清洗干净。

检查数量：第 1 款、第 2 款按Ⅱ方案，第 3 款、第 4 款全数检查。

检查方法：观察、旁站、查阅调试记录，按现行国家标准《通风与空调工程施工质量验收规范》GB 50243 附录 E 进行测试校核。

12.4.9 通风系统非设计满负荷条件下的联合试运行及调试应符合下列规定：

1 系统经过风量平衡调整，各风口及吸风罩的风量与设计风量的允许偏差不应大于15%。

2 设备及系统主要部件的联动应符合设计要求，动作应协调正确，不应有异常现象。

3 湿式除尘与淋洗设备的供、排水系统运行应正常。

检查数量：按Ⅱ方案。

检查方法：按现行国家标准《通风与空调工程施工质量验收规范》GB 50243 附录 E 进行测试，校核检查、查验调试记录。

12.4.10 空调系统非设计满负荷条件下的联合试运转及调试应符合下列规定：

1 空调水系统应排除管道系统中的空气，系统连续运行应正常平稳，水泵的流量、压差和水泵电机的电流不应出现10%以上的波动。

2 水系统平衡调整后，定流量系统的各空气处理机组的水流量应符合设计要求，允许偏差应为15%；变流量系统的各空气处理机组的水流量应符合设计要求，允许偏差应为10%。

3 冷水机组的供回水温度和冷却塔的出水温度应符合设计要求；多台制冷机或冷却塔并联运行时，各台制冷机及冷却塔的水流量与设计流量的偏差不应大于10%。

4 舒适性空调的室内温度应优于或等于设计要求，恒温恒湿和净化空调的室内温、湿度应符合设计要求。

5 室内（包括净化区域）噪声应符合设计要求，测定结果可采用 Nc 或 dB（A）的表达方式。

6 环境噪声有要求的场所，制冷、空调设备机组应按现行国家标准《采暖通风与空气调节设备噪声声功率级的测定 工程法》GB 9068 的有关规定进行测定。

7 压差有要求的房间、厅堂与其他相邻房间之间的气流流向应正确。

检查数量：第 1 款、第 3 款全数检查，第 2 款及第 4 款～第 7 款，按 Ⅱ 方案。

检查方法：观察、旁站、用仪器测定、查阅调试记录。

12.4.11 蓄能空调系统联合试运转及调试应符合下列规定：

1 单体设备及主要部件联动应符合设计要求，动作应协调正确，不应有异常。

2 系统运行的充冷时间、蓄冷量、冷水温度、放冷时间等应满足相应工况的设计要求。

3 系统运行过程中管路不应产生凝结水等现象。

4 自控计量检测元件及执行机构工作应正常，系统各项参数的反馈及动作应正确、及时。

检查数量：全数检查。

检查方法：旁站观察、查阅调试。

12.4.12 通风与空调工程通过系统调试后，监控设备与系统中的检测元件和执行机构应正常工作,应正确显示系统运行的状态,并应完成设备的连锁、自动调节和保护等功能。

检查数量：按 Ⅱ 方案。

检查方法：旁站观察，查阅调试记录。

12.5 成品保护

12.5.1 调试过程中不得踩、踏、攀、爬管线和设备，不得损坏其保温（保护）层，对围护结构也应做好保护工作。

12.5.2 在洁净室内从事测定与调试工作，不得使洁净室和净化设备受到污染。

12.5.3 调试过程中使用的风管测孔，调试后应封闭并补做或修复绝热和保护层。对调试整定后的各种调节阀应标定位置，并作出警示标记，以防变动。

12.5.4 试运行调试过程的中途停顿时，对打开的孔口应及时封闭，严防系统内进入异物。设备内的测试工作完毕后，应仔细清扫现场，不得将物品遗留在设备内。

12.5.5 非工作时间应关好门窗，现场应设专人值班，做好保卫工作。

12.5.6 检测与控制系统的仪表元件、控制盘箱等应有保护措施。

12.6 安全及环境保护

12.6.1 调试前，技术负责人应对全体调试人员进行安全技术交底，了解试运行调试作业过程中的危险源，学习相应的应急措施。

12.6.2 所有调试人员必须按规定正确穿戴劳动防护用品，严禁穿戴易飘挂服装，严防机械绞碾伤害。

12.6.3 高处作业应执行本标准第 7.6.2 条～第 7.6.6 条的规定。

12.6.4 在吊顶内作业时必须有足够的安全照明，并采取必要的防护措施。

12.6.5 电动设备调试前，必须对设备接线和接地的可靠性进行检查，在确认可靠无误后方可进行；风机启动前，应检查风机是否擦壳和有异物。调试人员不得站在吸风口方向。

12.6.6 在调试过程中必须保持通讯、指挥畅通。

12.6.7 调试中废弃的电池要按固体废弃物的管理规定处理，使用的玻璃管水银仪表要严格按操作规程使用，防止破碎后水银污染环境。

12.7 质量记录

12.7.1 质量记录应包括下列内容：

  1 通风与空调工程系统调试检验批质量验收记录 SG-A059；

  2 通风与空调工程系统风量测试记录 SG-A060；

  3 通风与空调工程系统风量平衡测试记录 SG-A061；

  4 通风空调机组调试报告 SG-A063；

  5 制冷设备运行调试记录 SG-A064。

12.7.2 本标准第 12.7.1 条中未涵盖的质量记录表格，可参照《通风与空调工程施工质量验收规范》GB 50243 或四川省《建筑工程施工质量验收规范实施指南》表格的格式自行设计。

13 竣工验收

13.1 竣工预验收

13.1.1 竣工验收之前，施工单位应确认已完成设计（含设计变更）和合同约定的全部工程施工内容。

13.1.2 施工单位应向项目监理机构提交竣工验收报审表及竣工资料，配合项目监理机构工程竣工预验收。

13.1.3 预验收中合格的部位或项目，应由总监理工程师签认竣工验收报审表。不合格的部位或项目，应及时整改，整改后应符合设计及相关规范要求。不合格项目的处理应符合现行国家标准《建筑工程施工质量验收统一标准》GB 50300 的规定。

13.1.4 竣工预验收及交工资料的汇编整理应符合下列要求：

    1 通风与空调工程施工质量验收记录用表应使用四川省《建筑工程施工质量验收规范实施指南》内的表格，当无相应表格时，使用现行国家标准《建筑工程施工质量验收统一标准》GB 50300 和《通风与空调工程施工质量验收规范》GB 50243 的表格，或参照四川省《建筑工程施工质量验收规范实施指南》表格的格式自行设计。

    2 通风与空调工程技术资料的分类及建设工程档案的汇编整理，应符合现行国家标准《建筑工程施工质量验收统一标准》GB 50300、《通风与空调工程施工质量验收规范》GB 50243、《建设工程文件归档规范》GB/T 50328 和四川省《建筑工程施工质量验收规范实施指南》的规定。

13.1.5 施工单位竣工预验收确认工程符合竣工验收和具备交付使用的条件后，应向建设单位提交工程验收申请和验收资料。

13.2 竣工验收

13.2.1 通风与空调工程的分项工程质量验收，可根据工程实际情况一次验收或数次验收。

13.2.2 通风与空调工程中的隐蔽工程，应验收经监理工程师签认的质量证明文件。

13.2.3 通风与空调工程的竣工验收，应在工程施工质量得到全程有效监控，系统非设计满负荷条件下联合试运转及调试合格的前提下进行。系统非设计满负荷条件下的联合试运转及调试由施工单位负责，由建设、设计和监理等单位共同会检。

13.2.4 通风与空调工程的竣工验收，应由建设单位组织，施工、设计、监理等单位参加，合格后即应办理竣工验收手续。

13.2.5 建设单位应发出《工程竣工验收告知单》，约定验收时间并做好组织准备工作。

13.2.6 竣工验收的资料，一般包括下列文件及记录：

　　1 图纸会审记录、设计变更通知书和竣工图。

　　2 主要材料、设备、成品、半成品和仪表的出厂合格证明及进场检（试）验报告等材料质量证明文件。

　　3 隐蔽工程检查验收记录。

　　4 工程设备、风管系统、水管系统安装及检验记录。

　　5 管道试验记录。

　　6 设备单机试运转记录。

　　7 系统非设计满负荷联合试运转与调试记录。

8 分部（子分部）工程质量验收记录。

9 观感质量综合检查记录。

10 安全和功能检验资料的核查记录。

11 净化空调的洁净度测试记录。

12 新技术应用论证资料。

13 管理、维护人员登记表。

14 通风与空调系统运行培训记录。

15 通风与空调系统移交记录。

13.2.7 通风与空调工程的观感质量检查应按分项施工工序进行并记录，分项施工工序观感质量检查可根据工程实际情况一次或分数次进行。观感质量检查应包括下列项目：

1 风管表面应平整、无破损，接管应合理。风管的连接以及风管与设备或调节装置的连接处不应有接管不到位、强扭连接等缺陷。

2 风口表面应平整，颜色应一致，安装位置应正确，风口的可调节构件动作应正常。

3 各类调节装置的制作和安装应正确牢固，调节应灵活，操作应方便。

4 制冷及水管系统的管道、阀门及仪表安装位置应正确，系统不应有渗漏。

5 风管、部件及管道的支、吊架形式、位置及间距应符合设计、现行国家有关标准和本标准的要求。

6 风管、管道的软性接管位置应符合设计要求，接管应正确牢固，不应有强扭。

7 制冷机、水泵、通风机、风机盘管机组等设备的安装应正确牢固，组合式空气调节机组组装顺序应正确，接缝应严密，外表面不应有渗漏。

8 除尘器、积尘室安装应牢固，接口严密。

9 消声器安装方向正确，外表面应平整、无损坏。

10 风管、部件、管道及支架的油漆应均匀，不应有透底返锈现象，油漆颜色与标志应符合设计要求。

11 绝热层材质、厚度应符合设计要求，表面应平整，不应有破损和脱落现象；室外防潮层或保护壳应平整、无损坏，且应顺水搭接，不应有渗漏。

12 测试孔开孔位置应正确，不应有遗漏。

13 多联空调机组系统的室内、室外机组安装位置应正确，送、回风不应存在短路回流的现象。

检查数量：按Ⅱ方案。

检查方法：尺量、观察检查。

13.2.8 洁净室验收应按工程验收和使用验收两方面进行，其工程验收应按分项验收、竣工验收和性能验收三阶段进行，并严格执行现行国家标准《洁净室施工及验收规范》GB 50591 的规定。

13.2.9 净化空调系统的观感质量检查还应包括下列项目：

1 空调机组、风机、净化空调机组、风机过滤器单元和空气吹淋室等的安装位置应正确、固定应牢固、连接应严密，允许偏差应符合设计、现行国家有关标准和本标准有关条文的规定。

2 各管道、设备安装应正确和牢固。

3 各调节装置安装应严密、灵活和便于操作。

4 高效过滤器与风管、风管与设备的连接处应有可靠密封。

5 净化空调机组、静压箱、风管及送回风口清洁不应有积尘。

6 各种穿越洁净室墙壁和贴墙安装的管道、装置与墙体表面应密封可靠。

7 装配式洁净室的内墙面、吊顶和地面应光滑、平整、色泽应均匀、不应起灰尘。

8 送回风口、各类末端装置以及各类管道等与洁净室内表面的连接处密封处理应可靠严密。

9 净化空调机组、静压箱、风管及送、回风口清洁不应有积尘。

检查数量：按Ⅰ方案。

检查方法：尺量、观察检查。

13.3 竣工资料的汇编与移交

13.3.1 竣工资料的汇编应执行本标准第 13.1.4 条的规定。

13.3.2 施工单位向建设单位移交工程技术资料应符合现行国家标准《建设工程文件归档规范》GB/T50328 和四川省《建设工程施工质量验收规范实施指南》的规定。

附录 A 基础垫铁施工方法

A.1 压浆法垫铁施工方法

A.1.1 先在地脚螺栓上点焊一根小圆钢。小圆钢点焊位置距地脚螺栓顶端的长度，应根据调整垫铁的升降块在最低极限位置时的厚度、设备底座的地脚螺栓孔深度、螺母厚度、垫圈厚度和地脚螺栓露出螺母的长度，经累计计算确定（图 A.1.1），点焊位置应在小圆钢的下方；点焊的强度应以压浆时能胀脱为度。

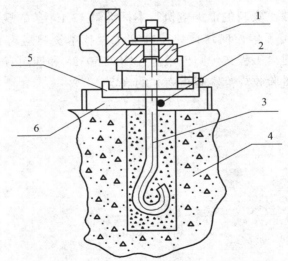

图 A.1.1 压浆法垫铁施工示意图

1—设备底座；2—支撑垫铁的小圆钢；3—地脚螺栓；

4—设备基础；5—调整垫铁；6—压浆层

A.1.2 将焊有小圆钢的地脚螺栓穿入设备底座地脚螺栓孔。

A.1.3 设备用临时垫铁组初步找正和调平。

A.1.4 将调整垫铁的升降块调至最低位置,并将垫铁放到地脚螺栓的小圆钢上,将地脚螺栓的螺母稍稍拧紧,使垫铁与机械设备底座紧密接触。

A.1.5 灌浆时,应先灌满地脚螺栓孔。待混凝土达到规定强度的 75%以后,再灌垫铁下面的压浆层,压浆层(图 A.1.1)的厚度一般为 30 mm ~ 50 mm。

A.1.6 压浆层达到初凝后期(手指掀压还能略有凹印)时,应调整垫铁升降块,胀脱小圆钢,使垫铁与压浆层、垫铁与设备底面均接触紧密。

A.1.7 压浆层达到规定强度的 75%后,应拆除临时垫铁组,进行设备的最后找正和调平。

A.1.8 当不能利用地脚螺栓支承调整垫铁时,可采用调整螺钉或斜垫铁支承调整垫铁,待压浆层达到初凝后期时,应松开调整螺钉或拆除斜垫铁,调整升降块,使垫铁与压浆层和垫铁与设备底面均接触紧密。

A.2 坐浆法垫铁施工方法

A.2.1 混凝土配制应符合下列规定:

 1 配置坐浆混凝土要求其强度不得低于基础混凝土强度。配合比设计应符合现行行业标准《普通混凝土配合比设计规程》JGJ 55 的有关规定。

2 坐浆混凝土配置原材料应符合现行国家标准《混凝土结构工程施工质量验收规范》GB 50204 的规定。坐浆混凝土的浇筑材料应采用塑性期和硬化后期均保持微膨胀或微收缩状态的和泌水性小，且能保证垫铁与混凝土的接触面积达到 75%以上的膨胀水泥，砂应采用中砂，石子的粒径宜为 5 mm ~ 15 mm。

3 坐浆混凝土的坍落度应为 0 cm ~ 1 cm；坐浆混凝土 48 h 的强度应达到设备基础混凝土的设计强度。坐浆混凝土应分散搅拌，随拌随用。混凝土配合比称量应准确，用水量应根据施工季节和砂石含水率调整。并应将称量好的材料倒在拌板上干拌均匀，再加水搅拌，视颜色一致为合格。搅拌好的混凝土不得加水使用。

A.2.2 坐浆法施工方法应符合下列规定：

1 在设置垫铁的混凝土基础部位凿出坐浆坑；坐浆坑的长度和宽度应比垫铁的长度和宽度大 60 mm ~ 80 mm；坐浆坑凿入基础表面的深度不应小于 30 mm，且坐浆层混凝土的厚度不应小于 50 mm。

2 用水冲或压缩空气吹扫，清除坑内的杂物，并浸润混凝土坑约 30 min，除尽坑内积水。坑内不得沾有油污。

3 在坑内涂一层薄的水泥浆。水泥浆的水灰比宜为 2：1 ~ 2.4：1。

4 随即将搅拌好的混凝土灌入坑内。灌筑时应连续捣至浆浮表层。混凝土表面形状应呈中间高四周低的弧形。

5 当混凝土表面不再泌水或水迹消失后（具体时间视水泥性能、混凝土配合比和施工季节而定），即可放置垫铁并测定标高。垫铁上表面标高允许偏差宜为 ± 0.5 mm。垫铁放置于混凝土上应用手压、用木槌敲击或手锤垫木板敲击垫铁面，使其平稳下降；敲击时不得斜击。

6 垫铁标高测定后，应拍实垫铁四周混凝土。混凝土表面应低于垫铁面 2 mm ~ 5 mm, 混凝土初凝前应再次复查垫铁标高。

7 盖上草袋或纸袋并浇水湿润养护。养护期间不得碰撞和振动垫铁。

附录 B 联轴器装配两轴心径向位移和两轴线倾斜的测量方法

B.0.1 将两个半联轴器暂时互相连接，在圆周上画出对准线或装设专用工具。测量方法可采用塞尺直接测量、塞尺和专用工具测量或百分表和专用工具测量（图 B.0.1）。

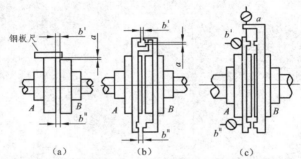

图 B.0.1 联轴器两轴心径向位移和两轴线倾斜测量方法

（a）用塞尺直接测量（b）用塞尺和专用工具测量

（c）用百分表和专用工具测量

B.0.2 将两个半联轴器一起转动，每转 90°测量一次，记录 5 个位置的径向测量值 a 和轴向测量值 b（图 B.0.2）。并分别记录位于同一直径两端的两个百分表读数或两个测点的轴向测量值 b^{I} 和 b^{II}。

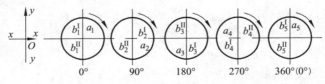

图 B.0.2 记录形式

B. 0. 3 当测量值 $a_1 = a_5$ 及 $b_1^{\mathrm{I}} - b_1^{\mathrm{II}} = b_5^{\mathrm{I}} - b_5^{\mathrm{II}}$ 时，应视为测量正确，测量值为有效。

B. 0. 4 联轴器两轴心径向位移应按下列公式计算：

$$a_x = \frac{a_2 - a_4}{2} \qquad\qquad (\text{B.0.4-1})$$

$$a_y = \frac{a_1 - a_3}{2} \qquad\qquad (\text{B.0.4-2})$$

$$a = \sqrt{a_x^2 + a_y^2} \qquad\qquad (\text{B.0.4-3})$$

式中 a_1、a_2、a_3、a_4——径向测量值（mm）；

a_x——测量处两轴心在 $x—x$ 方向的径向位移（mm）；

a_y——测量处两轴心在 $y—y$ 方向的径向位移（mm）；

a——测量处两轴心的实际位移（mm）。

B. 0. 5 联轴器两轴线倾斜应按下式计算：

$$\theta_x = \frac{(b_2^{\mathrm{II}} + b_4^{\mathrm{I}}) - (b_2^{\mathrm{I}} + b_4^{\mathrm{II}})}{2d} \qquad\qquad (\text{B.0.5-1})$$

$$\theta_y = \frac{(b_1^{\mathrm{I}} + b_3^{\mathrm{II}}) - (b_1^{\mathrm{II}} + b_3^{\mathrm{I}})}{2d} \qquad\qquad (\text{B.0.5-2})$$

$$\theta = \sqrt{\theta_x^2 + \theta_y^2} \times \frac{1\,000}{1\,000} \qquad\qquad (\text{B.0.5-3})$$

式中 b_1^{I}、b_1^{II} ~ b_4^{I}、b_4^{II}——轴向测量值（mm）；

d——测点处的直径（mm）；

θ_x——两轴线在 $x-x$ 方向的倾斜；

θ_y——两轴线在 $y-y$ 方向的倾斜；

θ——两轴线的实际倾斜。

附录 C 薄壁动压滑动轴承检测及装配工艺方法

C.0.1 轴瓦的合金层与瓦壳的结合应牢固紧密，不得有分层、脱壳现象。合金层表面和两半轴瓦的中分面应光滑、平整及无裂纹、气孔、重皮、夹渣和碰伤等缺陷。

C.0.2 轴瓦与轴颈的配合间隙及接触状况应由机械加工精度保证，其接触面一般不允许刮研，或只能轻微修刮。检查薄壁轴瓦顶间隙时，应符合设备技术文件的要求，无规定时宜符合表 C.0.2 的规定。

表 C.0.2 薄壁轴瓦顶间隙

转速/（r/min）	< 1500	1500 ~ 3000	> 3000
顶间隙/mm	（0.8 ~ 1.2）d/1000	（1.2 ~ 1.5）d/1000	（1.5 ~ 2.0）d/1000

注：d 为轴颈的公称直径。

C.0.3 轴瓦瓦背与轴承座应紧密地均匀贴合，用着色法检查。轴瓦内径小于 180 mm 时，其接触面积应不少于 85%；内径大于或等于 180 mm 时，其接触面积应不少于 70%。

C.0.4 薄壁轴瓦装配必须保证余面高度符合设备技术文件的规定。

C.0.5 轴瓦装配后，在轴瓦中分面处使用 0.02 mm 的塞尺检查，不得塞入。

C.0.6 轴颈与轴瓦的侧间隙可用塞尺检查；轴颈与轴瓦的顶间隙可用压铅丝法检查。铅丝的放置位置如图 C.0.6 所示，铅丝直径不宜超过顶间隙的 3 倍。顶间隙可按下列式（C.0.6）计算：

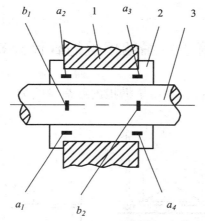

图 C.0.6　压铅丝法测量轴承顶间隙

1—轴承座；2—轴瓦；3—轴

$$S_1 = b_1 - \frac{a_1 + a_2}{2} \tag{C.0.6-1}$$

$$S_2 = b_2 - \frac{a_3 + a_4}{2} \tag{C.0.6.2}$$

式中　S_1——轴瓦一端顶间隙（mm）；

　　　S_2——轴瓦另一端顶间隙（mm）；

　　　b_1、b_2、——轴瓦与轴颈两端顶间隙中铅丝段压扁后的厚度
　　　　　　（mm）；

　　　a_1、a_2、a_3、a_4——上下轴瓦合缝处接合面上各铅丝段压扁
　　　　　　　后的厚度（mm）。

附录 D 风管水平吊架横担的载荷分布及挠度计算

D.0.1 风管单跨水平吊架横担的载荷及受力作用点，可参照图 D.0.1 进行分布。

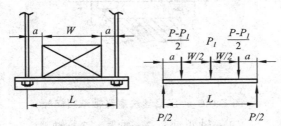

图 D.0.1 风管吊架载荷分布图

D.0.2 吊架横担跨中的挠度，可参照式（D.0.2）计算。

$$y = \frac{a(P - P_1)(3L^2 - 4a^2) + (P_1 + P_2)L^3}{48EI} \qquad (\text{D.0.2})$$

式中 y——吊架跨中挠度（mm）；

P——风管、保温材料及附件总重（N）；

P_1——保温材料及附件重量（N）；

P_Z——吊架自重（N）；

a——吊架与风管壁间距（mm）；

L——吊架有效长度（mm）；

E——吊架横担材料的弹性模量（MPa）；

I——吊架横担横截面水平形心轴的惯性矩（mm^4）。

D.0.3 吊架横担跨中的挠度不应大于 9 mm。

本标准用词说明

1　为便于在执行本标准条文时区别对待，对于要求严格程度不同的用词说明如下：

1）表示很严格，非这样做不可的：

正面词采用"必须"，反面词采用"严禁"。

2）表示严格，在正常情况下均应这样做的：

正面词采用"应"，反面词采用"不应"或"不得"。

3）对表示允许稍有选择，在条件许可时，首先应这样做的：

正面词采用"宜"，反面词采用"不宜"。

4）表示有选择，在一定条件下可以这样做的，采用"可"。

2　条文中指明应按其他有关标准、规范、规程，或按本标准相关条款执行的写法为"应符合……的规定"，或"应执行……的规定"。

引用标准名录

1 《工业设备及管道绝热工程施工规范》GB 50126
2 《工业金属管道工程施工质量验收规范》GB 50184
3 《机械设备安装工程施工及验收通用规范》GB 50231
4 《工业金属管道工程施工规范》GB 50235
5 《现场设备、工业管道焊接工程施工规范》GB 50236
6 《通风与空调工程施工质量验收规范》GB 50243
7 《制冷设备、空气分离设备安装工程施工验收规范》
   GB 50274
8 《风机、压缩机、泵安装工程施工及验收规范》GB 50275
9 《建筑工程施工质量验收统一标准》GB 50300
10 《建筑节能工程施工质量验收规范》GB 50411
11 《洁净室施工及验收规范》GB 50591
12 《现场设备、工业管道焊接工程施工质量验收规范》
   GB 50683
13 《通风与空调工程施工规范》GB 50738
14 《组合式空调机组》GB/T 14294
15 《袋式除尘器安装技术要求与验收规范》JB/T 8471
16 《电除尘器机械安装技术条件》JB/T 8536
17 《通风管道技术规程》JGJ/T 141
18 《建筑节能工程施工质量验收规程》DB 51/5033